非均相光催化基础与应用

Fundamentals and Applications of Heterogeneous Photocatalysis

刘春艳
刘 云
编著

化学工业出版社
·北京·

内容简介

本书在介绍非均相光催化反应概念、机理、动力学、材料制备和应用的基础上，对半导体的结构和表面修饰、光诱导电荷转移过程、金属-半导体界面纳米结构调控做了比较深入的探讨。在理论和应用两个方面讨论了光催化材料在环境污染物分解、分解水制氢、二氧化碳光化学还原和光催化有机合成等领域的应用。介绍了近二十年来蓬勃发展的光催化剂及其应用，如金属有机骨架化合物、钙钛矿类光催化剂、共轭聚合物光催化剂、碳点光功能材料等，希望能给读者带来新的认识和启示。

本书可作为高等院校光催化相关专业研究生教材和专业技术人员的参考书。

图书在版编目（CIP）数据

非均相光催化基础与应用 / 刘春艳，刘云编著.
北京：化学工业出版社，2025.1. -- ISBN 978-7-122-46605-1

I. O644.11

中国国家版本馆CIP数据核字第2024KU4139号

责任编辑：李晓红　　　　　　文字编辑：郭丽芹
责任校对：李露洁　　　　　　装帧设计：刘丽华

出版发行：化学工业出版社
　　　　　（北京市东城区青年湖南街13号　邮政编码100011）
印　　装：涿州市般润文化传播有限公司
710mm×1000mm　1/16　印张12¾　字数243千字
2025年1月北京第1版第1次印刷

购书咨询：010-64518888　　　　　售后服务：010-64518899
网　　址：http://www.cip.com.cn
凡购买本书，如有缺损质量问题，本社销售中心负责调换。

定　　价：98.00元　　　　　　　　　　版权所有　违者必究

前 言

1972年Fujishima和Honda发现了光照TiO_2半导体电极分解水制氢，由此开启了非均相光催化的新纪元。之后，化学、物理学、光学、化学工程学、材料学和环境科学的专家们努力探索和了解半导体光催化的基本过程、机理及其应用。目前，光催化研究领域大体包括光催化材料的制备、机理研究、性能调控及其应用；应用领域主要涉及环境污染物分解、分解水制氢、固氮和二氧化碳的光化学还原、有机光催化反应等。《纳米光催化及光催化环境净化材料》（刘春艳编著，化学工业出版社，2008）一书发表时，正值非均相光催化在污染物分解及环境治理方面的应用迅速发展，取得显著成果之时，因此，该书以TiO_2光催化材料为基础，在理论和应用两个方面介绍了纳米光催化及其环境净化材料。

随着对非均相光催化反应机理的深入理解、光催化材料制备和应用工程、表面修饰技术的不断发展，响应世界对能源和环境改善的迫切需求，近年来，光催化分解水制氢、CO_2光催化还原等研究得到快速发展。《非均相光催化基础与应用》在保留《纳米光催化及光催化环境净化材料》一书原有特点的基础上，介绍非均相光催化材料和应用的新发展，特别关注光催化分解水、CO_2的光催化还原反应。由于光催化分解水和CO_2的光催化还原反应遵循非均相光催化反应基本原理，因此本书在光催化分解水和CO_2的光催化还原反应的原理方面未深入涉及，只对业界关心的问题提出了讨论。此外，本书还介绍了近二十年来蓬勃发展的光催化剂及其应用，如金属有机骨架化合物、钙钛矿类光催化剂、共轭聚合物光催化剂、碳点光功能材料等，希望能给读者带来新的认识和启示。

借此机会，对我们实验室的职工和研究生的工作，特别对王传义、张志颖、温宝妹、蒋仲杰、李广勤、张森等博士的工作表示感谢！本书的部分内容取自他们的工作成果及论文。感谢国家自然科学基金委的指导和资助（20573126、90306003、20173275、29573141、21273256），感谢国家重点基础研究发展计划的资助（973：2007CB613304），感谢中国科学院知识创新工程的支持和资助。

由于作者水平和知识面有限，书中难免存在疏漏和不足之处，恳请读者批评指正。

刘春艳、刘云
2024年12月于北京

目录

第1章 非均相光催化基础 // 001

1.1 基本概念 / 001
1.1.1 光催化反应及光催化剂 / 001
1.1.2 光催化反应的类型 / 002
1.2 半导体的光催化反应机制 / 003
1.2.1 带隙激发 / 003
1.2.2 去活化过程 / 004
1.2.3 半导体光催化反应机理 / 005
1.2.4 反应过程动力学 / 007
1.2.5 影响光催化反应的因素 / 008
参考文献 / 013

第2章 TiO_2 光催化剂 // 014

2.1 TiO_2 光催化剂的结构 / 014
2.1.1 TiO_2 的晶体结构 / 014
2.1.2 TiO_2 的能带结构与带隙 / 016
2.1.3 能带弯曲和 Schotky 势垒 / 018
2.2 TiO_2 晶体的 X 射线衍射的性质 / 020
2.3 TiO_2 晶体的电子性质 / 021
2.4 TiO_2 晶体的光学性质 / 023
2.5 TiO_2 光催化剂的设计与制备 / 024
2.5.1 TiO_2 纳米晶体 / 025
2.5.2 TiO_2 纳米晶体的制备 / 027
2.5.3 TiO_2 纳米晶体的尺寸、晶相和形态控制 / 031
2.5.4 板钛矿型 TiO_2 / 035

2.5.5 TiO$_2$ 一维纳米结构 / 038
2.5.6 空洞结构纳微米 TiO$_2$ / 042

参考文献 / 051

第3章 非 TiO$_2$ 光催化剂 // 055

3.1 过渡金属复合物 / 056
3.2 镉离子与硫属元素组成的ⅡB-ⅥA族半导体光催化剂 / 057
3.3 金属-有机骨架结构 / 058
3.3.1 MOF 组装和结构 / 058
3.3.2 MOF 作为光催化剂的反应机制 / 059
3.3.3 MOF 在水污染物治理中的应用 / 060
3.4 钙钛矿型光催化剂 / 060
3.4.1 钙钛矿光催化反应机制 / 061
3.4.2 钙钛矿光催化剂的发展 / 063
3.5 共轭聚合物类光催化剂（有机聚合物半导体光催化剂） / 067
3.5.1 类石墨相氮化碳（g-C$_3$N$_4$） / 068
3.5.2 共价有机骨架聚合物 / 073
3.5.3 共轭微孔聚合物 / 075
3.5.4 线型和梯形共轭聚合物 / 076
3.5.5 共轭超分子自组装光催化剂 / 078

参考文献 / 080

第4章 光催化剂的表面修饰 // 084

4.1 复合半导体 / 085
4.1.1 宽带隙半导体修饰 / 085
4.1.2 窄带隙半导体修饰 / 086
4.1.3 修饰用半导体的尺寸效应 / 087
4.2 染料敏化 / 089
4.3 金属沉积 / 090
4.3.1 金属纳米颗粒在光活性氧化物上的光化学沉积 / 091
4.3.2 金属-载体的光谱性质 / 092

4.3.3　金属沉积诱导的光化学性质改变　/　098

4.4　金属掺杂　/　100

4.5　非金属掺杂　/　101

4.6　TiO_2基固体超强酸光催化剂　/　104

4.7　多元化修饰技术　/　105

4.8　光催化剂的负载　/　107

4.9　Z型异质结构光催化剂　/　108

4.10　一维纳米结构的表面修饰　/　110

4.10.1　掺杂　/　110

4.10.2　包覆　/　111

参考文献　/　113

第5章　高级氧化反应　// 116

5.1　高级氧化反应的类型　/　118

5.1.1　Fenton反应　/　118

5.1.2　Fenton反应机理　/　118

5.1.3　类Fenton反应　/　119

5.1.4　Fenton反应的影响因素　/　120

5.1.5　过氧化氢组合体系　/　121

5.1.6　其他体系：杂多酸盐/H_2O_2光催化体系　/　123

5.2　高级氧化与光催化　/　123

5.3　高级氧化与光催化体系的应用　/　125

参考文献　/　126

第6章　光催化在基础有机化学研究中的应用　// 128

6.1　有机化合物的光催化反应　/　128

6.1.1　有机化合物的光催化氧化　/　128

6.1.2　有机化合物的光催化还原　/　128

6.1.3　有机化合物的光催化异构化　/　130

6.1.4　有机化合物的光催化取代　/　131

6.2　光催化在基础有机合成中的应用　/　131

6.2.1 光催化有机合成的基本过程 / 132
6.2.2 影响光催化有机合成效率和选择性的因素 / 133
6.2.3 代表性的光催化有机合成反应 / 137
6.2.4 光催化剂在选择性有机合成中的应用 / 138
参考文献 / 147

第7章 光催化环境净化材料 // 149

7.1 光催化在环境治理方面的应用 / 149
7.1.1 光催化氧化能力 / 150
7.1.2 光致超亲水性 / 150
7.2 利用光催化反应处理污水 / 153
7.3 空气净化 / 156
7.4 抗菌、防霉、除臭 / 157
参考文献 / 158

第8章 非均相光催化在能源领域的应用 // 159

8.1 光催化分解水制氢 / 159
8.1.1 助催化剂 / 160
8.1.2 牺牲剂 / 164
8.2 CO_2的光催化还原 / 169
8.2.1 CO_2光催化还原反应机制 / 170
8.2.2 TiO_2催化的CO_2光还原反应 / 171
8.2.3 MOF在CO_2非均相光催化还原反应中的应用 / 172
8.2.4 CO_2光催化还原反应在环境和能源方面的利用 / 173
参考文献 / 174

第9章 碳点及其复合物的光催化反应 // 176

9.1 碳点的分类及电子结构 / 176
9.2 碳点的光谱性能 / 178
9.2.1 "自上而下法"合成的碳点的光谱特性 / 178

9.2.2 "自下而上法"合成碳点的光谱特征 / 180
9.2.3 "有机全合成法"合成碳点 / 182

9.3 碳点在非均相光催化过程中的作用 / 184

9.3.1 光催化剂 / 184
9.3.2 光敏剂 / 185
9.3.3 转光剂 / 187

9.4 碳点在光催化领域中的应用 / 187

9.4.1 有机光合成 / 187
9.4.2 光催化分解水产氢 / 188
9.4.3 CO_2光还原 / 190
9.4.4 污染物治理 / 190

参考文献 / 192

第1章 非均相光催化基础

1.1 基本概念

1.1.1 光催化反应及光催化剂

在光化学反应过程中有两个基本事件：一是接受光能；二是光化学反应本身。如果参加反应的物质只有一种，在光照条件下分解成它的各组成元素，即为光分解反应。如果化学氧化或还原反应是在光照条件下发生在半导体固体表面上，即为光诱导非均相催化反应。尽管反应类型不同，传统的卤化银成像过程中的潜影形成反应（光分解反应）和非均相光催化反应同属光诱导化学反应，作为半导体的卤化银和光敏性的金属化合物的光子吸收的初始光化学过程及其后的光生载流子的分离、复合和注入过程遵循基本相同的反应原理。因此，非均相光催化反应与其他光诱导的化学反应过程具有许多共性。

从对光的敏感性而言，固体，如半导体、金属氧化物、金属硫化物等可以分为光活性物质和非光活性物质两类。光活性固体，如卤化银、半导体光催化剂、半导体发光材料等。卤化银，包括碘化银、溴化银、氯化银，吸收紫外光和部分可见光后发生如下光分解反应：

$$AgX \xrightarrow{h\nu} Ag + X \tag{1-1}$$

卤化银颗粒经过曝光形成潜影银的过程，就是卤化银在光诱导下发生分解反应，形成银原子簇的过程。

光催化反应，确切地讲，是当半导体吸收等于或大于其带隙的光的辐照时产生光生载流子——电子-空穴对，光生载流子随后发生分离形成电子和空穴，电子和空穴迁移到半导体的表面，与表面吸附的物质发生氧化或还原反应，这个过程叫作非均相光催化反应[式(1-2)]。光催化剂本身不参与化学反应，只参与光诱导电子过程，某些催化剂甚至不参与光诱导电子过程，只提供反应界面。光催化剂与催化剂的作用基本相同，只是需要在光的诱导下才能产生催化作用。好的光催化剂自身在反应前后无变化，但是可以吸收光诱导和促进反应的进行。例如，植物中的叶绿素，也可以称作光催化剂。光合作用是叶绿素通过太阳光的照射,使二氧化碳和水反应生成淀粉(有机物)和氧气的过程。作为光催化剂,叶绿素本身是不发生变化的,叶绿素吸收光能促进光合反应的进行[式(1-3)]。

$$有机污染物 + O_2 \xrightarrow{半导体+h\nu} CO_2 + H_2O + 无机物 \qquad (1\text{-}2)$$

$$CO_2 + H_2O \xrightarrow{h\nu + 叶绿素} \frac{1}{6n}(C_6H_{12}O_6)_n + O_2 \qquad (1\text{-}3)$$

1.1.2 光催化反应的类型

光催化反应基本可以分为两种类型,即敏化光反应和催化光反应[1]。敏化光反应是指最初的光激发发生在催化剂表面吸附的分子上,该分子再与基态催化剂本底反应的过程。敏化光反应通常分为两种情况。如果半导体是非光活性的(非光敏性的),对于表面吸附的物质来说没有合适的能级,如SiO_2和Al_2O_3,氧化物仅仅为反应提供二维环境,固体不参与光诱导电子过程,电子直接从被吸附物的给体向受体分子转移,如图1-1(a)所示。如果半导体光催化剂有合适的能级,并且半导体基底与被吸附物之间有很强的电子相互作用,半导体基底将对光诱导电子迁移过程有调节作用。电子可以从给体迁移进入半导体光催化剂,然后转移进入受体轨道。在这种情况下,光催化剂参与光诱导电子的动力学过程[图1-1(b)]。

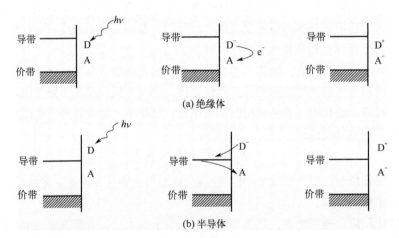

图1-1 敏化光反应,初始激发的是表面吸附物[1](D—电子给体;A—电子受体)

催化光反应是指射光首先激发半导体催化剂,受激发的催化剂再将光生电子或能量传递给吸附在其表面上的基态分子,然后进行反应。图1-2是催化光反应的例子。在图1-2(a)中,原始激发发生在光活性固体上;光生电子跃迁进入半导体的导带(CB),空穴留在价带(VB)。电子从催化剂导带进入受体的空轨道。同时,来自给体轨道的电子与价带边缘的空穴复合。图 1-2（b）是在金属表面上的吸附物的一般激发过程。当辐照金属时，在费米（Fermi）能级边缘上方产生热电子，电子进入吸附物分子的空轨道。一般情况下所说的光催化反应指的是催化光反应，即图 1-2（a）的情况。

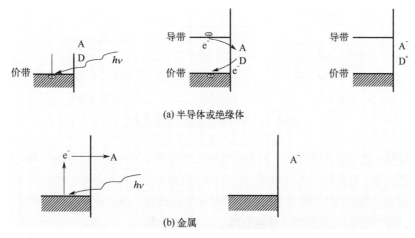

图 1-2　催化光反应，初始激发发生在固体上[1]

这里需要说明的是，图 1-1 和图 1-2 中涉及的固体表面光反应的分类不是原引文中的分类。在 Yates 教授的原论文里[1]，将图 1-1 中的反应定义为"催化光反应"，图 1-2 中的反应定义为"敏化光反应"。经过与 Yates 教授讨论，本书作者按照自己的理解做了修改，如图 1-1 和图 1-2 所示。希望修改之后的表述更符合图中对半导体表面的光诱导反应的分类。

1.2　半导体的光催化反应机制

1.2.1　带隙激发

根据固体能带理论，固体是由许多原子或分子在空间以一定的方式排列而成的凝聚态结构。许多原子相互靠近使原子外层的电子波函数交叠、能级分裂，形成能量上的准连续带，即能带。原子中的电子按照能量从低到高的顺序填充在这些能带中。充满了电子的低能级的带叫价带（VB），未填满电子的高能级的带叫导带（CB）。价带与导带之间的能量空隙叫禁带，也叫带隙，以 ΔE_g 表示。根据带隙的大小，可将固体分为导体、半导体和绝缘体。导体、半导体和绝缘体的能带结构是不同的，如图 1-3 所示。

导体：组成导体的原子中的价电子占据的能带是部分充满的。在外电场的作用下，电子跃迁到未被占满的能带部分，形成了电流，起导电作用，这是导体（金属）的导带。满带中的能级已经被电子占满，在电场作用下，满带中的电子不形成电流。

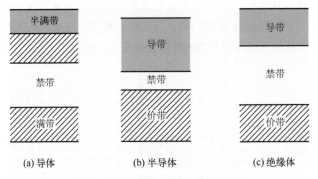

图 1-3　不同类型物质的能带结构

半导体：能带是不连续的，具有由价带和导带构成的带隙。价带由一系列填满电子的轨道组成，导带由一系列未填充电子的空轨道组成。当入射光的能量等于或超过半导体带隙（ΔE_g）时，价带上的电子吸收光子被激发，从价带跃迁到导带，空穴留在价带，即产生电子-空穴对（荷电载流子）；载流子发生电荷分离和迁移，在表面进行光诱导反应（图 1-4）。由于电子在导带处于较高的能级，可以作为还原剂；价带中的空穴有较高的氧化电位，可作为氧化剂。

绝缘体：有宽的禁带，在一般情况下，入射光的能量不能使绝缘体价带中的电子激发到导带。

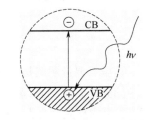

图 1-4　半导体的带隙激发

不同半导体的带隙有非常大的差别。在纳米级，半导体的带隙随尺寸减小而增大，即尺寸量化效应。只有当辐照光的能量满足带隙激发需要的能量时，才能发生电子从半导体的价带到导带的跃迁。

根据价带和导带位置的不同，半导体可以分为三类：氧化型、还原型和氧化还原型。氧化型半导体的价带边低于 O_2/H_2O 的氧化还原电位，在光照下可以氧化水放出氧气，如 WO_3、Fe_2O_3、MoS_2 等；还原型半导体的导带边高于 H^+/H_2 的氧化还原电位，在光照下能使水还原放出氢气，如 CdSe；氧化还原型半导体的价带边低于 O_2/H_2O 的氧化还原电位，导带边高于 H^+/H_2 的氧化还原电位，在光照下能够使水发生氧化还原反应，同时释放出氧气和氢气，如 TiO_2、CdS 等。

1.2.2　去活化过程

半导体吸收光后，即接受了光子的能量，产生光生载流子（电子-空穴对），本身处于不稳定的激发态。与激发态有机分子的能量松弛过程相同，处于激发态的半导体将释放接受的外来能量，使本身处于稳定状态。半导体的能量弛豫过程主要包括四个途径（图 1-5）：（a）光生载流子分离后产生的电子与空穴在迁移过程中在体相的复合;(b)迁移到半导体表面后的复合;(c)迁移到半导体表面的电子与表面吸附的电子受体反应,使其还原;(d)迁移到半导体表面的空穴与半导体表面上吸附的电子给体反应,使其氧化。在上述四种受激半导体的去活化过程中,后两种是光催化反应的目标反应;前两种是光催化反应的竞争反应,是副反应,将导致光催化反应效率降低,是需要抑制的反应过程。

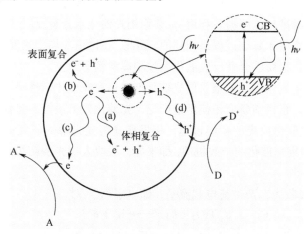

图 1-5　受激半导体的松弛过程[1]

因此,当半导体接受等于或大于其带隙能的光照后,在半导体上将发生多种过程,包括:①产生荷电载流子(飞秒级);②载流子在半导体表面上被俘获(皮秒级);③电子(e^-)与空穴(h^+)在体相和表面的复合(纳秒级);④半导体与表面吸附物质之间的电荷转移(皮秒到微秒级)。只有当半导体表面上的反应速率大于电子与空穴的复合速率,半导体光催化反应才能顺利进行。

1.2.3　半导体光催化反应机理

如上所述,半导体光催化剂的催化能力来自光生载流子,即光诱导产生的电子-空穴对。电子转移的驱动力是半导体导带或价带电位与受体(A)或给体(D)的氧化还原对之间的能级差。光催化还原反应要求半导体的导带电位比受体的电位更负;光催化氧化反应的基本要求是价带电位比给体的电位更正。也即半导体的导带边的电位代表了其还原能力;价带边缘所处能级代表了半导体的氧化能力。实际上,半导体的光催化氧化或还原能力与电化学中物质的氧化还原反应的电势驱动原则是一致的。除了电位满足光催化氧化或还原反应要求之外,半导体光催化反应至少还需要满足三个条件:①电子或空穴与受体或给体的反应速率要大于电子与空穴的复合速率;②催化剂的带隙与被吸收的光子能级匹配,即诱导反应发生的光的能量要大于等于半导体的带隙;③半导体表面对反应物有良好的吸附特性。

在反应动力学上，非均相光催化反应一般包括：①光吸收反应的初级过程；②光催化氧化和还原反应的次级过程。

1.2.3.1 初级过程

非均相光催化反应涉及多种反应过程和应用，如非均相光催化物质的分解反应（光催化有机物降解反应，涉及环境治理和污染物的消除）；非均相光催化 CO_2 还原反应（温室气体减排和能源循环利用）；非均相光催化水分解反应（绿色能源）等。这些反应的基本原理和基础过程是相同的。因此，在讨论非均相光催化反应机理时，将以非均相光催化物质的分解反应的代表性和典型例子为主。

TiO_2 是最早被发现的比较廉价的光催化剂，具有光催化活性高、化学和光化学稳定性好的优点，是目前研究和使用最广泛、光催化效果最好的光催化剂。下面以 TiO_2 为例阐述光催化反应的初级过程。根据激光闪光光解的研究结果，Hoffmann 等[2-4]提出了非均相光催化的一般机理，即半导体吸收入射光的初级反应过程一般包括下面几个步骤[2]：

① 半导体吸收光，产生荷电载流子，即电子-空穴对。

$$TiO_2 + h\nu \longrightarrow h^+ + e^- \tag{1-4}$$

② 载流子俘获反应，电子和空穴分离后向半导体表面移动，空穴被表面羟基（$>Ti^{IV}OH$）俘获，形成表面俘获空穴（$[>Ti^{IV}OH]^+$）；电子被表面羟基俘获，形成表面俘获电子（$[>Ti^{III}OH]^-$）。

$$h_{VB}^+ + >Ti^{IV}OH \longrightarrow [>Ti^{IV}OH]^+ \tag{1-5}$$

$$e_{CB}^- + >Ti^{IV}OH \longrightarrow [>Ti^{III}OH]^- \tag{1-6}$$

$$e_{CB}^- + >Ti^{IV} \longrightarrow >Ti^{III} \tag{1-7}$$

③ 载流子复合

$$e_{CB}^- + [>Ti^{IV}OH]^+ \longrightarrow >Ti^{IV}OH \tag{1-8}$$

$$h_{VB}^+ + [>Ti^{III}OH]^- \longrightarrow >Ti^{IV}OH \tag{1-9}$$

④ 界面电荷转移

$$[>Ti^{IV}OH^·]^+ + Red \longrightarrow >Ti^{IV}OH + Red^{·+} \tag{1-10}$$

$$[>Ti^{III}OH]^- + Ox \longrightarrow Ox^{·-} \tag{1-11}$$

式中，TiOH 为 TiO_2 表面羟基；h_{VB}^+ 和 e_{CB}^- 分别为价带空穴和导带电子；Red 和 Ox 分别为电子给体（还原剂）和电子受体（氧化剂）。

1.2.3.2 次级过程

在半导体表面被俘获的电子和空穴分别与表面吸附的电子受体和给体进行电荷转移的表面反应，也即光催化还原和氧化反应。在光催化反应体系中，被表面俘获的电子容易与体系中的氧反应，形成氧负离子（O_2^-）。氧负离子与水或质子反应,形成氧自由基($O_2^{\cdot}$)和HO_2。之后,这些物种继续与氧和水反应,形成一系列的反应中间体和中间物种,最后形成羟基和羟基自由基。上面的物种还可以与体系中的有机物发生系列的复杂反应,形成活性氧自由基,如图1-6所示。

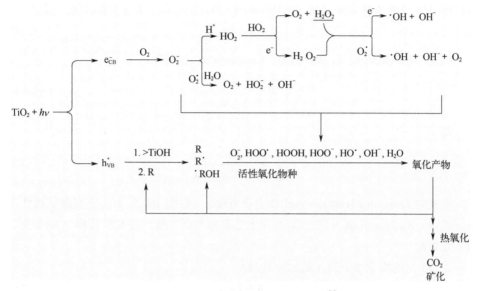

图1-6　TiO_2光催化的次级反应过程[2]

表面俘获的空穴可以直接与体系中的电子给体反应生成自由基,或者与水反应,使水中的羟基氧化,形成各种活性氧自由基。正空穴和在光催化过程中产生的各种自由基具有非常强的氧化能力,几乎可以氧化所有的有机物,使有机物氧化分解,直至完全分解为二氧化碳和水。

1.2.4　反应过程动力学

如上所述,在半导体光催化反应过程中,参与有机物分解反应的是空穴、羟基自由基、各种活性氧物种,其中代表性的是羟基自由基。对大多数有机分子的光催化分解而言,尽管不能排除体系中羟基自由基参与均相反应的可能性,但它对整个光催化反应的贡献非常有限。有机物在催化剂表面反应,要经过扩散、吸附、表面反应、产物脱附等步骤。在悬浮相催化反应体系中,悬浮颗粒之间的距离在微米级,传质的速度对反应的影响很小。当传质作用很小,反应物的吸附和产物的解吸速度很快,反应的每一步之间都建立了吸附和解吸平衡,多相催化反应的速率将由表面反应所决定。因此,为了简化讨论,在推导非均相光催化反应速率时,我们假设:参与有机物反应的主要是羟基自由基;表面反应是主要的,传质过程对反应的影响很小；反应物的吸附与产物的解吸速度很快，可以达到平衡；光催化反应速率由表面反应决定[5]。假设反应速率为 R，根据表面反应动力学，则

$$R = k\theta_A\theta_{OH} \tag{1-12}$$

式中，k 为表面反应速率常数；θ_A 为有机分子 A 在催化剂表面的覆盖度；θ_{OH} 为 OH· 在 TiO_2 表面的覆盖度。在一个具体的反应体系中，θ_{OH} 可认为是常数，因此

$$R = k\theta_A \tag{1-13}$$

假定产物的吸附很弱，θ_A 可以由 Langmuir 公式求得

$$R = \frac{kK_Ac_A}{1+K_Ac_A} \tag{1-14}$$

即

$$\frac{1}{R} = \frac{1}{kK_Ac_A}+\frac{1}{k} \tag{1-15}$$

上式为 Langmuir-Hinshelwood 动力学方程[2]，表明 $1/R$ 与 $1/c_A$ 之间服从线性关系。式中，K_A 为反应物 A 在 TiO_2 表面上的吸附平衡常数；c_A 是反应物 A 的浓度。由上式可知：

① 当 A 的浓度很低时，$K_Ac_A \ll 1$，则

$$R \approx kK_Ac_A \tag{1-16}$$

$$\ln(c_0/c_A) = kK_At = k_1t \tag{1-17}$$

此时为一级反应

$$\ln(c_0/c_A) \sim t \tag{1-18}$$

式中，c_0 为反应物初始浓度；k_1 为一级反应速率常数；t 为反应时间。

② 当 A 的浓度很高时，A 在催化剂表面吸附达饱和状态，则 $\theta_A \approx 1$（$R = k\theta_A$），根据式（1-13）有

$$R = k \tag{1-19}$$

$$c_A = c_0 - k_0t \tag{1-20}$$

反应为零级，反应速率与反应物的浓度无关，式中 k_0 为表观零级反应速率常数；如果反应物浓度适中，反应速率由方程式（1-15）表示，反应级数介于 0～1 之间[5]。

1.2.5 影响光催化反应的因素

光催化反应速率与催化剂特性、体系组成、反应物的类型等内在和外在的多种

因素密切相关。一般说来，催化剂本身特性、催化剂的表面态（电荷、吸附物种、缺陷、组成、暴露晶面等）、反应介质条件（pH、溶剂、电荷、空间大小）、反应物种类和浓度、反应物的吸附与产物的解吸、氧浓度、光源（波长、强度、距离）等对光催化反应有决定性影响；体系中的干扰物、负载光催化剂的基底等对反应也有重要影响。与化学反应不同，反应体系温度对光催化反应的影响不明显，反应的活化能一般在 5~16kJ/mol[6]。

1.2.5.1 光催化剂类型

光催化剂一般分为单一型和复合型催化剂。单一型光催化剂有 TiO_2、ZnO、CdS 等；复合型光催化剂一般指金属/半导体（氧化物或硫化物等）、金属掺杂或非金属掺杂半导体、多种半导体复合光催化剂；过渡金属配合物、金属有机骨架结构（metal-organic frameworks, MOF）等。图1-7给出了几种半导体带隙、导带、价带的电位。图1-8是常见n型半导体光催化剂在pH = 0时的能带位置以及 H_2O/OH^-、O_2/HO_2^- 氧化还原对的氧化还原电位[7-8]。

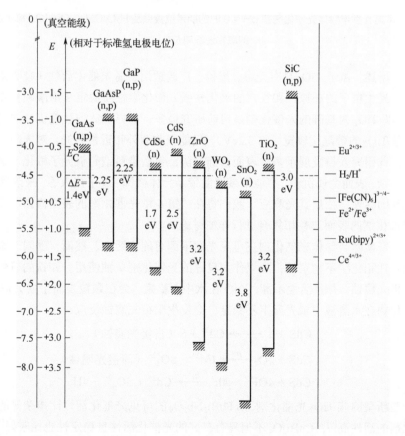

图1-7 各种半导体在水溶液中（pH = 1.0）的带隙能级及其导带与价带电位/能级位置[7]

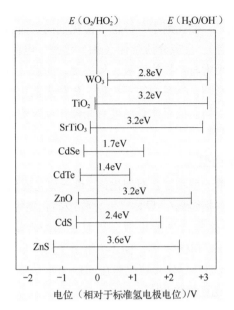

图 1-8 常见 n 型半导体光催化剂在 pH = 0 时的能带位置以及 $H_2O/OH^·$、$O_2/HO_2^·$ 氧化还原对的氧化还原电位[6]

如前所述，由于 TiO_2 具有无毒、廉价、广谱适用、高光催化活性（吸收紫外光性能强；光生电子的还原性和空穴的氧化性强）和化学性质稳定（耐酸碱和光化学腐蚀），以 TiO_2 为基础的光催化剂是目前研究最多、业界公认的性能优良的光催化剂。但是 TiO_2 的带隙比较宽（约 3.2eV），只能吸收紫外和近紫外光，对太阳能利用率低。因此研究人员发展了多种表面修饰方法，包括染料或有机分子敏化、金属与非金属掺杂、表面金属沉积、窄能带或宽能带半导体修饰、离子注入等，来改善 TiO_2 光催化剂的活性，拓展其光响应。我们将在"第 4 章光催化剂的表面修饰"章节对 TiO_2 光催化剂的表面改性和复合进行详细讨论。

某些窄能隙半导体光催化剂在可见光照下即有催化活性。然而，受限于本身的光不稳定性和化学不稳定性，难以作为良好的光催化剂单独使用。如铁的氧化物会发生阴极光腐蚀，并且活性不高；ZnO 在水中不稳定，会在颗粒表面生成 $Zn(OH)_2$；金属硫化物在水溶液中或光照下不稳定，会发生阳极光腐蚀反应：

$$CdS + h^+ \longrightarrow Cd^{2+} + S \text{（直接光腐蚀）} \quad (1\text{-}21)$$

$$CdS + 2O_2 \xrightarrow{h\nu} Cd^{2+} + SO_4^{2-} \text{（间接光腐蚀）} \quad (1\text{-}22)$$

$$CdS + 4OH^· + 4h^+ \xrightarrow{h\nu} Cd^{2+} + SO_4^{2-} + 4H^+ \quad (1\text{-}23)$$

一些新型的非 TiO_2 光催化剂，如 $PbBi_2Nb_2O_9$ 的可见光催化活性比掺杂氮的 TiO_2 光催化剂的活性高[9]，$CaBi_2O_4$ 不但具有良好的光催化活性且稳定性也比较好[10]。

新型的钙钛矿光催化剂具有特殊的结构、吸光和反应特性，在光催化敏化太阳能电池及光伏器件中显示了突出的优势。而近年来发展的发光碳点材料，具有可调的光吸收特性，可作为光吸收天线，即光敏剂和共催化剂，用于改善半导体的吸光性能和光催化反应过程。

1.2.5.2 环境影响

尽管半导体相同，但是因为半导体所处反应体系和环境的不同，表面态的不同，反应活性的差异也很大。以 TiO_2 为例，当反应体系的 pH 改变时，由于半导体表面所带电荷的变化，反应物的吸附和产物的解吸也发生了变化。图 1-9[11]是在不同 pH 溶液中 TiO_2 表面所带电荷的情况。显然，只有在 pH 为 4~9 的范围内，TiO_2 半导体表面才是电中性的。

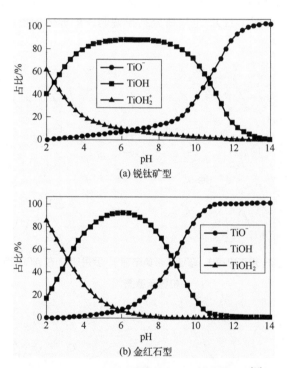

图 1-9　TiO_2 表面电荷随体系 pH 的变化情况[11]

TiO_2 的导带电位（E_{CB}）与体系 pH 之间的关系遵循方程式（1-24）：

$$E_{CB} = -0.1 - 0.059 \text{pH} \tag{1-24}$$

环境对半导体的性能影响非常大。本研究组[12]研究了在反胶束体系中亚甲基蓝、曙红和罗丹明 B 三种染料在卤化银半导体表面的吸附情况。亚甲基蓝和曙红染料在水溶液中分别带有正电荷和负电荷；罗丹明 B 在水溶液中基本呈中性。当反胶束是由带负电荷的表面活性剂 AOT 组成，在水团中没有卤化银颗粒时，由于表面活性剂的负电荷效应，亚甲基蓝阳离子靠在由表面活性剂组成的水团的壁膜附近；由于组成水团壁膜的表面活性剂的负电荷的排斥作用，曙红染料的阴离子位于水团的中心位置，见图 1-10。当水团中有卤化银颗粒存在时，由于卤化银颗粒表面带有负电荷（制备时卤离子过量），因为组成水团的表面活性剂膜的负电荷及卤化银颗粒表面负电荷的双重作用，以及水团的空间限定效应，曙红阴离子和亚甲基蓝阳离子都吸附在颗粒的表面上，如图 1-10 所示。染料在反胶束水团中的位置及与卤化银颗粒的相互作用情况由染料吸收光谱的移动及卤化银颗粒对染料荧光的猝灭效应很容易判断。在由非离子表面活性剂 Triton X-45 组成的反胶束中，当水团中有卤化银颗粒存在时，卤化银颗粒只能有效猝灭亚甲基蓝染料的荧光，对曙红的荧光和吸收光谱都没有影响，因为组成水团膜壁的表面活性剂不带电荷，对曙红没有推斥作用（图 1-11）。上述研究结果说明，半导体的反应活性与其所处的环境有密切关系。

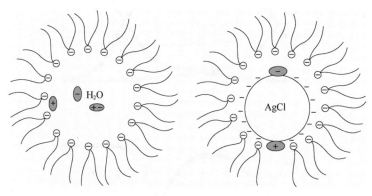

图 1-10　亚甲基蓝（带正电荷）、曙红（带负电荷）、罗丹明 B 在 AOT 组成的反胶束中的位置示意图[12]

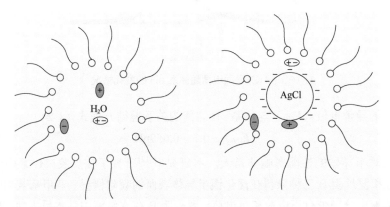

图 1-11　亚甲基蓝（带正电荷）、曙红（带负电荷）、罗丹明 B 在 Triton X-45 组成的反胶束中的位置示意图[12]

Moudgil 等[13]将水溶性富勒烯与 TiO_2 混合后发现,水溶性富勒烯的存在提高了 TiO_2 光催化降解有机染料的能力,因为富勒烯本身特殊的亲电性质改善了 TiO_2 上光生载流子的分离效率。Tada 等[14]研究了 SiO_x 单层包覆的 TiO_2 的性质,发现在不改变光学性质的情况下,TiO_2 的亲水性和分散性得到提高。

显然,在讨论光催化反应效率与光催化剂的活性时,对光催化剂的体系和所处的环境影响是不能忽略的。除了半导体的特性,光催化反应体系的影响也是非常重要的。

参考文献

[1] Linsebigler A L, Lu G G, Yates J T. Chem Rev, 1995, 95: 725.
[2] Hoffmann M R, Martin S T, Choi W, Bahnemann D W. Chem Rev, 1995: 69.
[3] Martin S T, Herrmann H, Choi W, Hoffmann M R. J Chem Soc, Trans Faraday Soc, 1994, 90: 3315.
[4] Martin S T, Herrmann H, Hoffmann M R. J Chem Soc, Trans Faraday Soc, 1994, 90: 3323.
[5] 魏宏斌,李田,严煦世. 光催化环境治理学术讨论会文集. 上海: 1996.
[6] Banemann D, Bockelmann D, Goslich R. Sol Energy Mater, 1991, 24: 564.
[7] Hagfeldt A, Graetzel M. Chem Rev, 1995, 95: 49.
[8] Mills A, Davies R H, Worsley D. Chem Rev, 1993, 22: 417.
[9] Kim H G, Hwang D W, Lee J S. J Am Chem Soc, 2004, 126: 8912.
[10] Tang J, Zou Z J, Ye J H. Angew Chem Int Ed, 2004, 43: 4463.
[11] Bandara J, Mielczarski J A, Kiwi J. Langmuir, 1999, 15: 7670.
[12] Liu C Y, Zhang Z Y, Wang C Y. J Imaging Sci Technol, 1999, 43: 4927.
[13] Krishna V, Noguchi N, Koopman B, Moudgil B. J Colloid Interf Sci, 2006, 304: 166.
[14] Tada H, Nishio O, Kubo N, Matsui H, Yoshihara M, Kawahara T, Fukui H, Itol S. J Colloid Interf Sci, 2007, 306: 274.

第2章
TiO₂ 光催化剂

如第 1 章所述，光催化剂的组成、尺寸、结构、形态的差异将导致性能的不同。本章将主要介绍以 TiO_2 为基础的光催化剂，包括结构、性能、制备方法、尺寸和形态控制及其对性能的影响。

2.1 TiO₂ 光催化剂的结构

现代光催化常常追溯到 1972 年 Honda 和 Fujishima[1]在电化学电池中有关 TiO_2 光阳极的实验。他们以 TiO_2 为光阳极，Pt 为阴极，首次报道了利用光电化学分解水，揭示了一种新的利用太阳能直接分解水产氢的可能路径。随即，光电催化、非均相光催化研究迅速发展，包括以能源为背景的利用太阳能分解水制氢、CO_2 的光催化还原、N_2 的还原、以清洁环境为背景的光催化污染物的分解反应，等等。作为光催化剂，TiO_2 因性能稳定、反应效率高、制备简单易得、适用范围广而颇受青睐。

在过去的几十年中，以 TiO_2 为基础的光催化的理论研究和实际应用得到迅速发展，如用于处理水或空气中的难降解有机污染物、分解水制氢、太阳能电池电极等等。TiO_2 光催化剂的性能与其结构参数（尺寸、形态、结晶度）及表面性能等多种因素相关。本章以 TiO_2 为代表，比较详细地介绍光催化剂的结构、能带、晶相、电子等性质。

2.1.1 TiO₂ 的晶体结构

TiO_2 有三种常见的晶型，即锐钛矿、金红石和板钛矿晶型。与金红石相比，锐钛矿和板钛矿热稳定性相对较低。在加热的情况下，可以观察到锐钛矿和板钛矿向金红石相的转变。早期研究认为，板钛矿几乎不具备光催化活性，热稳定性也比较差，因此投入的研究力量不多。但是后来，有关板钛矿的制备及光催化活性的研究有突破性进展，将在本章的第 2.5.4 节进行介绍。

与金红石相比，一般认为，锐钛矿型 TiO_2 表现出更高的光催化活性，这与它们的晶体结构、电子结构和表面状态有关。但是在某些情况下，如与金属或化合物复合，或特殊结构的金红石型 TiO_2 也表现出很好的光催化活性。

金红石和锐钛矿 TiO_2 的结构可以用 TiO_6 八面体来描述。两种晶体结构之间的差别在于每一个八面体的分布和组装的不同。图 2-1 说明了金红石和锐钛矿 TiO_2 的基元结构。在 TiO_6 八面体中，每一个 Ti^{4+} 离子由 6 个 O^{2-} 离子以八面体形式包围，其中 1 个钛原子与 6 个氧原子，1 个氧原子与 3 个钛原子相连。在金红石型晶体中，八面体是不规则的，稍具斜方晶型的分布。锐钛矿中的八面体有较大弯曲，对称性比金红石型晶体低。在锐钛矿型 TiO_2 晶体中，每个八面体与其四周的 8 个八面体相连（4 个共面、4 个共角）；在金红石 TiO_2 晶体中，每个八面体与周围的 10 个八面体相连（与其中的 2 个八面体共面，与另外的 8 个八面体共角）。这两种晶体的 Ti—Ti 和 Ti—O 键的键长也不同。在锐钛矿型 TiO_2 晶体中 Ti—Ti 间的距离（3.79Å 和 3.04Å）大于在金红石中 Ti—Ti 间的距离（3.57Å 和 2.96Å）；在锐钛矿中 Ti—O 间的距离（1.934Å 和 1.980Å）比在金红石中的距离（1.949Å 和 1.980Å）短[2]。TiO_2 晶体结构的差异使两种不同的 TiO_2 之间具有不同的质量密度和电子能带结构，这些直接影响其表面结构、表面吸附特性，表面的光化学行为。

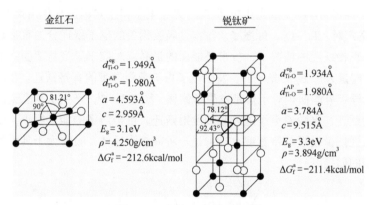

图 2-1　金红石和锐钛矿型 TiO_2 的基本结构[2]（1Å=10^{-10}m）

TiO_2 晶体表面上的缺陷类型、活性位点、不同结构分子在不同晶型 TiO_2 表面的吸附方式以及环境因素已有很多报道。图 2-2 是金红石 TiO_2（110）面的模型结构。在 TiO_2 晶体表面上存在三种典型的氧原子缺陷，分别为晶格氧、单个桥氧和双桥氧缺陷（图 2-2）。在晶体表面也存在大量配位不饱和的 Ti 和 O 离子。这些离子有吸附额外分子或基团达到配位饱和的趋势，使 TiO_2 表面的不同区域呈现不同的酸碱性。研究表明，醇类在金红石 TiO_2 表面上主要发生离解型吸附，即发生 O—H 键断裂；而在锐钛矿型 TiO_2 的表面则通过配位方式吸附[3]。分子或离子在不同的晶型的 TiO_2 晶体表面上的吸附方式的不同导致 TiO_2 的光催化活性的差异。

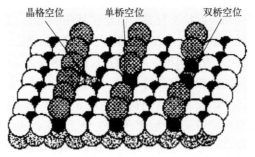

图 2-2 金红石型 TiO$_2$ 晶体（110）缺陷位置[2]

2.1.2 TiO$_2$的能带结构与带隙

TiO$_2$的价带由完全充满的 O$_{2p}$ 轨道组成；导带由 Ti 的 3d、4s 和 4p 轨道组成。Ti$_{3d}$ 轨道位于 TiO$_2$ 导带的较低的位置。

尽管锐钛矿型和金红石型 TiO$_2$ 的晶体结构不同，但它们有相似的能带结构和近似的带隙能。TiO$_2$ 的带隙能大约为 3.2eV。TiO$_2$ 吸收能量大于或等于其禁带宽度（E_g）的光子，产生本征跃迁，也称为本征吸收，即价带中的电子跃迁到导带，使价带的 O^{2-} 变成 O$^-$，导带的 Ti^{4+} 变成光生电子 Ti^{3+}。光生电子和空穴因库仑作用束缚在一起，形成电子-空穴对，Ti^{3+}-O$^-$，即激子。与本征吸收相关的电子跃迁分为直接跃迁和间接跃迁。在直接跃迁的情况下，价带势能面的最高点对应于导带势能面的能量最低点。当吸收能量大于 E_g 的光子时，发生电子由价带到导带的直接跃迁。在间接跃迁的情况下，导带势能面相对于价带发生了偏移（图 2-3）[4]，产生从基态到激发态的电子的间接跃迁，伴随着声子的吸收或发射跃迁。由于声子的能量很小，所以带隙间的间接跃迁能量接近禁带宽度。TiO$_2$ 是一种间接半导体，吸收大于其带隙的能量后产生电子的间接跃迁。

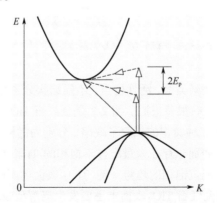

图 2-3 能级（E）对波矢量（K）图[4]（说明间带隙半导体的间接跃迁。E_p 是晶格振动能对跃迁的贡献）

为了调控半导体的电子跃迁，需要了解初级光激发跃迁和半导体的带隙能。为此必须了解在能带边缘附近的光吸收系数 α 是怎样变化的。α 的变化比较复杂，它的准确性质与选择性规则及带隙结构有关。根据半导体能带理论，在带隙 E_g 附近，α 与入射光子能量的关系为[5]：

$$\alpha(h\nu) = \frac{(h\nu - E_g \pm E_r)^m}{\pm\left[1 - \exp(E_p/k_BT)\right]} \quad (2-1)$$

式中，$h\nu$ 是光子能量；k_B 是玻尔兹曼常数；E_r 是相对误差；m 是电子跃迁计算过程的取值；T 是温度；E_p 是声子能量，即晶格振动能（晶格振动是量子化的，晶格振动的量子为声子，声子相对于光子能量很小，一般可以忽略）。对于直接跃迁，m 取值 0.5，对于间接跃迁，m 取值 2，即对于直接半导体：

$$\alpha \propto (h\nu - E_g)^{1/2} \quad (2\text{-}2a)$$

对于间接半导体：

$$\alpha \propto (h\nu - E_g)^2 \quad (2\text{-}2b)$$

Butler[6]推导了能带边缘附近的光吸收系数 α 的关系式：

$$\alpha = A(h\nu - E_g)^{n/2}/h\nu \quad (2\text{-}3)$$

式中，α、h、ν、E_g、A 和 n 分别为吸收系数、普朗克常数、入射光频率、带隙、常数和整数。整数 n 由光子跃迁的特性（$n=1$、2、4 和 6）所决定。用方程式(2-3)，Butler[6]计算了 WO_3 半导体的带隙。对于直接跃迁的半导体，$n=1$；对于间接跃迁半导体，$n=4$。TiO_2 是间接半导体，所以 $n=4$。对于未确定是直接跃迁还是间接跃迁的半导体，要先求出 n 的数值。首先，使用 E_g 的近似值，以 $\ln(\alpha h\nu)$ 对 $\ln(h\nu-E_g)$ 作图，在所得曲线的直线部分作切线，由切线斜率求出 n 值。然后，以 $(\alpha h\nu)^{2/n}$ 对 $h\nu$ 作图，曲线的直线部分的切线在 $h\nu$ 轴上的交点即为 E_g 值。对于固体半导体，可以用反射光谱曲线进行求算。Tang 等[7]以吸收系数 $\alpha^{1/2}$ 对能级 E 作图，求算了 TiO_2 薄膜的带隙值（图 2-4）。对于金属掺杂引起的 TiO_2 半导体带隙的改变也可以用同样方法进行计算。

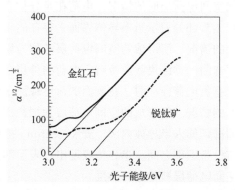

图 2-4　室温下金红石与锐钛矿薄膜的光吸收系数 $\alpha^{1/2}$ 对光子能级 E 图[7]

Bockelmann 等[8]以 lnα 对光子能级 E 作图,计算了掺杂铁的 TiO_2 胶态半导体的带隙。光子能级 $E = hc\lambda^{-1}$;吸收系数 α 从所测得的吸收值 A 求出,即

$$\alpha = 2.303\rho 10^3 A/lcM \tag{2-4}$$

式中,ρ 是 TiO_2 密度,为 $3.9g/cm^3$;M 是分子量,为 79.9;c 是摩尔浓度;l 是光路长度。对于 TiO_2 胶态颗粒,在每一波长 λ,

$$\alpha = 2.303\rho 10^3 A(\lambda)/cd \tag{2-5}$$

式中,d 为光路长度。

Mills 等[9]给出了半导体带隙能的简单求算方法:

$$E_g = 1240/\lambda_{th} \tag{2-6}$$

式中,λ_{th} 代表半导体光吸收的极限波长(threshold wavelength of light),在该波长下半导体吸收最强。

TiO_2 的能带位置对环境变化非常敏感,随周围环境的变化而变化。Grätzel 等[10-11]系统研究了 TiO_2 的导带位置与溶液 pH 之间的关系:

$$E_{CB} = -0.1 - 0.059 \text{pH}（相对于标准氢电极） \tag{2-7}$$

与 TiO_2 的导带相比,TiO_2 的价带位置对体系 pH 的变化不那么敏感。

2.1.3 能带弯曲和 Schotky 势垒

当半导体与另一相（液体、气体或金属）接触时,荷电载流子在半导体与接触相界面之间的迁移方式或路径会发生改变,或在界面被捕获,使表面层内电荷重新分布,形成空间电荷层。对于半导体气相反应,以 n 型半导体如 TiO_2 为例,在表面有捕获电子的位置,该区域带负电荷。为了保持电中性,在半导体内将形成正的空间电荷层,因此产生静电势的移动和能带向表面的弯曲。图 2-5 以 n 型半导体为例,说明了电荷穿越半导体和溶液界面迁移时所产生的空间电荷层的情况[2]。图 2-5(a)是在半导体上没有形成空间电荷层时的情况,电荷在半导体表面上均匀分布,表示半导体的平带电位。图 2-5(b)表示当半导体界面上存在的正电荷使接近表面区域的荷电载流子浓度增大的情况,所形成的空间电荷层被称为累积层。电子向表面移动,半导体的带隙向下弯曲,其结果就像带有正电荷的外层在移动而使电势能降低一样。在半导体的界面有负电荷存在时,在表面的荷电载流子势能比在半导体的内部要低,即图 2-5(c)的情况。所形成的空间电荷层为损耗层,能带向表面弯曲。当电荷载流子缺失的情况延伸入半导体内部,费米（Fermi）能级将降低至本征能级之下,处于导带底部与价带顶部之间。半导体表现出在表面部分是 p 型,而内部仍是 n 型的性质。这种空间电荷层被称为转换层。

半导体-金属体系是说明空间电荷层、带弯曲、Schotky 势垒形成的最好的例子。

金属与 n 型半导体有不同的费米能级位置。金属的功函数（Φ_m）通常比半导体的功函数（Φ_s）大。当半导体与金属电化学连接时，电子从半导体向金属迁移，直到两个费米能级持平，如图 2-6 所示。电接触导致空间电荷层的形成。电子迁移的结果是，在金属表面获得过量的负电荷，半导体获得过多的正电荷。半导体的能带向表面弯曲，形成损耗层。在金属与半导体的界面形成的势垒称为 Schotky 势垒。势垒高度（Φ_b）由方程式（2-8）表示[2]：

$$\Phi_b = \Phi_m - E_x \tag{2-8}$$

式中，E_x 是电子亲和势，由导带边缘到半导体的真空能级位置确定。

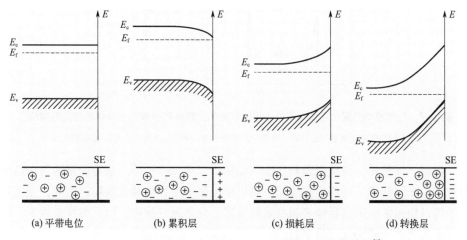

(a) 平带电位　　(b) 累积层　　(c) 损耗层　　(d) 转换层

图 2-5　n 型半导体-溶液界面空间电荷层的形成和带弯曲[2]

E_c—导带能级；E_f—费米能级；E_v—价带能级；SE—表面电荷

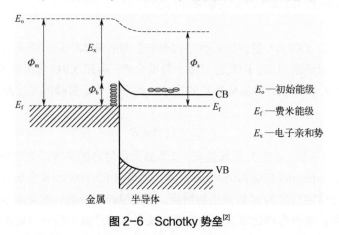

图 2-6　Schotky 势垒[2]

在金属与半导体表面形成的 Schotky 势垒可以作为电子陷阱，捕获光生电子，抑制光催化反应过程中电子与空穴的复合，提高光催化反应效率，是半导体表面修饰的一种，称作表面金属沉积修饰，将在"第 4 章光催化剂的表面修饰"中进行详细讨论。

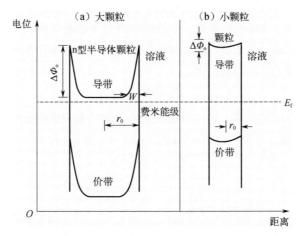

图 2-7　与溶液中的氧化还原体系处于平衡状态的大颗粒和小颗粒半导体的空间电荷层[12]

小颗粒的费米能级（E_f）位于导带与价带的中间，带弯曲小到几乎可以忽略不计

值得一提的是，在纳米颗粒中带弯曲很小（图 2-7）[12]。这可能是因为在纳米颗粒中，光生载流子迁移距离较短，可以跨越整个半导体纳米颗粒。因此，光生载流子可以快速扩散到半导体表面与表面吸附的分子进行反应，因此同样条件下，纳米光催化剂的光催化反应效率高。

2.2　TiO$_2$ 晶体的 X 射线衍射的性质

X 射线衍射（XRD）是测定晶体结构和结晶度的基本手段，在光催化剂的性质与结构表征方面经常使用，因此这里做一简单介绍。利用 XRD 分析技术和 Scherrer 方程 [式（2-9）] 可以估算晶体颗粒的尺寸。通常一个衍射峰的宽度越窄，晶体尺寸越大。

$$D = k\lambda/\beta\cos\theta \tag{2-9}$$

式中，k 是常数；λ 是 X 射线波长；β 是最大衍射峰的半峰高处的峰宽（the full width at half maximum of the diffraction peak，缩写为 FWHM）；θ 是衍射角。微晶排列的周期性使特定角度的 X 射线衍射增强，形成锐峰和窄峰；如果晶体是随机排列的或周期性差，则衍射峰比较宽。纳米颗粒聚集体通常属于后一种情况。图 2-8 是不同尺寸的 TiO$_2$ 纳米晶体颗粒和不同长度纳米棒的 XRD 图。随着颗粒尺寸的增大，衍射峰变窄。在图 2-8 的（b）图中，样品的直径均为 2.3nm；棒状颗粒沿着锐钛矿晶格的 c 轴各向异性生长，沿着[001]方向拉长。

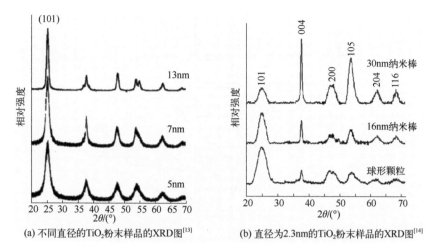

(a) 不同直径的TiO₂粉末样品的XRD图[13]

(b) 直径为2.3nm的TiO₂粉末样品的XRD图[14]

图 2-8 不同尺寸的 TiO₂ 纳米晶体颗粒和不同长度纳米棒的 XRD 图

2.3 TiO₂晶体的电子性质

锐钛矿 TiO₂ 的总的和投影态密度（total and projected densities of states，DOS）可以分解成 Ti e_g、Ti t_{2g}（d_{yz}, d_{zx}, d_{xy}）、O p_σ（在 TiO 簇平面内）和 O p_π（在 TiO 簇平面外），如图 2-9 所示[15]。上面的价带可以分成三个主要的区域：低能级区的 σ 键，

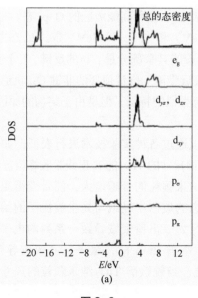

图 2-9

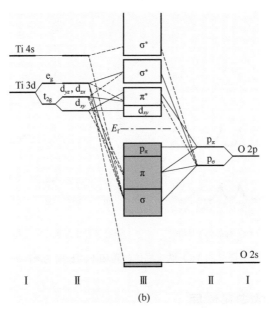

图 2-9 (a)锐钛矿 TiO_2 结构的总的和投影态密度 DOS 及其分解成的 Ti e_g、Ti t_{2g}(d_{yz}, d_{zx}, d_{xy})、O p_σ(在 TiO 簇平面内)和 O p_π(在 TiO 簇平面外)成分。价带的顶部(垂直的实线)为零能级,垂直虚线代表导带的最小值。(b)锐钛矿 TiO_2 的分子轨道键的结构(Ⅰ)原子的能级,(Ⅱ)晶体场分裂能级,(Ⅲ)最终的相互作用态。图中细的实线和虚线表示贡献的大和小[15]

主要是 O p_σ 键;能级中部的 π 键和高能级区的 O p_π 态。与 σ 键相比 π 键弱得多。导带可以分成 Ti e_g(<5eV)和 Ti t_{2g}(>5eV)带。d_{xy} 态主要位于导带的底部(图 2-9 中的垂直虚线),Ti t_{2g} 带的其余部分是 p 态的反键。在分子轨道键合图[图 2-9(b)]中显著的特点是非键态接近带隙:价带顶部的非键 O_{2p} 轨道和导带底部的非键的 d_{xy} 态[15]。金红石的态密度有类似的特征,但是由于结构的原因,锐钛矿比金红石的态密度小。

TiO_2 的电子结构可以通过各种实验技术进行表征,如 X 射线光电子能谱、X 射线吸收和发射谱等。不同尺寸的 TiO_2 的 X 射线吸收峰位置存在差异(图 2-10)[16]。随着颗粒尺寸的减小,纳米颗粒的带隙增大,能带变得更离散。当半导体纳米颗粒的尺寸小于第一激发态的玻尔半径或与光生载流子的德布罗意波长接近时,电荷载流子具有量子力学行为。电荷限域导致一系列的电子能级离散。研究发现,当 TiO_2 球形粒子的尺寸小于 2nm 时,量子尺寸效应导致其表观带隙蓝移[15]。Monticone 等[17]研究发现,当锐钛矿 TiO_2 纳米颗粒的尺寸大于等于 1.5nm 时,量子尺寸效应消失。

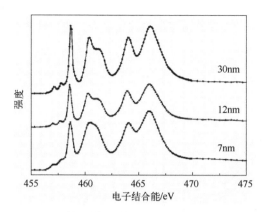

图 2-10　不同颗粒尺寸 TiO_2 纳米晶体的 X 射线光电子能谱[16]

2.4　TiO_2 晶体的光学性质

半导体的光吸收主要来自能带间的直接电子跃迁。对于间接半导体 TiO_2 来说，由于能带中心之间的直接电子跃迁是禁止的，因此光吸收是非常小的。但是由于界面上动量不守恒的间接电子跃迁，小尺寸的 TiO_2 纳米晶体的光吸收增强。一般情况下，在粗糙界面上的原子共享充分时，这种效应将增强，如小的 TiO_2 纳米晶体、孔结构和微晶半导体。吸收的快速增大也发生在低光子能级的情况，即

$$h\nu < E_g + W_c \tag{2-10}$$

式中，W_c 是导带宽度[18]。

当

$$h\nu = E_g + W_c \tag{2-11}$$

电子可能跃迁到导带的任何点。价带电子态密度的增加，也可能导致光吸收增强。对于尺寸小于 20nm 的微晶体，光吸收的主要机制是界面吸收。研究表明，TiO_2 纳米薄片的导带低端能级大约是 0.1V；价带的顶端是 0.5V，比锐钛矿 TiO_2 的低[19]。由于尺寸量化效应，与体相 TiO_2 相比，TiO_2 纳米薄片胶体的光吸收发生蓝移（>1.4eV），同时伴随很强的发光[20]。对于各向异性的二维晶体，激子限阈效应导致的带隙移动（ΔE_g）可以由下式表示[15]

$$\Delta E_g = h^2/8\mu_{xz}(1/L_x^2 + 1/L_z^2) + h^2/8\mu_y L_y^2 \tag{2-12}$$

式中，h 是普朗克常数；μ_{xz} 和 μ_y 是激子的折合有效质量；L_x，L_z 和 L_y 是平行和垂直于薄片不同方向的晶体的维度。因为第一项可以省略，光吸收蓝移的程度主要由薄片的厚度所决定[15]。

Bavykin 等[21] 研究了内径在 2.5~5nm 的 TiO_2 纳米管的光吸收和发射。发现，尽管纳米管直径不同，所有的 TiO_2 纳米管都有类似的光学性质（图 2-11）。他们认

为，在 TiO_2 纳米管中的电荷载流子的有效质量大，使一维效应不明显，导致 TiO_2 纳米管的表观 2D 行为。

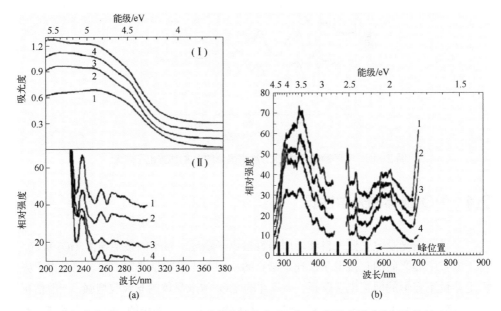

图 2-11 (a)(Ⅰ) 不同直径 TiO_2 纳米管的吸收光谱；(Ⅱ) 激发光谱 (发射光波长 400nm，为了比较，曲线做了垂直移动)。(b) 不同直径 TiO_2 纳米管的发射光谱 (室温，激发波长 237nm，为了比较，曲线作了垂直移动)。TiO_2 纳米管的平均直径：线 1 为 2.5nm, 线 2 为 3.1nm, 线 3 为 3.5nm, 线 4 为 5nm[21]

2.5 TiO_2 光催化剂的设计与制备

这里涉及的 TiO_2 光催化剂，指尺寸在纳微米级的纯的锐钛矿和金红石材料。制备方法如化学气相沉积法（CVD）、溶胶-凝胶法、水热法、溶剂热法、磁控溅射法等等。具体的内容将结合纳米晶的制备在第 2.5.2 节进行详细介绍。使用掺杂或表面修饰的方法制备复合、负载型或异形结构光催化剂的方法将在其他章节进行介绍。

催化剂的定向设计和剪裁的理念对光催化剂也是适用的。半导体光催化剂的结晶度、微结构、组成、表面态、比表面积、孔结构等因素直接影响其反应活性、选择性和稳定性。在制备过程中，为了控制和剪裁光催化剂的结构、形态、组成，在多数情况下使用表面活性剂、有机分子、高分子、超分子、溶剂等软模板或硬模板来影响和控制光催化剂在不同形成阶段的生长和聚集过程。比如，为了获得一维的线状结构，通常使用氧化铝模板。但是在某些情况下，这些模板的完全去除有一定的困难。

对于 TiO_2 光催化剂来说，市面上出售的 P25 光催化剂是一个不多见的优秀的光催化剂。它是金红石型（30%）和锐钛矿型（70%）TiO_2 的混晶，比表面积 $50m^2/g$。一般认为，混晶结构导致了 P25 高的光催化活性。因为混晶可以使光生电子和空穴分处不同的相，因此抑制光生载流子的复合，提高光催化的量子效率。但是目前这种混晶结构的 TiO_2 光催化剂并不多见。本研究小组以无毒、廉价的有机分子 EDTA、EDTA 二钠盐（d-EDTA）、EDTA 四钠盐（t-EDTA）作为模板，设计并制备了双晶相的 TiO_2 光催化剂[22]。XRD 测定结果表明，锐钛矿与金红石的组分比例可以通过使用不同的 EDTA 钠盐进行调控（表 2-1）。因为双晶相和多孔结构的多重因素，使所合成的 TiO_2 在光催化氧化甲基橙的过程中表现出比 P25 更高的活性。EDTA 及其钠盐可以用氢氧化钠水溶液萃取的方法去除，再利用酸化的方法很方便地回收。与高温烧结去除模板相比，用水溶液萃取去除模板可以更好地保护产物的多孔结构，保留更多的表面羟基，有利于提高光催化剂的活性。

表 2-1　在 EDTA 及其二钠盐和四钠盐存在下制备的 TiO_2 的性能[22]

结构导向剂	相组分含量①	比表面 BET/(m^2/g)	平均孔尺寸/nm
EDTA	A(52.3%) + R(47.7%)	128.3	10.49
d-EDTA	A(85.3%) + R(14.7%)	117.3	14.24
t-EDTA	纯 A		

①该列中 A 和 R 分别代表锐钛矿和金红石相二氧化钛。

用 EDTA 模板调节产物的组成和微孔结构的作用原理在于，EDTA 及其钠盐可能与 TiO_2 的前驱体形成配位复合物。配位的选择性、配位过程、配位形成的复合体的空间结构，以及金红石与锐钛矿 TiO_2 微晶的不同结构特点，影响并决定了产物的最终结构和组成[22]。因为羧酸与钛的配位稳定性，羧酸也可用来调控钛离子的水解强度。我们研究了羧酸对 TiO_2 结构和性能的影响[23]。以 $TiCl_4$ 溶液为前驱体，利用水热处理的方法，在羧酸，如乙酸、柠檬酸、赖氨酸、酒石酸等存在下制备了金红石、锐钛矿型 TiO_2 微晶。尽管其他的制备条件完全相同，在乙酸的存在下，可以得到金红石纳米晶体；在酒石酸、柠檬酸、赖氨酸、丙乙基二氨四乙酸的诱导下，形成锐钛矿型 TiO_2。这种诱导效应来自羧酸与钛离子的螯合作用，羧酸选择性地吸附在 TiO_2 的表面。

水热处理技术被认为是最有效、简便的 TiO_2 合成方法之一。在过去的几十年中，人们用水热法处理无定形的 TiO_2 胶体，或 $TiCl_4$、$TiOSO_4$、$Ti(OR)_4$ 水溶液，研究了矿物质，如氢氧根离子、氯离子、硝酸根离子、硫酸盐等的影响。

2.5.1　TiO_2 纳米晶体

纳米科技的发展促进了各个学科领域和材料的发展。今天，世界范围内几乎每个实验室的研究工作都可能涉及纳米的概念、效应、技术或材料。纳米结构的尺寸效应、表面效应对光催化剂、光催化反应、光催化材料的发展都有显著影响和促进作用。纳米尺寸的光催化剂表现出了优异的催化能力和效果。研究表明,在一定的时空范围内,由于小尺寸颗粒的大比表面积效应,纳米光催化剂的催化活性比普通的光催化剂的活性高。Nosaka等[24]研究了初始颗粒尺寸在7~20nm,二次聚集体尺寸在0.14~1.23μm的光催化剂的性能。在他们的实验条件下,小尺寸表现出更好的光活性(图2-12,表2-2)。

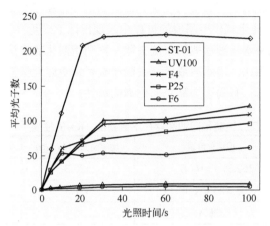

图2-12　几种 TiO_2 的化学发光强度与光照时间的关系[24]

表2-2　图2-12中所用的光催化剂的性质[24]

TiO_2名称	锐钛矿成分含量/%	一级颗粒尺寸/nm	比表面积BET/(m²/g)	二级颗粒尺寸/μm	表面电荷ζ(pH=11)/mV	OH含量(质量分数)/%
ST-01	100	7	320	3.73	-110	5.2
UV100	100	9	270	0.70	-110	6.0
F6	80	16	98	0.14	-123	6.1
F4	90	28	56	1.23	-85	4.9
P25	80	32	49	1.11	-101	1.8

如前所述,TiO_2纳米晶体作为最重要的纳米氧化物半导体材料,在过去的几年中得到了广泛的研究和发展。因为它优异的物理和化学性质,如催化活性、光催化活性、对湿气和气体的敏感性、介电特性、光电转换、非线性光学特性、光致发光特性等,以及高的化学稳定性和光学稳定性且廉价,使之成为优秀的催化剂和良好的支持体(负载型光催化剂)。TiO_2的这些性质很大程度上受它的晶体结构、形态、颗粒尺寸的影响。因此,设计和探索合成TiO_2纳米材料的新方法、剪裁和控制尺寸在纳米级的TiO_2的晶体结构和形态的新途径,无论从实际应用和科学研究的角度都

具有重要意义。目前已经发展了多种不同的方法合成 TiO_2 纳米晶体，如溶胶-凝胶技术、水热合成法、气体凝聚方法等等。

2.5.2 TiO_2 纳米晶体的制备

2.5.2.1 溶胶-凝胶法

溶胶-凝胶法常用于制备纳米复合材料，通过调整前驱体化学和反应过程，调控材料的组成和微结构。溶胶-凝胶体系具有卓越的化学均匀性，处理过程在室温或接近室温的条件下进行，操作简便、产物更稳定。当化学药品易于在空气中处理时，这种方法的优点就更突出了。在室温下获得结晶态氧化物的一类原材料是金属醇盐，通式为 $M(OR)_z$。式中，R 是烷基，z 是金属 M 的化合价。OR 基团是电负性的，金属易于进行亲核反应，前驱体金属的醇盐水解易于形成金属-氧络-聚合物的网状结构。一个例子是，钛的醇盐水解 [方程式（2-13）] 和缩合反应 [方程式（2-14）、方程式（2-15）]，形成氧化钛的胶体颗粒。

$$Ti-OR + H_2O \longrightarrow Ti-OH + ROH \tag{2-13}$$

$$Ti-OH + Ti-OR \longrightarrow Ti-O-Ti + ROH \tag{2-14}$$

$$Ti-OH + Ti-OH \longrightarrow Ti-O-Ti + H_2O \tag{2-15}$$

上式中 R 表示烷基基团。水解和缩合的相对速率强烈地影响所得到的金属氧化物的结构和性质。附加物如四甲基氢氧化铵或改变溶剂是控制颗粒尺寸和形状的有用手段。但是在早期，过渡金属醇盐的快速水解缩合反应速率是难以控制的。此外，颗粒的聚集，特别是颗粒在低温下的团聚仍然是棘手的问题。为了防止颗粒的团聚，发展了在反胶束或微乳液中制备纳米颗粒的技术。利用修饰技术稳定纳米晶体，如以三辛基氧膦、乙酰丙酮/对甲苯磺酸、乙酸、十六烷基三甲基溴化铵等作为颗粒表面修饰剂，防止颗粒的团聚。此外，影响溶胶-凝胶颗粒形成过程的因素还包括金属醇盐的反应性、反应介质的 pH、水与醇盐的比例、反应温度、溶剂和附加物的性质。一般情况下，所获得产物的性质是满足需求的。在某些情况下，特别是在低温，所得产物可能是无定形的沉淀，需要进行热处理晶化。但是，通过焙烧热处理往往导致颗粒的聚集生长和产物的相变化。因此采取温和的热处理方式是很重要的。

根据所使用溶剂的不同，溶胶-凝胶方法可以分成两种类型：一种是水溶液中的反应；另一种是非水溶液中的反应。

2.5.2.2 水溶液中的 TiO_2 纳米晶体合成

钛的醇盐或氯化钛在水溶液中，在常温、常压下水解，一般形成无定形的 TiO_2 聚集体。如果在反应介质中，水与醇盐的比例比较大，醇盐的水解比较完全，有利于成核反应。附加物，如电解质、聚合物、配位基团可以用来调整金属醇盐的前驱体的反应，抑制缩合反应，有利于控制产物的颗粒尺寸。一个简单的例子是，在反应体系中加入盐酸可以窄化颗粒尺寸分布。

水解产物经过煅烧或水热处理可以得到 TiO_2 纳米晶体。经过热处理的产物通常具有比较好的稳定性。根据热处理温度和条件的不同，可以获得锐钛矿或金红石型结晶。在较低温度下热处理水解产物容易得到锐钛矿型 TiO_2 纳米晶体；在酸性条件下可以得到金红石型 TiO_2 纳米晶体。在低温热处理过程中，反应液中的水量是产生结晶结构的至关重要的因素，水量影响结晶程度。此外，颗粒尺寸、杂质、反应气氛可能影响微晶的晶相转变。从锐钛矿到金红石的相转变有一个临界的核尺寸，大约在 40~50nm[25]。相转变的临界核尺寸的大小由体积自由能、表面能、应变能决定。这些因素的重要性又因为材料、制备和处理过程不同而异。

2.5.2.3 非水溶液中的 TiO_2 纳米晶体合成

纳米颗粒的表面状态对材料的性质有重要的影响。在水溶液中合成的 TiO_2 纳米晶体的表面是羟基化的。表面非羟基化的 TiO_2 纳米晶体的性质与羟基化的是完全不同的，特别表现在它们的化学行为上。

为了克服水溶液中水解产生的许多特殊问题，人们发展了非水溶液的溶胶-凝胶方法。在用非水溶胶-凝胶方法制备 TiO_2 的过程中，氯化钛或烷氧基钛与多种氧的给体分子反应，通过 Ti–Cl 和 Ti–OR 之间的缩合反应形成 Ti–O–Ti 桥键。在反应中可以直接使用钛的醇盐，或者通过氯化钛与乙醇或乙醚反应原位形成。Stucky 等[26]在 40℃条件下，利用非水溶胶-凝胶路线成功地合成了高结晶度的 TiO_2 纳米晶体。$TiCl_4$ 和苯甲醇之间的反应生成大比表面的、纯的锐钛矿结晶纳米颗粒，过程简单，没有其他的氧化钛的化合物形成。适当地调节苯甲醇与四氯化钛的配比，细调颗粒尺寸是可能的。降低四氯化钛的浓度可以减小颗粒尺寸。

Li 等[27]在不同配比的乙醇和乙酸溶液中合成了金红石和锐钛矿型 TiO_2 纳米晶体。在反应过程中，因为乙醇与乙酸的酯化反应生成水，调整酯化速率可以控制水的释放，使反应体系中的水解过程可以均匀地进行。所制备的 TiO_2 纳米颗粒的结晶相与使用的醇及温度的选择有关，颗粒的形态和尺寸也受这些因素的影响。Tang 等[28]使用金属有机化合物前驱体在低温下合成了 TiO_2 纳米颗粒。在室温下，在没有任何辅助剂存在的有机溶剂中，利用双环辛四烯钛与二甲基亚砜反应制备了无定形的 TiO_2 粉末。但是在碱性配体如三丁基膦、三丁基氧膦、三辛基氧膦存在下，得到结晶态的 TiO_2 纳米颗粒。

2.5.2.4 水热合成法

水热合成法是制备均匀的纳米尺度氧化物超细粉的好方法。与其他方法相比，有以下优点：①设备和过程简单，反应条件容易控制；②在相对低的反应温度（一般低于 250℃）下可直接获得结晶态产物，不必使用煅烧的方法使无定形产物转化为结晶态，有利于减少颗粒的团聚；③改变水热条件，如温度、pH、反应物浓度和摩尔比、附加物等可以制备具有不同组成、结构、形态的结晶产物；④选择合适的条件，产物具有高纯度，因为重结晶是在水热体系中进行的。Cheng 等[29]以 $TiCl_4$ 为原材料，利用水热合成法制备了金红石和锐钛矿型 TiO_2 纳米晶体，从配位化学的角度讨论了制备条件对产物 TiO_2 的形成过程、形态、晶相组成、颗粒尺寸的影响。$TiCl_4$ 水溶液的高酸度和高浓度有利于金红石型 TiO_2 的形成。矿物质，如 $SnCl_4$ 和 NaCl 使颗粒尺寸明显减小，有利于金红石型 TiO_2 的形成。但是 NH_4Cl 使颗粒之间的团聚加重。选择合适的水热条件，可以获得尺寸均匀的金红石或锐钛矿型 TiO_2 颗粒。Hayashi 等[30]以异丙氧基钛为原料，在超临界水中合成了锐钛矿相二氧化钛粉末。

水热处理胶态 TiO_2 悬浮液能够产生高质量的结晶态产物。Wilson 等[31]用微波水热处理胶态 TiO_2，与普通的水热过程相比，产物的结晶度更高，处理过程需要的时间更少。Andersson 等[32]水热处理微乳液，分别合成了金红石和锐钛矿型 TiO_2。在反应体系中加入盐酸，有利于形成金红石相纳米晶体；加入硝酸，产物多为锐钛矿结晶。

2.5.2.5 反胶束方法

反胶束方法也被成功用于 TiO_2 纳米晶体的制备。反应介质为油包水（W/O）微乳液，以钛的醇盐为原材料。反胶束的优点是，在胶束悬浮液中有很多纳米级水团，这些水团是合成纳米颗粒的理想的微反应器。这些微反应器的笼效应限定颗粒成核、生长和聚集。因此，在反胶束中形成的纳米颗粒的性能与反应物在水团中的分布，以及水团之间的动力学交换过程相关。在反胶束中形成的 TiO_2 纳米颗粒通常是无定形的水合 TiO_2。如果在反应体系中加入适当的晶形调变剂或以某些试剂为模板，可以获得不同晶型的 TiO_2。Ma 等[33]在 NP-5/环己烷反胶束中加入酸，在室温下成功地合成了纯金红石型 TiO_2 纳米颗粒。反胶束体系中的高酸度使四丁基氧化钛的水解形成金红石型二氧化钛纳米颗粒或聚集体。反应条件，如酸的浓度或类型、反应时间、反胶束中的水量，即水团的大小对产物的形态、晶体结构和颗粒尺寸有重要影响。

油包水反胶束已经成功地用于制备各种材料的超细颗粒。调节表面活性剂类型，水与表面活性剂的比例、溶剂和附加试剂，可以成功地调节纳米颗粒的尺寸和表面态。但是，由于溶剂的环境问题，该方法不适合规模制备。以二氧化碳代替油的改进方法使反胶束方法得到发展。二氧化碳是有机溶剂有效的替换物，因为它无毒、不燃烧、高挥发性、廉价和环境友好。Hong 等[34]在聚合物表面活性剂稳定下的水-二氧化碳组成的反胶束（W/C）体系中，利用异丙氧基钛与反胶束稳定的水直接反应制备了 TiO_2。使用特别设计的亲 CO_2 的碳氟化合物表面活性剂可以制备 W/C 微乳液。W/C 微乳液中的水团是球形水滴状结构，其半径与水/表面活性剂的比例相关[35-36]。CO_2 微乳液的主要优点是可以通过减压破乳将反应物分离出来。W/C 微乳液是无机、有机和酶反应的有效的微反应器。对于一般的应用，水团中要增溶反应物或酶；对于以金属醇盐为前驱体合成金属氧化物纳米颗粒来说，水团中有痕量水足矣。

在纳米半导体的结晶过程中，溶剂有重要的影响，特别是超临界流体、热的烃类化合物溶剂。Sun 等[37]在环己烷反胶束中使用钛的醇盐水解制备了 TiO_2 纳米颗粒。这些颗粒在胶束中经过原位退火结晶化，处理温度比用传统的煅烧方法处理固态产物的温度低得多。除了高的结晶度，退火的 TiO_2 纳米颗粒保持了原有的物理参数和分散性，可在微乳液中形成稳定的悬浮液。

在微乳液方法的基础上，Lamb 等[38]在超临界二氧化碳中水解异丙氧基钛，制备了纳米结构的二氧化钛。他们将异丙氧基钛注入水-二氧化碳（W/C）微乳液中，得到 TiO_2 球形颗粒沉淀。TiO_2 颗粒的尺寸分布为 20~800nm，比表面积在 100~500m^2/g 范围。随着水解程度增大，比表面积增大，这与表面活性剂的存在与否关系不大。

在微乳液中制备的 TiO_2 纳米颗粒的平均尺寸与胶束的水团尺寸相关，水团的尺寸与 ω 值相关，ω = [H_2O]/[表面活性剂]。ω 值大，反胶束的水团空间大，形成的纳米颗粒尺寸大。反胶束水团的空间与 ω 值的线性关系［式（2-16）］在文献中普遍使用[39-41]。

$$d = \alpha\omega \qquad (2\text{-}16)$$

式中，d 是胶束水团直径，Å（1Å = 10^{-10}m）；常数 α = 3[42]。该方程适用于大 ω 值；对于小 ω 值（<10），与实验结果有比较大的偏差（低估胶束的尺寸）[39-41]。

2.5.2.6　其他合成方法

每一种制备方法都有其特点、适用范围和局限性。用湿化学方法制备的纳米晶的表面往往是羟基化的。表面羟基强烈地影响材料的性质。设计和发展能够快速、连续、批量制备具有特定结构、组成、结晶度的纳米材料的方法目前仍然是一个巨大的挑战。二氧化钛的合成化学对于其他材料也是通用的。除了传统的合成方法，新的合成路线不断见诸报道。

离子液体在无机合成方面的优点引起越来越多的关注，多种具有特别催化活性的金属纳米颗粒，如铂、铱和锗纳米颗粒相继合成出来[43-47]。室温离子液体在氧化钛的纳米结构制备方面也展现出新的魅力。如 Zhou 及其合作者[48]在室温离子液体中首次合成出尺寸在 2~3nm 的二氧化钛纳米晶，Kimizuka 等[49]在离子液体中制备了 TiO_2 空心球。

室温离子液体是一种由低熔点的有机盐组成的新的溶剂体系，反应条件温和，溶剂可以重复使用。室温离子液体有宽泛的液相温度，在某些情况下，温度超过400℃，热力学稳定性好、离子电导高等，在各种材料的研究方面得到迅速发展，如酶催化反应、光电化学、太阳能电池、电化学器件的应用。

脉冲激光沉积法已经广泛地应用于制备无机金属氧化物和有机聚合物薄膜方面。脉冲激光沉积也称脉冲激光熔蚀，其优点之一，是可以根据靶材料的组成，按计量构筑薄膜。也可以使用脉冲激光沉积的方法在溶液中制备金属纳米颗粒，通过离子或表面活性剂吸附方法控制尺寸。使用氧补给脉冲激光沉积的方法可以制备二氧化钛纳米颗粒[50-51]。Yoon 等[52]首次报道了用脉冲激光熔蚀的方法在水溶液中制备纳米尺寸的二氧化钛颗粒的研究结果。

An 等[53]利用两相热路线合成了尺寸分布窄的高质量的锐钛矿 TiO_2 纳米晶体。合成方法简单，结果容易重复。与传统的水热和溶剂热不同，该方法以甲苯和水为反应介质进行两相热合成。合成反应在两相的界面进行，产物很容易再分散到甲苯中。预期，这种稳定的可再加工的 TiO_2 纳米晶体在催化和光伏器件方面有潜在的应用。

文献中报道的有关氧化钛纳米颗粒的合成方法还有很多，这里不再一一列举。但是，值得重提的是，发展结构、性能和尺寸可控的批量和廉价制备纳米晶的方法，在目前仍然是一个巨大的挑战，是当前纳米科技和材料领域的热点问题。

2.5.3 TiO_2纳米晶体的尺寸、晶相和形态控制

2.5.3.1 尺寸控制

颗粒尺寸对材料的物理和化学行为有重要影响，因为材料的比表面、化学稳定性、化学反应性都与构成材料的颗粒尺寸密切相关。有机物在颗粒表面的吸附，部分是由尺寸决定的，尺寸是影响 TiO_2 纳米晶体光催化分解有机污染物能力的重要因素。研究表明[54-56]，直径在 1~10nm 的超细 TiO_2 颗粒的性质处于分子态和块状材料之间，有量子尺寸效应和发光性质。Stucky 等[57]观察到，随着颗粒半径由 0.5nm 增大到 2.5nm，锐钛矿型纳米晶体的带隙边缘发生移动。

控制半导体纳米晶体尺寸分布的方法有多种。多数情况下，在制备过程中使用稳定剂来控制颗粒的生长过程，达到尺寸控制的目的。常用的稳定剂有磷酸盐、硫醇、三辛化氧膦等。也可以利用模板限定反应空间，如反胶束、沸石、聚合物、囊泡、LB 膜、干凝胶等。通过改变制备条件，可以控制每一步生长过程，如选择合适的初始材料和介质（溶剂）、反应物的配比、反应温度和时间，控制成核、生长和成熟。

利用水热合成法在酸或醇/水溶液中制备 TiO_2 纳米颗粒，通过调整钛的前驱体浓度和溶剂体系的组成，可以将颗粒尺寸控制在 7~25nm。Chemseddine 等[58]在四

甲基氢氧化铵（Me$_4$NOH）存在下，通过钛的醇盐（Ti(OR)$_4$）水解和缩聚反应，制备了晶体结构、尺寸和形状可控的 TiO$_2$ 纳米晶体。四甲基氢氧化铵既可以催化钛的水解和缩聚反应，又可以提供有机阳离子，稳定在反应介质中水解形成的锐钛矿型聚阴离子核。Wang 等[59]在盐酸和乙醇的混合溶剂中，在 40～90℃条件下热水解四氯化钛，合成均一的金红石相 TiO$_2$ 纳米晶体。根据酸度、溶剂和老化温度的选择，可以获得尺寸在 100～800nm 的棒状金红石纳米晶体。纳米晶体的尺寸和形状与所用的醇的类型、浓度以及反应体系中是否存在阳离子或阴离子表面活性剂密切相关。Wang 研究小组[60-61]利用溶胶-凝胶过程合成高分散的锐钛矿相二氧化钛，然后将水合 TiO$_2$ 纳米颗粒吸附在 NH$_4$NO$_3$ 和 NH$_4$Cl 颗粒表面上进行煅烧。在煅烧过程中，NH$_4$NO$_3$ 和 NH$_4$Cl 熔化分解，对于抑制粒子聚集、控制颗粒尺寸、提高从无定形到锐钛矿相的形成非常有效。

2.5.3.2 晶相控制

如前所述，二氧化钛主要以三种晶型存在，即金红石、锐钛矿和板钛矿晶型。金红石是热力学稳定的二氧化钛同质异形体，可以用作白色颜料，颜料的质量与材料的结晶度密切相关。锐钛矿型二氧化钛的光催化活性比金红石的高得多。而金红石与锐钛矿的混晶可以产生更高的光催化活性。因此，设计和发展新的方法控制二氧化钛的晶体结构具有重要的意义。

在过去的二十年里，对于如何在低温条件下合成纳米尺寸的锐钛矿型二氧化钛进行了大量的研究。然而，对于具有高比表面的金红石型二氧化钛超细颗粒的低温合成鲜有报道。

传统上，利用提高温度的溶胶-凝胶过程制备金红石型二氧化钛。为了改善产物的结晶度，需要进行煅烧处理。煅烧虽然可以提高结晶度，但常常伴随颗粒团聚长大，比表面积变小，难以满足某些实际应用对超细晶体尺寸和特殊形态的要求。迄今为止，获得超细金红石型二氧化钛的有效方法是在无机盐存在下，对钛的前驱体进行水热处理。无机盐包括 SnCl$_4$、NH$_4$Cl、NaCl 或 SnO$_2$，钛的前驱体可以是 TiCl$_4$ 或异丙氧基钛。无机盐辅助的水热过程合成的一般是棒状金红石或板钛矿的聚集体。Li 等[27]在混合的有机介质中，改变醇的用量，在温和的条件下合成了金红石和锐钛矿相二氧化钛。他们通过选择醇和反应温度控制产物的晶相。Pedraza 等[62]在室温下利用 O$_2$ 直接氧化 TiCl$_3$ 的方法合成了具有大比表面的金红石型 TiO$_2$。但是样品在 80℃处理之后含有 5%的锐钛矿晶相。因此，发展低温下一步合成具有纯的金红石型 TiO$_2$ 纳米晶体的方法是重要的。笔者研究组[23]以各种羧酸为指导剂，在 140℃水热处理 TiCl$_4$ 水溶液制备了相纯度的金红石和锐钛矿型 TiO$_2$ 纳米晶体（表 2-3）。Liu 与合作者[63]在对甲苯磺酸存在下，利用均相水解的方法制备晶相可控的 TiO$_2$ 纳米晶体。

表 2-3　羧酸对 TiO_2 的晶相和尺寸的影响[23]

所用的羧酸	不加羧酸	乙酸	酒石酸	柠檬酸	1,3-丙二胺四乙酸（PDTA）	赖氨酸
结晶相	金红石	金红石	锐钛矿	锐钛矿	锐钛矿	锐钛矿
晶体尺寸/nm	18.4	12.3	9.6	8.7	6.8	7.3

制备金红石型 TiO_2 微晶的另一个方法是相转变方法，即在高温或高压条件下使锐钛矿型 TiO_2 转变为金红石型 TiO_2。根据反应条件，相转变温度可以在 450～900℃ 之间变化。遗憾的是，这些极端的处理条件往往会引起非期望的微晶的结构畸变，如晶体长大、化学组成改变等。

本研究小组[64]采取室温下溶液静置生长的方法，在钛酸四丁酯/乙醇/盐酸混合溶液中制备出金红石结晶（图 2-13～图 2-15），某些有机或无机物会影响颗粒的生长。在图 2-14 中，尿素的使用抑制了晶体表面横向毛刺的生长（与图 2-13 比较），所得结晶更完美（图 2-15）。

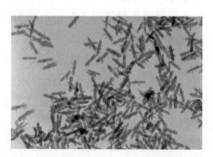

图 2-13　冰水浴中，在电磁搅拌下向 100mL 5mol/L 盐酸溶液中滴加 10mL 钛酸四丁酯/乙醇混合溶液（钛酸四丁酯 1mL），电磁搅拌 4h 后自然升至室温，静置 7～14 天[64]

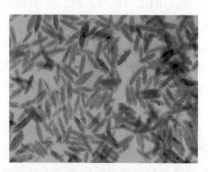

图 2-14　加入钛酸四丁酯/乙醇混合溶液以前，先向 100mL 5mol/L 盐酸溶液中加入 1.5g 尿素，其余条件与图 2-13 相同[64]

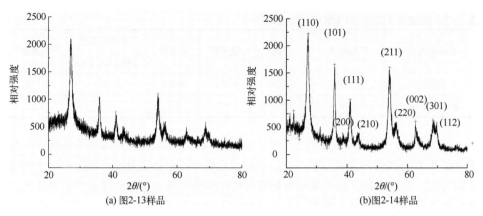

图2-15 图2-13和图2-14中样品的XRD图[64]

2.5.3.3 形态控制

具有可控形态的纳米晶体合成、具有方向和形态依赖性质的材料的制备是先进材料化学的重要目标。一个常用的形态可控的微晶的合成方法是在表面活性剂诱导下的特殊结晶面的选择性生长。一个重要的科学事实是，不同结晶面具有不同的表面能。具有高表面能的晶面优先生长，使具有低表面能的表面长大。表面活性剂的吸附和修饰作用可以影响和限定特殊晶面的生长，使产物具有特殊的形态和不同的暴露晶面。纳米晶的各向异性生长可能因为表面活性剂的吸附所导致的表面能增大或减小而受到影响。到目前为止，表面活性剂是调制微晶生长、控制微晶形态的重要手段。调整非选择性的和表面选择性的表面活性剂的使用比例可以获得不同形状的 TiO_2 纳米晶体，包括枝状结构的纳米晶体。Sugimoto 的研究组[65-68]在形状可控的二氧化钛纳米晶体合成方面做了大量的研究工作。1997 年他们首次利用三乙醇胺为晶形调变剂制备了形态均一的椭球状的 TiO_2 纳米晶体。合成条件为 pH = 11.0～11.4；晶型调变剂分别为：（a）乙二胺 [ED: $NH_2(CH_2)_2NH_2$]，（b）1,3-丙二胺 [TMD: $NH_2(CH_2)_3NH_2$]，（c）二乙基三胺 [DETA: $NH_2(CH_2)_2NH(CH_2)_2NH_2$]，（d）三乙基四胺 [TETA: $NH_2(CH_2)_2NH(CH_2)_2NH(CH_2)_2NH_2$]，（e）二乙胺 [DEA: $(C_2H_5)_2NH$]，（f）三甲胺 [TMA: $(CH_3)_3N$]，（g）三乙胺 [TEA: $(C_2H_5)_3N$]（图 2-16）。油酸钠和硬脂酸盐也是有效的形状控制剂。

一般情况下，颗粒的形状控制是在湿化学反应体系中进行的。形状控制剂选择性地吸附在颗粒的表面，使吸附面的生长速率发生改变。此外，由于表面活性剂的吸附受体系的 pH 影响，pH 也是进行粒子形态控制的重要因素。

尽管表面活性剂是控制纳米晶体形态的一个好方法。考虑到光催化本质上是一种表面反应，表面活性剂的吸附很可能对反应带来不利影响，因此常常需要利用高温煅烧的方法去除。通过调节水解条件可以简单控制 TiO_2 纳米晶体的形状，如球状和棒状。但是简单地改变合成条件，对于某些特殊形状纳米晶体合成是不适用的。

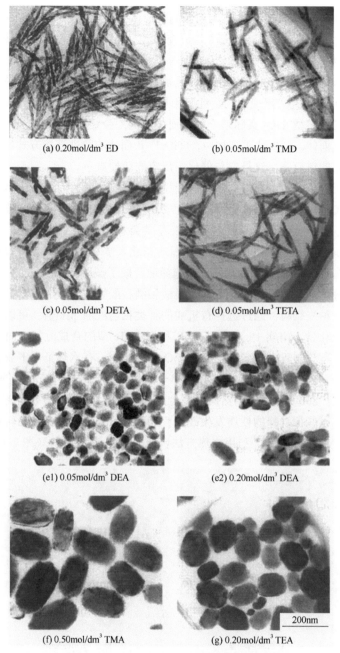

图 2-16 锐钛矿型 TiO_2 颗粒的电镜照片[68]

2.5.4 板钛矿型 TiO_2

自然界中存在金红石、锐钛矿和板钛矿三种结晶形态的二氧化钛,即 TiO_2 的三种多形体。作为具有 TiO_2 这种化学组成的多形体,包括人工合成的 TiO_2-B 型(密度比金红石、锐钛矿或板钛矿稍低)等共有多种。锐钛矿相和板钛矿相属于亚稳相,经过焙烧可以转变为金红石相。

二氧化钛的三种晶型的基本结构单元都是钛氧八面体,不同的是锐钛矿相结构是由$[TiO_6]^{8-}$八面体共边组成的,金红石和板钛矿型 TiO_2 则由$[TiO_6]^{8-}$八面体共顶点共边组成。锐钛矿型 TiO_2 实际是一种四面体结构,金红石和板钛矿型 TiO_2 是晶格稍有畸变的八面体。在板钛矿结构中,$[TiO_6]^{8-}$八面体的特殊连接方式使其在(100)晶面上有裸露的氧原子,这是参与催化等反应的活性原子。

由于人工合成方法难以得到均一的板钛矿型二氧化钛,而光催化活性较高的板钛矿型和 TiO_2-B 型结构的氧化钛难以合成,其结构和性能研究一度被忽视。2007年 3 月在日本京都召开的"日本化学工程学会春季会议"(Society of Chemical Engineers Japan Spring Conference)上,日本东北大学 Kakihama 教授领导的小组报告,利用天然有机酸-钛配合物热解,有选择地合成了多形态 TiO_2。他们以甘蔗、柠檬和葡萄成分的羟基乙酸、柠檬酸、苹果酸和酒石酸等作为钛的增溶剂,利用水热法合成氧化钛纳米微粒。通过选择有机酸的种类和溶液的 pH 值,可以有选择地生成多种形态氧化钛。事实上,有关板钛矿型/TiO_2-B 型的合成近年来时有报道。在2003 年 Yang 等[69]以新鲜沉淀的无定形 TiO_2 为前驱体,在水热条件下获得了板钛矿型 TiO_2 微晶粉末。研究表明,样品具有单一的板钛矿型结构,结晶相的纯度很高、粒度分布均匀。800℃焙烧后仍然保持完全的板钛矿型结构;900℃焙烧之后,X 射线衍射谱中的某些振动峰的性质发生改变;1000℃下焙烧过的样品已转化为金红石相。2005 年 Armstrong 等[70]利用水热方法合成了 TiO_2-B 纳米管(图 2-17)。

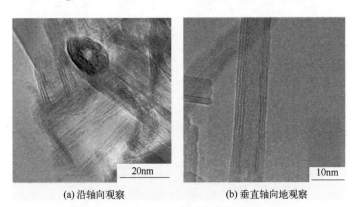

(a) 沿轴向观察　　　　　　　　(b) 垂直轴向地观察

图 2-17　TiO_2-B 纳米管的透射电子显微镜图[70]

2005 年 Yin 等[72]利用"均相沉淀-溶剂热"方法,在 $TiCl_3$-六亚甲基四胺(HMT:$C_6H_{12}N_4$)的醇溶液中制备了 N 掺杂的金红石、锐钛矿和板钛矿纳米晶体($TiO_{2-x}N_y$)

粉末，研究了所制备的样品对 NO 氧化的催化活性。研究表明，他们所制备的样品的相组成、微结构、比表面、N 掺杂量和光催化活性与制备过程中体系的 pH、温度、所用醇的类型密切相关。$TiO_{2-x}N_y$ 在可见光和紫外光谱区有极好的吸收性能（图 2-18），以及对 NO 氧化的催化活性（图 2-19）。

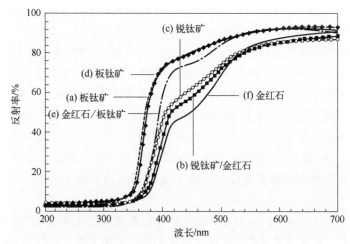

图 2-18 190℃下在 HMT 的醇溶液中制备的 $TiO_{2-x}N_y$ 粉末的扩散反射光谱[71]［甲醇溶液中：(a) pH=1，(b) pH=7，(c) pH=9。在乙醇溶液中：(d) pH=1，(e) pH=7，(f) pH=9。◆○●和虚线表示在甲醇溶液中制备的样品，实线是在乙醇溶液中制备的样品］

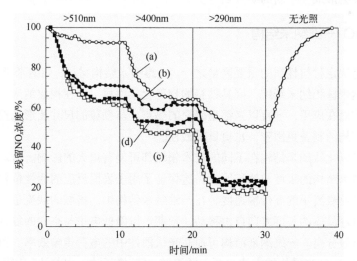

图 2-19 光催化剂对 NO 氧化的光催化活性的比较[71]［(a) 商品 Degussa P25 (○)；(b) 在 $TiCl_3$-HMT 乙醇溶液中制备的板钛矿 $TiO_{2-x}N_y$ 粉末，pH=1，190℃ (●)；(c) 在 $TiCl_3$-HMT 甲醇溶液中制备的锐钛矿 $TiO_{2-x}N_y$ 粉末 (□)，pH=9，190℃；(d) 在 $TiCl_3$-HMT 乙醇溶液中制备的金红石 $TiO_{2-x}N_y$ 粉末，pH=9，190℃］

从图 2-18 可以看出，$TiO_{2-x}N_y$ 粉末在可见区有两个吸收边，一个位于 380～410nm，另一个位于 520～540nm，表明在样品 $TiO_{2-x}N_y$ 粉末中形成了 N—Ti 键。第一个吸收边是 TiO_2 的结构引起的，第二个吸收边与由氮元素掺杂而形成的 N_{1s} 轨道有关，是分子结构中的氮掺杂引起的。显然，样品的光吸收强度与相的组成强烈相关。由图 2-19 可见，Yin 等[73]制备的样品在可见光区和紫外光区都有光催化活性。相应的活性顺序：锐钛矿＞板钛矿≈金红石＞金红石/锐钛矿。2007 年 Petkov 等[72]对 Yin 等[71]利用软化学方法合成得到的 N 掺杂的金红石、锐钛矿和板钛矿型纳米晶体（$TiO_{2-x}N_y$）粉末进行了深入研究。他们设想，在用软化学方法制备 TiO_2 的同质异形体的过程中可能有一个通用的结构模式。他们的研究揭示，X 射线衍射可以成功地用于重度破坏的氧化物的原子级别的结构测定，如用于获得 N 掺杂的 TiO_2 微晶粉末的中间相结构的测定。在构筑 TiO_6 八面体纳米尺度的层状结构或片段的过程中，通过控制，可根据纤铁矿的连接方式排列中间体。根据控制条件的变化，反应前驱体可以转变成任何一种 TiO_2 的同质异形体（金红石、锐钛矿和板钛矿）。

然而，在上述研究中，没有关于他们的样品的反应活性周期和结构稳定性的报道。目前有关二氧化钛的同质异形体的制备和性能的研究重点是控制条件，建立简单有效的转化程序和提高板钛矿同质异形体的产率和活性。总之，板钛矿的活性可能不像最初人们所认为的，催化活性很低。与板钛矿或金红石光催化活性有关的研究未来也许会形成一个新的研究热点。

2.5.5　TiO_2 一维纳米结构

维度是决定材料性质的重要因素之一。一维纳米结构材料，如纳米管、纳米线、纳米带、纳米棒和纳米纤维，因其独特的物理化学性质以及在构建纳米电子和光电子器件中的潜在应用，一直以来都是研究的热点。与颗粒的尺寸及形态控制相比，一维纳米结构的制备更困难，也更具挑战性。

一维二氧化钛纳米结构在不同的技术领域都可能有重大的影响。与球形颗粒相比，一维纳米结构的表面与体积比大，这保证了用于表面反应的活性位置的有效密度和界面电荷载流子的高传输速度。在一维纳米结构中，离域的载流子浓度增加，它们可以沿着晶体的长度方向自由移动，预期可以降低电子与空穴的复合概率，保证电荷的有效分离。一维纳米结构可提高光伏器件中的电荷传输效率。目前可用来制备一维 TiO_2 纳米结构的方法主要包括溶胶-凝胶模板法、水热法和表面活性剂指导法等。

2.5.5.1　溶胶-凝胶模板法

模板法是制备一维纳米结构的最简单和最有效的方法。多孔氧化铝是最常用的模板之一。模板法的重要优点之一是，所制备的纳米结构是由模板的孔直径控制和定义的。Lakshmi 等[73]将溶胶-凝胶合成的概念与模板法相结合，制备了管状和纤维状无机氧化物，如 TiO_2、MnO_2、V_2O_5、Co_3O_4、ZnO、WO_3 和 SiO_2。这些纳米结构具有大的比表面积。所制备的 TiO_2 纳米纤维在光催化分解水杨酸的过程中表现出高效率。

Zhang 等[74]利用 $TiCl_3$ 的阳极氧化水解方法制备了高度有序的 TiO_2 纳米线阵列。在 500℃退火之后，单晶锐钛矿型 TiO_2 纳米线的直径大约 15nm，长度约 6μm。Liu 等[75]在酸性介质中水解 TiF_4 得到单晶 TiO_2 纳米管，他们没有使用孔结构的氧化铝膜（AAM）。Park 等[76]使用阳极氧化铝膜，水解 $TiCl_4$ 制备了锐钛矿型 TiO_2 的管和棒。他们合成的棒状纳米结构直径在 200～250nm。每个纳米管是由 60～80nm 厚的片卷曲形成的筒，筒的直径是氧化铝膜孔尺寸的 2.5 倍。Hoyer[77-78]利用两步复制过程制备了二氧化钛纳米管。这种合成路线也适用于制备其他半导体材料，如 CdS 或 WO_3。第一步是形成一个模板结构作为产物的模子；第二步，利用模板产生复制品。所制备的管是开口的，因此可以电化学沉积金属，形成由管状半导体包裹的纳米线。

模板法虽然使用方便，但是也存在某些问题。首先，模板的表面可能由于相互作用而有化学或物理黏附使其不适合合成化学性质相似的材料；其次，该方法的第一步是设计纳米模板，这是不必要的琐碎工作；最后，使用固体模板总要经过很多操作步骤——模板设计、在模板上或围绕模板的结构生长、去除模板。因此，需要探索和发展其他简单的合成方法。

2.5.5.2　水热或溶剂热合成法

利用水热或溶剂热的反应过程制备二氧化钛一维纳米结构，包括纳米线、纳米管和纳米带，已经是比较成熟的技术，文献中多有报道。水热或溶剂热的方法属于软化学合成方法，可通过调节热处理体系的溶剂、pH、原料、反应温度和时间，利用封闭的热处理过程产生的蒸气压和温度下的反应，可以直接合成一维纳米结构。溶剂的选择和配比是最重要的。所使用的溶剂一般包括水、醇、酸或碱溶液、醇与水的混合物、有机小分子溶剂与醇的混合物、极性有机小分子与水的混合溶液等等；所用的反应物一般为无定形的 TiO_2 溶胶、锐钛矿型或金红石型 TiO_2 微晶，或者锐钛矿和金红石型 TiO_2 微晶的混合物；热处理温度一般在 160～250℃。Su 研究小组[79]利用水热法，使二氧化钛在 NaOH 水溶液中反应合成了薄的二氧化钛纳米带，其厚度为几个纳米，宽度在 30～200nm 之间。Zhang 等[80]使用类似的水热法合成了锐钛矿型和板钛矿型混合的 TiO_2 纳米线。

近年来发展的溶剂热技术常被用来制备纳米线，涉及的化合物很多，如硫属元素、SiC、$CdWO_4$、InAs 的纳米棒和纳米线以及碳纳米管。典型的例子是中国科学技术大学钱逸泰研究小组的工作[81-92]。对于在低温下制备纳米线，溶剂热的合成路线是一个重要的技术。在溶剂反应过程中产生的压力的作用下，所合成的纳米线有很好的结晶结构。但是利用水热方法控制合成高纯度、高结晶度、单晶、超长的锐钛矿或金红石相的一维纳米结构的成功例子并不多。

本实验室[93]利用简单的、低成本的溶剂热技术，使用 NaOH 与乙醇的混合溶剂，合成了高结晶度的 TiO_2 纳米线。纳米线的直径在 20～50nm，长度达到几个微米。所合成的纳米线纯度高、结构均一、结晶度高（图 2-20）。溶剂中的乙醇对最终产物的形态、结晶行为有非常重要的影响。

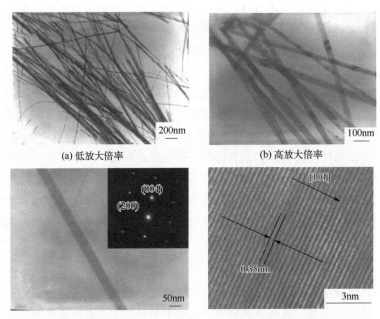

(a) 低放大倍率　　(b) 高放大倍率

(c) 单根纳米线[相应的选区电子衍射(SAED)图]　　(d) 单根纳米线的高分辨电镜照片

图 2-20　用溶剂热技术（200℃，24h）制备的 TiO_2 纳米线的 TEM 照片

调整实验参数，如参加反应的原材料的结构、性质、反应溶液的酸碱度、反应温度和时间，可以在一定程度上控制合成过程。但是可控合成具有确定形态和结构的一维单晶，仍然是比较难操纵的。有关一维单晶 TiO_2 的可控合成文献中很少报道。利用简单、经济的溶剂热方法，在有机溶剂（如乙醇、氨基乙醇、丙三醇）存在下，还合成了系列的单晶 TiO_2 一维结构，包括纳米带、纳米棒和纳米管（图 2-21）[94]。通过改变所用的溶剂即可以调控一维单晶 TiO_2 的形态，不使用模板。这种简单的方法预期可以用在其他金属氧化物纳米结构的合成上。

2.5.5.3　其他合成方法

分子自组装方法、有机溶剂存在下的前驱体水解方法等已经用来合成一维 TiO_2 纳米结构。Hanabusa 等[95-96]在含有有机干凝胶（Z-L-Ile-$NHC_{18}H_{37}$）和大分子 M（图 2-22）

的 $Ti[OCH(CH_3)_2]_4$ 体系中，使用溶胶凝胶聚合的方法制备了 TiO_2 纤维。有机干凝胶能够在有机液体中以纤维聚合物为基础形成三维网状结构。以非共价自组装作用形成的大分子状聚集体是凝胶化的原因。通过纤维体自组装聚集产生特殊结构的 TiO_2。

100nm
(a) 纳米带1
100nm
(b) 纳米带2
200nm
(c) 纳米棒1
100nm
(d) 纳米棒2
50nm
(e) 纳米管

图 2-21 一维 TiO_2 纳米结构的电镜照片[96]

(a) 有机干凝胶Z-L-Ile-$NHC_{18}H_{37}$

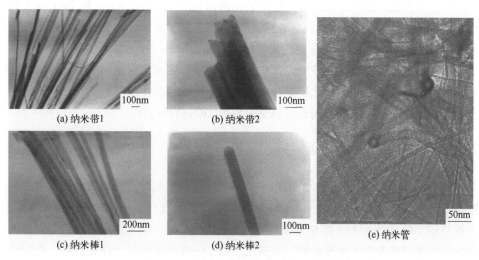

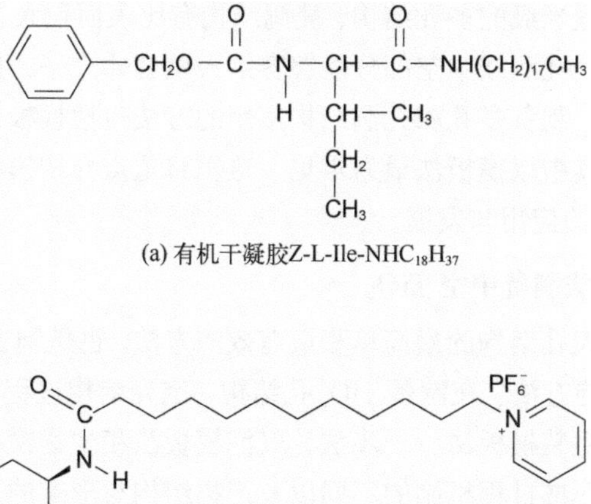

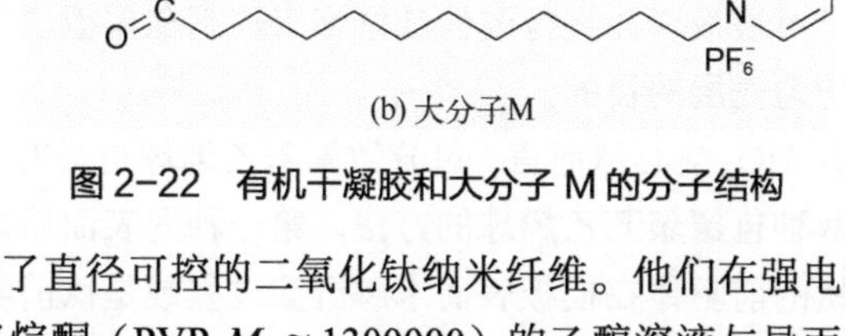

(b) 大分子M

图 2-22 有机干凝胶和大分子 M 的分子结构

Xia 等[97]合成了直径可控的二氧化钛纳米纤维。他们在强电场作用下用针管注入含有聚乙烯吡咯烷酮（PVP, $M_w \approx 1300000$）的乙醇溶液与异丙氧基钛，形成 PVP 和无定形 TiO_2 的复合纳米纤维，纤维的长度可长达几厘米。在空气中 500℃条件下煅烧，纳米纤维转变成锐钛矿型二氧化钛，产物的形态没有改变。改变参数，如 PVP 与异丙氧基钛的比例、反应物在乙醇溶液中的浓度、电场强度、进料速度，这些纳米纤维的直径可以在 20~200nm 范围调控。这个方法是制备介孔结构纤维的相对简单和实用的方法，还可用来制备其他的氧化物如 SnO_2、SiO_2、Al_2O_3 和 ZrO_2 纳米纤维。Cozzoli 等[98]以油酸作表面活性剂，在 80℃条件下水解异丙氧基钛制备了锐钛矿相 TiO_2 纳米棒。对钛的醇盐进行化学修饰已经证明是一个比较好的技术，可用于调整前驱体与水的反应，操控纳米晶体生长动力学，完成纳米结构的形状控制。研究表明，叔胺或季铵的氢氧化物是在柔和条件下促进结晶化的有效的催化剂。这个方法的新颖性在于可以规模制备有机物包覆的 TiO_2 纳米晶体。

2.5.6 空洞结构纳微米 TiO_2

越来越多的研究表明，TiO_2 的粒径、结晶度、形貌和结晶相组成、比表面是影响光催化性能的重要因素。如前所述，因为大的比表面及可能的特殊电子传递方式，一维结构 TiO_2 纳米材料，如纳米线、纳米棒、纳米纤维、纳米管和纳米线阵列等的制备与性能研究取得了重要进展。事实上，除了一维纳米材料，介孔结构、孔洞结构、空壳结构的大比表面积的 TiO_2 的制备和性能研究也得到快速的发展。

粒径在纳米至微米级的多孔结构、孔洞结构有比表面积大、密度低、稳定性高、传质过程好等特性。孔洞或中空部分能够容纳大量客体分子，因而产生一些奇特的微观"包裹"效应。制备多孔和孔洞结构常用的方法包括模板法、乳液法和喷雾反应法等多种方法，其中以模板法最为常见。这里将重点介绍模板法在制备多孔结构及空洞结构 TiO_2 中的应用与发展。

2.5.6.1 模板法制备中空 TiO_2

模板法是制备大孔结构的最简单和最有效的方法。也是制备空壳/孔洞结构的最常用、简便和有效的方法。在制备 TiO_2 孔结构、空壳结构过程中，模板法又细分为修饰模板法、层层组装模板法、一步法、气泡模板法和生物模板法等等。制备方法的差异将导致产物形成过程机制的不同以及产物结构与形态的差异。

（1）表面修饰模板法

这种方法是通过对模板表面进行改性或修饰来控制在模板表面上包覆物的反应速度从而达到形成均匀壳层的目的。

对于合成单分散 TiO_2 空心球而言，单分散聚苯乙烯球是最方便的模板。到目前为止，人们发明了两种包覆聚苯乙烯球的方法。第一种为表面修饰或改性模板球包覆法，主要是控制钛的前驱体在模板表面水解沉淀过程或是钛前驱体与功能化的聚苯乙烯球表面反应的方法。第二种为层层包覆方法。这种方法是利用带不同电性的物种间的静电相互作用在模板表面形成包覆层，再用化学腐蚀或高温加热的方法去除模板。上述方法一般需要两步过程，整个过程比较费时。

本研究组[99]发展了一种简单和廉价的方法。以 $TiCl_4$ 为前驱体，制备单分散 TiO_2 空心球。整个实验过程可以在水溶液中完成，首次用十六烷基三甲基溴化铵控制钛前驱体水解和在聚苯乙烯球表面形成 TiO_2 颗粒的速度。TiO_2 空心球的壳层厚度可以通过控制 $TiCl_4$ 和氨水的量来调节。比较聚苯乙烯球与所制备的 TiO_2 空心球的扫描电镜照片可以看出，所制备的空心球保持了模板的单分散性（图 2-23）。实验结果表明，当 $TiCl_4$ 和氨水的用量分别为 3mL 和 26mL 时，所形成的 TiO_2 空心球的壳层厚度大约为 15nm；当 $TiCl_4$ 和氨水的量分别增加到 6mL 和 35mL 时，壳层厚度大约为 25nm。选区电子衍射的结果表明，在样品中只有 Ti 和 O 元素的峰，说明彻底洗涤后的样品具有很高的纯度。

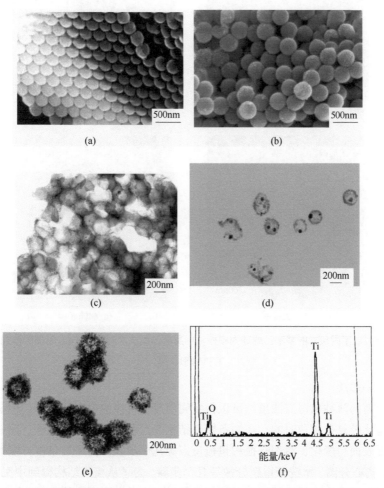

图 2-23 （a）聚苯乙烯球模板的 SEM 照片；（b）单分散 TiO_2 空心球的 SEM 照片；（c～e）不同层厚度的 TiO_2 空心球的 TEM 照片；（f）TiO_2 空心球的能量色散 X 射线光谱图[99]

（2）层层组装模板法

层层包覆技术的基础是通过包覆层与聚合物模板之间的静电吸引作用在模板表面形成厚度可控的均匀包覆层。聚合物电解质、无机纳米颗粒或蛋白质分子都已经通过这种方法沉积到模板表面。Caruso 等[100]运用层层包覆技术把不同的无机物（TiO_2、SiO_2 等）包覆到不同尺寸的聚苯乙烯球模板上，除掉模板后得到单分散的 TiO_2 和 SiO_2 空心球（图 2-24）。这种方法的最大优点是可以通过调整模板球的大小和包覆层数有效调控空心球的直径和壳层厚度。

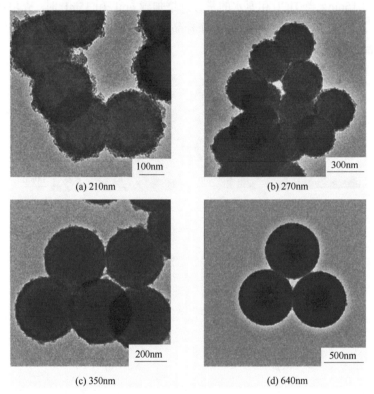

图 2-24 以不同尺寸的聚苯乙烯球为模板，用层层包覆技术制备的 TiO_2 包覆的核壳结构的 TEM 照片[100]

（3）一步法

用上面的两种包覆方法虽然可以得到壳层厚度可控的中空的微球，但是这两种方法都是比较复杂和费时的，在制备核壳结构的过程中需要多个步骤。比如直接模板法需要表面功能化、溶剂交换和包覆反应等几个步骤；而层层包覆方法则需要重复吸附、离心分离、水洗和重新分散等几个步骤。为了从核壳结构得到中空的微球，在合适的溶剂中溶解掉模板或高温烧结去掉模板也是必不可少的步骤。余火根等[101]发展了一步制备 TiO_2 空心球的方法。他们将氧化钒纳米带模板超声分散到四氟化钛溶液中，密封后放入温度为60℃的烘箱中处理12h，反应完成后将白色沉淀分离、洗涤、干燥，得到一维TiO_2空心结构。通过调整反应物TiF_4的浓度可以调控空心结构的壁厚度。以氧化钒纳米带为模板一步反应获得一维空心纳米结构的机理是，在四氟化钛水解形成TiO_2纳米颗粒（$TiF_4 + 4H_2O \rightarrow Ti(OH)_4 + 4HF$）的同时，反应体系中的副产物HF将模板溶解掉，一步形成空心结构。

（4）气泡模板法

Xie等[102]发展了一种利用气泡作为模板来制备TiO_2空心球的方法。他们利用草酸氧钛钾作为前驱体，利用式（2-17）的反应

$$K_2TiO(C_2O_4)_2 + 2H_2O_2 + H_2O \longrightarrow TiO_2 + K_2CO_3 + 3H_2CO_3 \qquad (2-17)$$

以所加入的H_2O_2为配体，以其分解所产生的O_2气泡作为软模板，成功地制备出了具有三维有序结构的TiO_2空心球（图2-25），气泡对形成空心球起到了关键的作用。

图2-25 （a）气泡模板法制备TiO_2空心球的SEM照片，（b）单个空心球的高放大倍数的扫描电镜照片，（c）不同角度的TiO_2空心球的SEM照片，（d）气泡模板法制备TiO_2空心球的TEM照片，（e）组成TiO_2空心球的表面尖端结构的高分辨TEM照片[102]

本研究组[103]利用气泡模板成功地制备了由纳米TiO_2颗粒经过三级堆积组装的微米级空心球。典型的过程为：将钛酸四丁酯溶解在无水乙醇中，然后在冰水浴中

往溶液中滴加一定量的硝酸；搅拌 3 小时后，形成透明溶液。将形成的透明溶液在 90℃回流 4h，然后冷却到室温。再将冷却后的溶液加热到 75℃，瞬间产生大量的 NO 气泡。随着回流的进行，体系中产生白色沉淀。X 射线衍射分析表明，白色沉淀为草酸氧钛$[Ti_2O_2(C_2O_4)(OH)_2·H_2O]$。分离白色沉淀、洗涤、焙烧，得到由锐钛矿相纳米 TiO_2 颗粒堆积成的空心壳聚集成的微米级空心聚集体（图 2-26），因此，聚集体具有三级尺寸结构。

图 2-26　（a）由锐钛矿相纳米 TiO_2 颗粒堆积成的空心壳聚集成的微米级空心聚集体的 SEM 照片；（b）和（c)分别是该聚集体 500nm 和 100nm 下的 TEM 照片[103]

（5）生物模板法

自从 Davis[104]用硅成功地复制丝状细菌之后，复制自然物质的不同有序结构受到极大关注。相对于传统模板，生物模板具有价格低廉、货源充足、可再生利用和环境友好等一系列优点。Imai 等[105]利用棉花纤维作模板制备了管壁为多孔结构的 TiO_2 纤维（图 2-27），制备过程如图 2-28 所示。首先控制 TiF_4 的水解反应，在模板表面形成一层 TiO_2，然后通过烧结的方法去除模板，得到中空的 TiO_2 纤维。

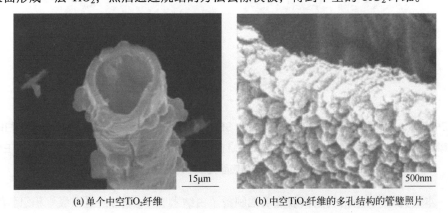

(a) 单个中空TiO_2纤维　　　　(b) 中空TiO_2纤维的多孔结构的管壁照片

图 2-27　中空 TiO_2 纤维的显微镜照片[107]

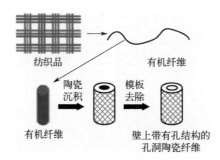

图 2-28 以有机纤维为模板,利用化学液相沉积法制备管壁为多孔结构的中空 TiO$_2$ 纤维示意图[105]

Kunitake 等[106-107]以组装的乳胶颗粒和烟草花叶病毒为模板制备了由纳米管连接的 TiO$_2$ 空心球。他们还利用疏水的丝线作为模板,制备出了多孔的 TiO$_2$ 和 ZrO$_2$ 细丝,并且以这些多孔的物质作为反应器原位合成了纳米 Au 颗粒。Qi 等[108]以鸡蛋壳内的软膜为模板制备出了由 TiO$_2$ 管组成的有序大孔网状结构。

本研究组[109]以四氯化钛为原料,成功地复制了剑麻纤维。所得到多结节的 TiO$_2$ 忠实地复制了由多束具有孔结构的亚纤维组织构成的剑麻纤维结构(图 2-29),产物煅烧后具有一定的光催化活性。

(a) 剑麻纤维的扫描电镜照片

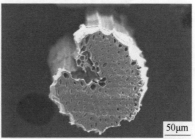

(b) 单个剑麻纤维的截面扫描电镜照片

(c) 大量TiO$_2$纤维的数码照片

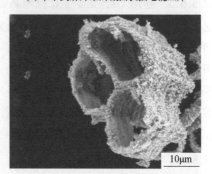

(d) 单个TiO$_2$纤维的截面扫描电镜照片

图 2-29

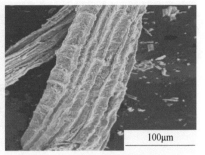
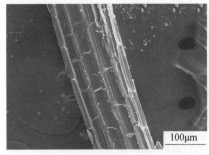

(e) 单个剑麻纤维的表面扫描电镜照片　　　　(f) 单个TiO_2纤维的表面扫描电镜照片

图 2-29　剑麻纤维及 TiO_2 纤维的扫描电镜照片和 TiO_2 纤维的数码照片

2.5.6.2　离子液体中制备空心微球

Kimizuka 等[110]利用苯和离子液体、1-甲基-3-丁基-六氟磷酸盐之间的互溶性，在剧烈搅拌情况下形成微小的液滴，进而控制钛酸四丁酯在微球表面水解，形成 TiO_2 空心球。图 2-30 是所制备的空心球的 SEM 照片。

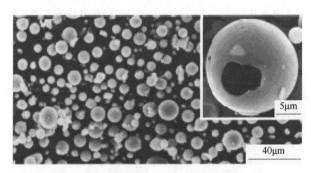

图 2-30　在离子液体中制备的空心微球的 SEM 照片
（插图为单个破碎的空心球的 SEM 照片）[110]

2.5.6.3　利用 Ostwald 生长机理制备 TiO_2 空心球

Zeng 等[111]发展了一种利用 Ostwald 成长机理的方法，使 TiF_4 在水热条件下水解制备单分散的 TiO_2 空心球。图 2-31 给出了 TiO_2 空心球的形成过程。随着 TiF_4 的水解，首先形成的是由许多微晶组成的实心结构 TiO_2 球。相对于那些在外表面上的微晶，处于内部的微晶具有更高的表面能，更容易溶解掉。因此，当反应的时间很短时，所形成的球为实心结构 [图 2-31（b）]；随着反应时间的延长，可以观察到 TiO_2 的空洞结构，反应时间继续延长，空心球的内部空洞会进一步增大 [图 2-31（c）和（d）]。

2.5.6.4　试剂指导法制备介孔 TiO_2

介孔材料是孔径介于微孔（孔径<2nm）和大孔（孔径>50nm）之间的多孔材料。介孔 TiO_2 有较大的比表面积，有利于反应物的吸附和光能的吸收，因此可以明显

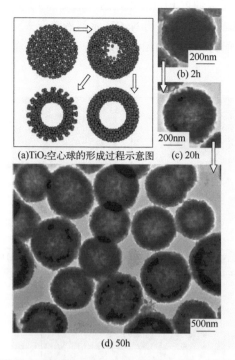

图 2-31　TiO₂空心球的形成过程示意图（a）及用 30mL TiF₄在 180℃水解制备的空心球在不同反应时间的 TEM 图像（b~d）[113]

提高光催化材料的光催化活性。自从 Antonelli 小组[112]在 1995 年合成了介孔二氧化钛 Ti-HMS1 以来，发展了很多新的方法制备具有大比表面积的介孔结构的二氧化钛。到目前为止，各种模板，如表面活性剂、聚合物、有机小分子已经用作模板来指导具有不同孔结构和孔尺寸的介孔二氧化钛的合成。这些模板大体上可以分为两类：一类是廉价、无毒、非表面活性剂的有机分子，可以完全通过水萃取去除。另一类是各种表面活性剂或聚合物，通常只能在高温情况下通过煅烧去除。水萃取去除模板的方法简单、绿色、有利于保护光催化材料的表面羟基基团。但是由于水解和结晶过程通常在室温条件下进行，产物的结晶度比较低。高温煅烧可以改善二氧化钛的结晶度，但是可能引起孔塌陷，因此使表面积减小；高温煅烧也可能导致表面羟基的锐减。因此，由于制备方法的不同，在许多情况下，介孔二氧化钛并不一定具备高的光催化活性。此外，孔的尺寸和结构也极大地影响二氧化钛的性能。为了有效地传输反应物分子，具有双孔和开孔结构的大比表面积的材料是受欢迎的。目前，利用表面活性剂过程已经制备了多种双孔结构材料[113-115]。本研究组[22]利用廉价、无毒的乙二胺四乙酸（EDTA）作为结构导向剂，采用改进的水热过程制备了具有高结晶度、双孔、双晶相（锐钛矿和金红石）结构的二氧化钛（图 2-32 和

图 2-33）。产物的相组成可以通过 EDTA 和它的二钠盐（d-EDTA）或四钠盐（t-EDTA）进行调节（表 2-1）。EDTA 模板可以用 NaOH 水溶液萃取去除。由于合成产物的大比表面、高的表面吸附能力、孔结构和混晶组成，所合成的多孔二氧化钛对甲基橙的降解活性比 P25 高。

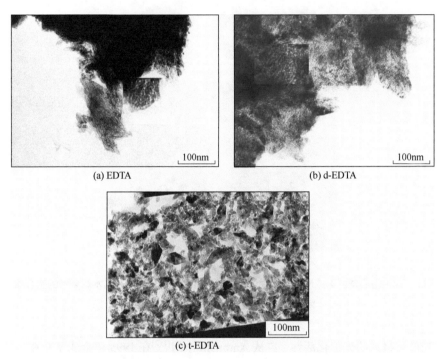

图 2-32　不同结构导向剂制备的多孔结构 TiO_2 的透射电镜照片

图 2-33　不同结构导向剂制备的多孔结构 TiO_2 的扫描电镜照片

邹志刚等[116]总结并述评了介孔 TiO_2 研究的进展，介绍了介孔 TiO_2 的合成及其在光催化领域中的应用。

参考文献

[1] Fujishima A, Honda K. Nature, 1972, 238(5358): 37-38.
[2] Linsebigler A L, Lu G G, Yates J T. Chem Rev, 1995, 95: 735.
[3] Hadjivanov K V, Klissurski D G. Chem Soc Rev, 1996: 61.
[4] Hagfeld A, Graetzel M. Chem Rev, 1995, 95: 498.
[5] 潘可夫 J I. 半导体中的光化学过程. 刘湘娜, 等译. 南京: 南京大学出版社, 1992.
[6] Butler M A. J Applied Phys, 1977, 48: 1914.
[7] Tang H, Prasad K, Sanjines R, Schmid P E, Levy F. J Appl Phys, 1994, 75: 2042.
[8] Bockelmann D, Linder M, Bahnemannn D. Pellizzeti. Fine particles science and technology. Netherlands: Kluwer Academic Publisher, 1996:675-689.
[9] Mills A, Davies R H, Worsley D. Chem Rev, 1993, 22: 417.
[10] Dong H D, Ramsden J, Grätzel M. J Am Chem Soc, 1982, 104: 2977.
[11] Rothenberger G, Fitzmaurice D, Grätzel M. J Phys Chem, 1992, 96: 5983.
[12] Hagfeld A, Graetzel M. Chem Rev, 1995, 95: 49.
[13] Zhang Z, Zhong X, Liu S, Li D, Han M. Angew Chem Int Ed, 2005, 44: 3466.
[14] Asahi R, Taga Y, Mannstadt W, Freeman A J. Phys Rev B, 2000, 61, 7459.
[15] Chen X B, Mao S S. Chem Rev, 2007, 107, 2891.
[16] Choi H C, Ahn H J, Jung Y M, Lee M K. Appl Spectrosc, 2000, 58: 598.
[17] Monticone S, Tufeu R, Kanaev A V, Scolan E, Sanchez C. Appl Surf Sci, 2000: 162.
[18] Kanie K, Sughimoto T. J Am Chem Soc, 2003, 125: 10518.
[19] Sakai N, Ebina Y, Takada K, Sasak T. J Am Chem Soc, 2004, 126: 5851.
[20] Sasaki T, Watanabe M. J Phys Chem B, 1997, 101: 10159.
[21] Bavykin D V, Gordeev S N, Moskalenko A V, Lapkin A A, Walsh F C. J Phys Chem B, 2005, 109: 8565.
[22] Liu Y, Liu C, Zhang Z. J Nanosci Nanotechnol, 2007, 7: 1.
[23] Liu Y, Liu C, Zhang Z. Chem Eng J, 2008, 138: 596.
[24] Hirakawa T, Nakaoka Y, Nishino J, Nosaka Y. J Phys Chem B, 1999, 103: 4399.
[25] Wang C C, Ying Jackie Y. Chem Mater, 1999, 11: 3113.
[26] Niederberger M, Bartl M H, Stucky G D. Chem Mater, 2002, 14: 4364.
[27] Wang C, Deng Z X, Li Y D. Inorg Chem, 2001, 40: 5210.
[28] Tang J, Redl F, Zhu Y, Siegrist T, Brus L E, Steigerwald M L. NanoLett, 2005, 5: 543.
[29] Cheng H, Ma J, Zhao Z, Qi L. Chem Mater, 1995, 7: 663.
[30] Hayashi H, Torii K. J Mater Chem, 2002, 12: 3671.
[31] Wilson G J, Will G D, Frost R L, Montgomery S A. J Mater Chem, 2002, 12: 1787.
[32] Andersson M, Österlund L, Ljungström S, Palmqvist A. J Phys Chem B, 2002, 106: 10674.
[33] Zhang D B, Qi L M, Ma J M, Cheng H M. J Chem Mater, 2002, 12: 3677.
[34] Hong S S, Lee M S, Hwang H S, Lim K T, Park S S, Ju C S, Lee G D. Solar Energy Mater Solar Cells, 2003, 80: 273.
[35] Lee C T, Psathas P A, Ziegler K J, Johnston K P, Dai H J, Cochran H D, Melnicheko Y B, Wignall G D. J Phys Chem, 2000, B 104: 11094.

[36] Zielinski R G, Kline S R, Kaler E W, Rosov N. Langmuir, 1997, 13: 3934.
[37] Lin J, Lin Y, Liu P, Meziani M J, Allard L F, Sun Y P. J Am Chem Soc, 2002, 124: 11514.
[38] Stallings W E, Lamb H H. Langmuir, 2003, 19: 2989.
[39] Zulauf M, Eicke H F. J Phys Chem, 1979, 83: 480.
[40] Kotlarchyk M, Chen S H, Huang J S, Kim M W. Phys Rev, 1984, A 29: 2054.
[41] Brochette P, Petit C, Pileni M P. J Phys Chem, 1988, 92: 3505.
[42] Robinson B H, Topraciaglu C, Dore J, Chieux P. J Chem Soc, Faraday Trans, 1984, 80: 13.
[43] Dyson P J. Transition Met Chem, 2002, 27: 353.
[44] Visser A E, Swatloski R P, Reichert W M, Mayton R, Sheff S, Wierzbicki A, Davis J H, Rogers R D. Chem Commun, 2001: 135.
[45] Deshmukh R R, Rajagopal R, Srinivasan K V. Chem Commun, 2000: 1544.
[46] Dupont J, Fonseca G S, Umpierre A P, Fichtner P F P, Teixeira S R. J Am Chem Soc, 2002, 124: 4228.
[47] Endres F, Abedin S Z E. Chem Commun, 2002: 892.
[48] Zhou Y, Antonietti M. J Am Chem Soc, 2003, 125: 14960.
[49] Nakashima T, Kimizuka N. J Am Chem Soc, 2003, 125: 6386.
[50] Okubo N, Nakazawa T, Katano Y, Yoshizawa I. Appl Surf Sci, 2002, 197/198: 679.
[51] Koshizaki N, Narazaki A, Sasaki T. Appl Surf Sci, 2002, 197/198: 624.
[52] Yoon J W, Sasaki T, Koshizaki N, Traversa E. Sci Mater, 2001, 44: 1865.
[53] Pan D C, Zhao N N, Wang Q, Jiang S C, Ji X L, An L J. Adv Mater, 2005, 17: 1991.
[54] Kormann C, Bahnemann D W, Hoffmann M R. J Phys Chem, 1988, 92: 5196.
[55] Serpone N, Lawless D, Khairutdinov R. J Phys Chem, 1995, 99: 16646.
[56] Joselevich E, Willner I. J Phys Chem, 1994, 98: 7628.
[57] Frindell K L, Gartl M H, Popitsch A, Stucky G D. Angew Chem Int Ed, 2002, 41: 959.
[58] Chemseddine A, Moritz T. Eur J Inorg Chem, 1999: 235.
[59] Wang W, Gu B, Liang L, Hamilton W A, Wesolowski D J. J Phys Chem B, 2004, 108: 14789.
[60] Hari-Bala, Zhao J, Jiang Y, Ding X, Tian Y, Yu K, Wang Z. Mater Lett, 2005, 59: 1937.
[61] Hari-Bala, Guo Y, Zhao X, Zhao J, Fu W, Ding X, Jiang Y, Yu K, Lv X, Wang Z. Mater Lett, 2006, 60: 494.
[62] Pedraza F, Vazquez A. J Phys Chem Solids, 1999, 60: 445.
[63] Liu W, Chen A P, Lin J P, Dai Z M, Qiu W, Liu W, Zhu M Q, Usuda S. Chem Lett, 2004, 33: 390.
[64] Zhang S, Liu C, Liu Y, Zhang Z, Mao L. Mater Lett, 2009, 63: 127.
[65] Sugimoto T, Okada K, Itoh H. J Colloid Interf Sci, 1997, 193: 140.
[66] Sugimoto T, Okada K, Itoh H. J Disper Sci Tech, 1998, 19: 143.
[67] Kanie K, Sugimoto T. Chem Commun, 2004: 1584.
[68] Sugimoto T, Zhou X, Muramatsu A. J Colloid Interf Sci, 2003, 259: 53.
[69] 杨少凤, 罗薇, 朱燕超, 刘艳华, 赵敬哲, 王子忱, 邹广田. 高等学校化学学报, 2003, 24: 1933.
[70] Armstrong G, Armstrong A R, Canales J, Bruce P G. Chem Commun, 2005: 2454.
[71] Yin S, Aita Y, Komatsu M, Wang J S, tang Q, Sato T. J Mater Chem, 2005, 15: 674.
[72] Gateshki M, Yin S, Ren Y, Petkov V. Chem Mater, 2007, 19: 2512.

[73] Lakshmi B B, Patrissi C J, Martin C R. Chem Mater, 1997, 9: 2544.

[74] Zhang X Y, Zhang L D, Chen W, Meng G W, Zheng M J, Zhao L X. Chem Mater, 2001, 13: 2511.

[75] Liu S M, Gan L M, Liu L H, Zhang W D, Zeng H C. Chem Mater, 2002, 14: 1391.

[76] Park I S, Jang S R, Hong J S, Vittal R, Kim K J. Chem Mater, 2003, 15: 4633.

[77] Hoyer P. Langmuir, 1996, 12: 1411.

[78] Hoyer P. Adv Mater, 1996, 8: 857.

[79] Yuan Z Y, Colomer J F, Su B L. Chem Phys Lett, 2002, 363: 362.

[80] Zhang Y X, Li G H, Jin Y X, Zhang Y, Zhang J, Zhang L D. Chem Phys Lett, 2002, 365: 300.

[81] Qian Y T. Adv Mater, 1999, 11: 1101.

[82] Wang W Z, Geng Y, Yan P, Liu F Y, Xie Y, Qian Y T. Inorg Chem Commun, 1999, 2: 83.

[83] Li Y D, Liao H W, Ding Y, Qian Y T, Yang L, Zhou G E. Chem Mater, 1998, 10 : 2301.

[84] Xie Y, Li B, Su H L, Liu X M, Qian Y T. Nanostruct Mater, 1999, 11: 539.

[85] Yu S H, Yang J A, Han Z H, Qian Y T, Zhang Y H. J Mater Res, 1999, 14: 4157.

[86] Hu J Q, Lu Q Y, Deng B, Tang K B, Qian Y T, Li Y Z, Zhou G, Liu X M. Inorg Chem Commun, 1999, 2: 569.

[87] Jiang Y, Qu Y, Yuan S W, Xie B, Zhang S Y, Qian Y T. J Mater Res, 2001, 16: 2805.

[88] Zhan J H, Yang X G, Wang D W, Li S D, Xie Y, Xia Y, Qian Y T. Chem Mater, 2000, 12: 1348.

[89] Yu D B, Wang D B, Meng Z Y, Hu J, Qian Y T. J Mater Chem, 2002, 12: 403.

[90] Lu Q Y, Hu J Q, Tang K B, Qian Y T, Zhou G, Liu X M, Zhu J S. Appl Phys Lett, 1999, 75: 507.

[91] Liao H W, Wang Y F, Liu X M, Li Y D, Qian Y T. Chem Mater, 2000, 12: 2819.

[92] Xie Y, Yan P, Hu J, Wang W Z, Qian Y T. Chem Mater, 1999, 11: 2619.

[93] Wen B M, Liu C Y, Liu Y. New J Chem, 2005, 29: 969.

[94] Wen B M, Liu C Y, Liu Y. Chem Lett, 2005, 34: 396.

[95] Kobayashi S, Hanabusa K, Suzuki M, Kimura M, Shirai H. Chem Lett, 1999: 1078.

[96] Satoshi K, Hanabusa K, Hamasaki N, Kimura M, Shirai H. Chem Mater, 2000, 12: 1523.

[97] Li D, Xia Y. Nano Lett, 2003, 3: 555.

[98] Cozzoli P D, Kornowski A, Weller H. J Am Chem Soc, 2003, 125: 14539.

[99] Li G, Liu C, Liu Y. J Am Ceram Soc, 2007, 90: 2667.

[100] Caruso R A, Susha A, Caruso F. Chem Mater, 2001, 13: 400.

[101] 余火根. 纳米二氧化钛光催化材料的可控制备与光催化活性. 武汉: 武汉理工大学, 2007, 4.

[102] Li X X, Xiong Y J, Li Z Q, Xie Y. Inorg Chem, 2006, 45: 3493.

[103] Zhang S, Liu C, Liu Y, Zhang Z, Li G. J Am Ceram Soc, 2008, 91: 2067.

[104] Davis S A, Burkett S L, Mendelson N H, Mann S. Nature, 1997, 385: 420.

[105] Imai H, Matasuta M, Shimizu K, Hirashima H, Negishi N. J Mater Chem, 2000, 109: 2005.

[106] Fujikawa S, Kunitake T. Langmuir, 2003, 19: 6545.

[107] He J H, Kunitake T. Chem Mater, 2004, 16: 2656.

[108] Yang D, Qi L M, Ma J M. Adv Mater, 2002, 14: 1543.

[109] Li G, Liu C, Liu Y. J Am Ceramic Soc, 2007, 90: 1283.

[110] Nakashima T, Kimizuka N. J Am Chem Soc, 2003, 125: 6386.

[111] Yang H G, Zeng H C. J Phys Chem B, 2004, 108: 3492.

[112] Antonelli D M, Ying J Y. Angew Chem Ed Engl, 1995, 34: 2014.
[113] Zhang L, Yu J C. Chem Commun, 2003: 2078.
[114] Yuan Z Y, Ren T Z, Su B L. Adv Mater, 2003, 15: 1462.
[115] Wang X, Yu J C, Hou Y, Fu X. Adv Mater, 2005, 17: 99.
[116] 范晓星，于涛，邹志刚. 功能材料，2006, 37: 6.

第 3 章
非 TiO_2 光催化剂

如前所述，TiO_2 光催化剂因为无毒、廉价、光学和化学稳定性好、光催化活性高而得到广泛的研究和应用。但是由于 TiO_2 的宽带隙，只能响应紫外光和近紫外光，使实际应用受到一定的限制。在对 TiO_2 光催化剂进行修饰改性的同时，多年来人们一直在设计和制造能在可见光下具有光催化活性的光催化剂。现代科技在这方面取得了可喜的进步。针对环境治理的太阳能光催化污染物分解，光催化分解水制氢、CO_2 和 N_2 的非均相光催化还原等，发展了非 TiO_2 的半导体光催化剂。非均相光催化剂的发展涉及多种材料，如ⅣA 族（SiC）、ⅢA-ⅤA 族半导体（p-GaP）、石墨烯复合物等。常见的如硫属化物半导体（CdS、CdSe）、氧化物半导体（ZnO、WO_3）等。可利用太阳能谱中可见光的光催化剂格外受到青睐。

但是，在发展可见光活性光催化剂的研究中也存在某些认识误区。有时候过分地强调了可见光催化，却忽视了在紫外光辐照下的光催化活性。近几十年来光催化材料和科技的发展表明，与光催化分解水产氢和氧、CO_2 及 N_2 的还原不同，用于环境清洁，包括污水处理、空气净化的品质优秀的光催化剂应该是响应太阳全光谱的半导体及其复合物，即可以在可见光下工作，在紫外光区域也有高的光催化活性，这样可以最大限度地利用太阳能。因为有机污染物是广泛存在的、难降解的、非选择性的，因此需要具有强氧化能力的氧化剂进行处理。紫外光激发宽带隙半导体产生的价带空穴具有更强的氧化能力。与宽带隙半导体相比，窄带隙半导体光催化剂，即单纯的可见光光催化剂对反应的选择性和活性受到一定的限制。因此，对于环境污染物的消除来说，在发展新型光催化剂的同时应该兼顾可见光催化和紫外光激发的催化能力。尽管如此，可见光催化剂可以在日光下工作，充分利用太阳能谱中的可见光谱部分，是人类对太阳能利用的一大技术进步。特别是对于光催化分解水或水溶液制氢、CO_2 的光催化还原、染料敏化太阳能电池、某些光电转换器件来说，可见光催化剂具有更重要的意义。适于非均相光催化有机物分解、分解水产氢、CO_2 和 N_2 还原需要的光催化剂有共性，也有个体要求，本书将在相关章节具体介绍相关应用领域中的非均相光催化剂。

许多材料在紫外光辐照下表现出很高的光催化活性，如 TiO_2、$Sr_2(Nb,Ta)_2O_7$ 等。

一般认为，具有 d^0 电子结构的过渡金属的价带由 O_{2p} 能级组成，导带由 d 能级组成。TiO_2 是宽能隙半导体，导带在 H^+/H_2 电位之上，而价带（O_{2p}）的顶部比 O_2/H_2O 电位低 1eV。在 Ta_2O_5 的情况，价带（O_{2p}）比 O_2/H_2O 低 2eV。所以有人建议，建立新的价带代替 O_{2p}，发展可见光活性的光催化剂，如 $TiO_{2-x}N$、Ta_3N_5。因为 N 元素掺杂，在 $TiO_{2-x}N$ 中形成比 TiO_2 的带隙能级窄的杂质能级，TiO_2 的带隙能级仍然可以发挥作用。金属或非金属掺杂在半导体内形成杂质能级，往往可以拓展半导体本身的光响应。单一的光催化剂，在某些情况下有一定的缺陷，或活性不高，或稳定性差，或响应光谱窄，不能满足实际需求，需要用各种方法和技术对其进行修饰和改性，以提高活性。半导体光催化剂的修饰将在光催化剂的表面修饰等有关章节进行比较详细的讨论。

3.1 过渡金属复合物

新发展的非 TiO_2 的光催化剂一般是过渡金属的化合物或配合物，带隙比较窄，响应可见光。Ye 等[1]研究制备的 $MCo_{1/3}Nb_{2/3}O_3$（M = Ca, Sr, Ba）系列光催化剂具有 ABO_3 型的钙钛矿结构，B 的位置由 Co^{2+} 和 Nb^{5+} 所占据。随着半径由 Ca 到 Ba 的变化，化合物 $CaCo_{1/3}Nb_{2/3}O_3$、$SrCo_{1/3}Nb_{2/3}O_3$、$BaCo_{1/3}Nb_{2/3}O_3$ 的带隙变得更窄。他们的研究表明，在这些化合物中的 O—Co—O 键是共价型的，而 O—Nb—O 键可能是离子型的。

Kim 等[2]合成了可见光催化剂 $PbBi_2Nb_2O_9$。在降解气态异丙醇产生 CO_2 的反应中表现出了比 $TiO_{2-x}N_x$ 更高的可见光催化活性（图 3-1）。Tang 等[3]研制了新的可见光催化剂 $CaBi_2O_4$，不但具有良好的可见光催化活性，而且比较稳定。高濂[4]利用氨解 Ta_2O_5 纳米晶的方法制得 Ta_3N_5 纳米晶。Ta_3N_5 是一种带隙为 2.0eV（吸收边在 600nm）的半导体。这种新型的可见光催化剂在降解有机染料过程中表现出很好的光催化活性和稳定性。

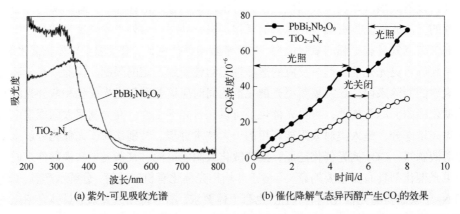

图 3-1　$PbBi_2Nb_2O_9$ 和 $TiO_{2-x}N_x$ 的紫外-可见吸收光谱，以及在可见光照下催化降解气态异丙醇产生 CO_2 的效果[2]

值得一提的是，对于分解水制氢、CO_2 光还原、光电转换器件、染料敏化太阳能电池等的应用，可以根据需要发展相应的可见光催化剂。但是，对于光催化环境治理材料来说，理想的光催化剂应该是高光催化活性、响应太阳光谱、光学和化学稳定、可批量生产、价廉的光催化剂。在这方面还有大量的基础研究和技术研发工作需要做。

3.2 镉离子与硫属元素组成的ⅡB-ⅥA族半导体光催化剂

CdS 和 CdSe 是该类光催化剂的代表，也是常见的可见光催化剂。CdSe 和 CdS 的带隙分别约为 1.7eV 和 2.5eV，带隙比较窄，可以接受可见光激发光反应。缺点是，这类化合物对光不稳定见式（3-1）～式（3-4）；因为含有镉，具有毒性。但它们是比较好的修饰剂（助催化剂），可用来与宽带隙半导体复合，拓展宽带隙半导体的光谱响应（图 3-2 和图 3-3）[5]。

$$CdS + h\nu \longrightarrow CdS\,(e^- + h^+) \tag{3-1}$$

$$e^- + O_2 \longrightarrow O_2^- \tag{3-2}$$

$$h^+ + CdS \longrightarrow Cd^{2+}S^{2-} \tag{3-3}$$

$$Cd^{2+}S^{2-} + O_2 + O_2^- \longrightarrow Cd^{2+} + SO_4^{2-} \tag{3-4}$$

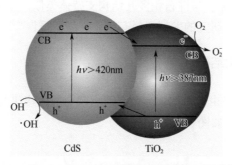

图 3-2　TiO_2/CdS 复合光催化剂受激后电子与空穴分离过程示意图[5]

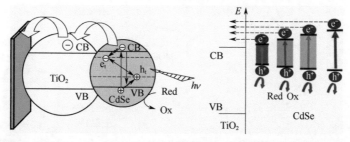

图 3-3　受激的 CdSe 量子点将电荷注入 TiO_2 纳米颗粒。右图表示随 CdSe 粒子尺寸变化的调制能级（电荷注入）[5]（e_t、h_t 分别代表捕获的电子和空穴；E 代表能级）

3.3 金属-有机骨架结构

金属-有机骨架结构是新发展的一类有机-无机构架化合物,广泛用于催化有机和无机反应,特别是非均相光催化反应,是目前材料化学的研究热点。

金属有机骨架(metal-organic frameworks, MOF)是以金属结或金属簇与有机配体通过配位作用形成的网络结构型化合物。MOF 的结构特点决定这类化合物具有多孔径的孔道结构和大比表面积。根据需求,多种金属和有机配体可供选择,组成多样的 MOF 材料;也可以通过选择有机配体和金属来构建或调整孔径和孔道结构。这类材料可用于包括气体吸附和存储、生物和化学传感、多相催化和光催化等多个领域。以下几个特点使 MOF 成为非均相光催化剂的优秀备选者。①结构多样性;②原生的有机-无机杂化性质;③结构中存在未配位的活性金属位置和易达成的有机支架;④易于合理设计调控的结构和性能;⑤易于调控的网状排列的多孔结构[6],有利于反应物、中间产物和产物的扩散;⑥框架结构导致的大比表面有利于表面反应。

在非均相光催化领域,MOF 已经用于光催化分解污染物[7]、空气净化[8]、分解水产氢、CO_2 和 N_2 光催化还原反应[6,9],非均相光催化反应则更多集中在分解水制氢和 CO_2 的光催化还原。与沸石和多孔结构支持体类似,MOF 也可用作金属纳米颗粒的支持体[10]。相关研究的发展已经有诸多综述和报告[6-10]。

3.3.1 MOF 组装和结构

如上所述,MOF 是由有机配体和金属节点或金属簇构建的。通过后修饰还可以负载或包覆纳米颗粒,如图 3-4 所示[8]。

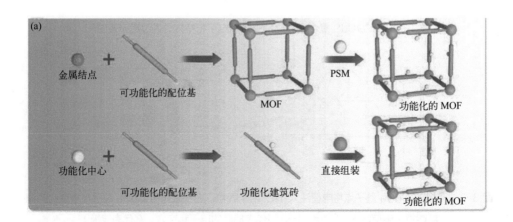

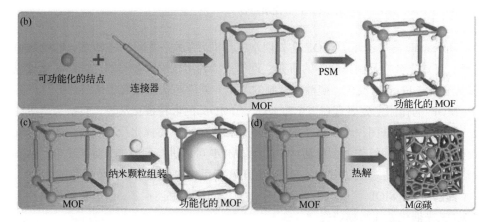

图 3-4 组装具有催化活性位点的各类功能化 MOF 组装体。(a) 利用金属结点与可功能化配位基组装,进行后修饰 (PSM),或功能中心与可功能化配位基直接组装;(b) 可功能化结点和连接器组装,进行后修饰 (PSM);(c) 包封纳米颗粒组装;(d) 以 MOF 为碳的支持体进行热解[8]

如图 3-4 所示,对于催化应用,MOF 具有几个特征:①当存在配位空位时,可利用材料的金属结点;②利用连接器作为有机催化位置;③利用杂化材料的光电性质和配位基团到金属的电荷转移触发光催化过程;④作为宿主包覆其他的催化位点,如纳米颗粒、酶以及其他基材;⑤MOF 骨架可进行后修饰;⑥经过控制分解,形成纳米颗粒的前驱体或单一位置的催化剂[8]。

3.3.2 MOFs 作为光催化剂的反应机制

原则上讲,不同类型光催化剂催化的非均相光催化反应过程具有相同的机制,即在能量匹配的情况下:①半导体吸收光(接受能量);②半导体上的活性位点受光激发,产生光生载流子(电子-空穴对);③电子-空穴对分离迁移;④部分分离的电子和空穴在迁移过程中的体相复合和表面复合;⑤迁移到光催化剂表面的电子和空穴分别与表面吸附的受体和给体反应。这种表面反应是我们需求的反应。只是催化剂的结构、能量势垒和表面态不同,活性位点不同。MOF 光催化剂的光催化反应也遵循相同的原则。由于 MOF 自身的结构特点,其光催化反应具有相应特点。2007 年,Alvaro 等[11]以"金属有机骨架结构的半导体行为"首次报道了以 MOF 作为光催化剂的研究工作。他们发现,所合成的 MOF-5 带隙为 3.4eV,在光激发下呈现半导体行为,电荷(电子-空穴)分离和衰减时间在微秒级。对紫精的光诱导电子转移过程中,产生相应的紫精阳离子,MOF-5 中的空穴氧化 $N,N,N'N'$-四甲基对苯二胺。以 MOF-5 作为半导体的一个应用研究,是水溶液中苯酚的光催化降解。

3.3.3　MOF 在水污染物治理中的应用

Horcajada 等[7]述评了 MOF 在处理水中有机污染物、制药工业废水、除锈剂和农药、工业化合物及副产物等的研究。近年来，利用 MOF 参与的先进的氧化过程（如光催化、Fenton 反应、硫酸盐调制的氧化）处理污染物引起了诸多注意[12]。其中，MOF 的作用主要表现在三个方面[8]：①MOF 的内在催化活性，包括金属活性位点、活性功能基团；金属离子的配位不饱和位点可作为催化反应活性中心；有机配体中存在官能团可作为催化活性中心。②MOF 可以进行后修饰，使其具有目标催化活性（图 3-4）。③孔道效应，MOF 孔道/孔洞可作为催化反应的场所和载体。

如前所述，MOF 可以用于各类光催化反应的相关综述很多，这里我们简单介绍了 MOF 光催化处理污物研究。

3.4　钙钛矿型光催化剂

卤化物钙钛矿是在 20 世纪首次被发现的一类钙钛矿物质，到 20 世纪 90 年代才引起科学和工程界的关注。由于钙钛矿易于调整的物质结构、组分的有机-无机杂化、独特的半导体电子结构性质，引起科学界对其光电子性质的基础科学兴趣；并使它们成为 LED 层、光电子、X 射线监测器和激光材料的有力竞争者。卤化物钙钛矿近 20 年得到迅速发展，但其研究主要集中在光伏器件和光电子领域。囿于较低的环境稳定性（对温度、水、光和氧气，尤其是湿度非常敏感），卤化物钙钛矿光催化剂及其应用研究相对较少。

钙钛矿是一类与 $CaTiO_3$ 结构类型相同的化合物。可用作光催化剂的钙钛矿型化合物主要分为金属氧化物、金属卤化物和金属卤氧化物几种类型，此外还有少量的碳化物、氮化物和氢化物。

金属氧化物型钙钛矿的化学通式为 ABO_3。A 是离子半径较大的碱金属、碱土金属和镧系金属阳离子，主要起调节 B—O 键、稳定钙钛矿结构的作用。B 是离子半径较小的 3d、4d 和 5d 副族的过渡金属离子。钙钛矿型光催化剂的活性依赖于 B 位阳离子和氧阴离子之间的能隙大小，是催化反应的活性中心[13]。元素周期表中 90%的金属元素可以作为金属阳离子进入钙钛矿结构。

卤化物型钙钛矿的结构通式为 ABX_3。阳离子 A 通常是一价的碱金属离子，如 Cs^+、Rb^+ 和有机铵阳离子，如 $CH_3NH_3^+$（MA）、甲咪 $NH_2CH=NH_2^+$（FA）等；阳离子 B 则为二价金属离子如 Pb^{2+}、Sn^{2+}、Cu^{2+} 和 Ge^{2+} 等，或三价金属离子如 Bi^{3+} 和 Sb^{3+} 等；阴离子 X 为卤素离子（Cl^-、Br^-、I^-）。其中以 $APbX_3$ 的结构稳定性最高。

与 TiO_2、ZnO 等常规的光催化剂相比，钙钛矿型光催化剂的显著优点是结构、物理、化学性能的高度可裁剪性。钙钛矿型光催化剂不仅可通过量子尺寸效应，还可通过 A、B、X 位的取代、部分取代和掺杂实现对紫外、可见甚至近红外区的光吸收，以及导带和价带的能级位置调控。其次，阳离子 A 和 B 半径比的不同，还可导致 ABX_3 结构单元扭曲。此外，向钙钛矿的 A、B 位引入半径和价态合适的阳离子，还可产生双钙钛矿和层状钙钛矿衍生物。这种层状结构可以实现载流子的各向异性传输、导带和价带位置的空间分离，显著提升其光催化性能[14]。

由于钙钛矿离子的高度可替代性和丰富的结构多样性，到目前为止，已发展了数百种钙钛矿光催化剂，开展了其在水中污染物的光催化治理、CO_2 转化、分解水制氢、有机光合成和固氮等领域的研究。

3.4.1 钙钛矿光催化反应机制

光催化过程走向实际应用，通常需要面临两个挑战：①光催化体系的光响应范围至可见区甚至近红外区，以便更好地利用太阳光；②光催化量子效率高。图 3-5 列出了一些钙钛矿光催化剂的带隙、导带及价带能级位置。从图中可以看出，由于 A、B、X 组成的不同，钙钛矿光催化剂可以是带隙大于 3.2eV 的钛酸盐类半导体，也可以是具有优异的可见光吸收性能、带隙可调的金属卤化物、无机-有机杂化型卤化物光催化剂。

图 3-5c 列出了常见光催化反应的氧化还原电位。从图中可以看出，从热力学角度而言，钙钛矿光催化剂可用于光催化降解污染物、分解水制氢、CO_2 光化学转化、固氮等众多领域。其反应机制与传统的半导体光催化剂类似，即光催化剂吸收大于其带隙能的光子后，产生光生电子和空穴；光生载流子分离、表面迁移，在催化剂表面发生氧化和还原反应。

与传统半导体光催化剂，如 TiO_2、ZnO、CdS 等相比，钙钛矿中普遍存在晶格畸变，导致其介电、电子、磁和光电特性变化。其次，钙钛矿的化学组成普遍偏离理想的化学计量比。因此，在其晶体结构中常常存在 A 位阳离子和 X 位阴离子本征缺陷，这将对光生载流子的分离、传输、复合等产生显著影响，进而影响其光催化性能。以钙钛矿结构的 $Ca_2Fe_2O_5$ 为例，氧空位高达六分之一[17]。$SrTiO_3$ 中也存在少量的晶格氧空位，并导致 Ti^{3+} 和氧空位本征缺陷的存在。这些缺陷将作为光生载流子复合中心使光催化剂失活。Domen 等[18]的研究发现，Ti^{3+} 缺陷是导致 $SrTiO_3$ 光解水催化活性降低的主要原因，可通过低价阳离子掺杂来调控催化剂中的缺陷浓度以提高其光催化量子效率。

在化学通式为 ABX_3 的钙钛矿中，其导带能级由 B 位金属离子最低未占有 d 轨道组成；价带能级由 A 位金属离子的 s 轨道、B 位金属离子 d 轨道和阴离子，如氧、卤素离子的 2p 轨道组成的最高占有轨道组成，主要贡献来自 X 元素的 2p 轨道。如图 3-6 所示，通过带隙工程、结构工程和缺陷工程策略可实现钙钛矿带隙和能级位置的调控[19]。

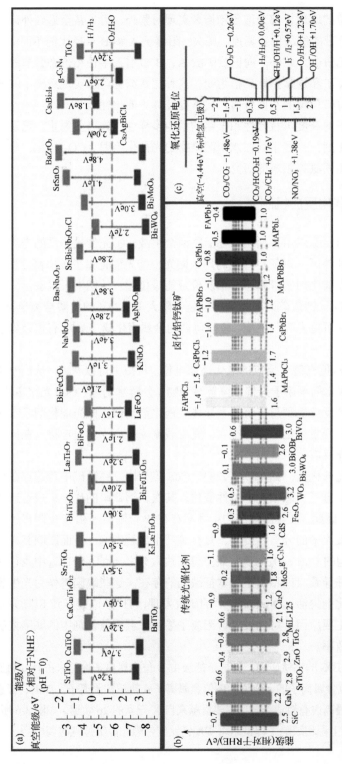

图 3-5 常见钙钛矿光催化剂的带隙、导带及价带能级位置与传统光催化剂的比较（a）（b）[14-15]和一些重要光催化反应相对的标准氢电极（NHE，pH=0）电位（c）[16]

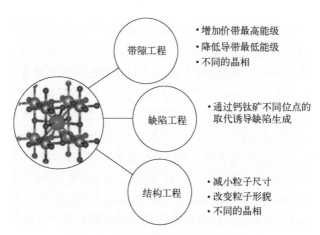

图 3-6 钙钛矿带隙调控的基本策略[19]

3.4.2 钙钛矿光催化剂的发展

光催化技术要走向实用，需要在光响应范围拓展和光催化量子效率提升方面取得突破性进展。针对光响应范围向可见甚至近红外区的拓展，目前已经发展的催化剂诸如：氧化物型钙钛矿光催化剂，如钛酸盐（$SrTiO_3$、$BaTiO_3$、$CaTiO_3$、La_2FeTiO_6、$CoTiO_3$、$CaCu_3Ti_4O_{12}$、$NiTiO_3$、$Bi_4Ti_3O_{12}$ 等）、钒酸盐（α-$AgVO_3$、$PbVO_3$、$SrVO_3$、$BaVO_3$、$LaVO_3$ 等）、铌酸盐（$NaNbO_3$、$KNbO_3$、$AgNbO_3$、$CuNbO_3$、$LiNbO_3$、$Sr_2Nb_2O_6$ 等）、钽酸盐（$KTaO_3$、$NaTaO_3$、$AgTaO_3$）和铁氧体（$LaFeO_3$、$BiFeO_3$、$GaFeO_3$），铋盐（Bi_2WO_6、Bi_2MoO_6）等；金属卤化物型钙钛矿光催化剂，如 $MAPbI_3$、$CsPbBr_3$、$Cs_3Bi_2I_9$、$Cs_3Bi_{0.6}Sb_{1.4}I_9$、$CsPbBr_{3-x}I_x$、$CsSnBr_3$ 等，阴离子取代的钙钛矿光催化剂，如 Bi_4NbO_8Cl、$Sr_2Nb_2O_5N_2$、$SrTiO_2N$ 等[13-25]。

为减小载流子的扩散距离，增加光催化反应位点，调控带隙，目前已发展了零维量子点、一维纳米线、二维纳米片、纳米带和三维介孔、大孔和花状等多种尺寸和形貌的钙钛矿光催化剂。为提高光生载流子分离效率，进一步拓展光响应范围构筑了包括 Z 型异质结、金属复合结构和量子点复合结构等。

3.4.2.1 氧化物型钙钛矿光催化剂

与卤化物型钙钛矿相比，氧化物型钙钛矿光催化剂带隙较大，环境和化学稳定性更好。

（1）钛酸盐

与其他类型的钙钛矿光催化剂相比，尽管钛酸盐光催化剂带隙偏大，但具有光催化活性高、价廉和热稳定性、光和化学稳定性好的优点。考虑到其较低的价带位置和更好的还原能力，钛酸盐型光催化剂在分解水制氢、水中污染物治理方面表现出更好的性能。

SrTiO$_3$是带隙为3.2eV的n型半导体。1980年,Wagner等[26]首次报道了紫外光照SrTiO$_3$单晶实现水的全分解制氢。与其他传统无机半导体类似,减小催化剂的粒子尺寸、增大比表面积、提高粒子的结晶度以及催化剂的光捕获性能等可明显提高催化剂的光催化活性。Puangpetch等[27]的研究发现,与商品化的体相SrTiO$_3$相比,大比表面积的介孔SrTiO$_3$纳米晶光催化降解甲基橙的速率提高了数倍。SrTiO$_3$晶体上普遍存在氧空位和Ti^{3+}固有缺陷,可作为空穴-电子复合中心降低光催化反应效率[18]。提高粒子的结晶度有助于减少氧空位;低价阳离子,如Na$^+$、La^{3+}、Al^{3+}等的掺杂,有助于消除由于氧空位所产生的Ti^{3+}缺陷。Yang等[28]的研究发现,与高温固相法得到的产物相比,由60~80nm立方体SrTiO$_3$自组装形成的多级介孔SrTiO$_3$介晶(600~800nm)具有更大的比表面积和更好的结晶度,光催化分解水制氢活性得到了显著提升。Domen研究组[29]通过熔盐法,合成了高结晶度的Al^{3+}掺杂的SrTiO$_3$(Al:Ti<1%)亚微米单晶。利用光化学反应分别在{100}和{110}晶面选择性沉积了析氢和析氧助催化剂Rh/Cr$_2$O$_3$和CoOOH。350~360nm光照时,该复合催化剂分解水制氢和氧的表观量子效率达96%,光生电子和空穴的利用效率近乎百分之百。

与SrTiO$_3$类似,CaTiO$_3$(3.0~3.5eV)、BaTiO$_3$也是只响应紫外光的大带隙半导体。Cai等[30]通过高温氢化法在CaTiO$_3$纳米片上生成表面和次表面氧空位。研究表明,位于次表面的氧空位可以改变CaTiO$_3$能级结构,利于光生载流子的分离;表面氧空位则可以作为活性位点,改善氢气的生成。BaTiO$_3$是一种具有压电特性的半导体,在光照射下可产生内电场和能带弯曲,利于光生载流子的体相分离和定向迁移[31]。在分解水制氢、光催化降解污染物方面表现出很好的性能。

层状钛基钙钛矿光催化剂,如A$_2$La$_2$Ti$_3$O$_{10}$(A为碱金属)、Bi$_4$Ti$_3$O$_{12}$、SrTiO$_4$等,由于其各向异性的载流子传输特性,在光催化领域具有应用前景。Zhang等[32]通过La^{3+}、Fe^{3+}共掺杂将SrTiO$_4$的光响应范围拓展到了可见区。Bi$_4$Ti$_3$O$_{12}$由交替堆积的三层Bi$_2$Ti$_3$O$_{10}^{2-}$和单层Bi$_2$O$_2^{2+}$组成。由于其铁电特性、载流子各向异性传输特征和可见光吸收能力,Kudo认为Bi$_4$Ti$_3$O$_{12}$是一种很有前景的分解水光催化剂[33]。Fe^{3+}掺杂Bi$_4$Ti$_3$O$_{12}$实现了可见光驱动下的苯酚和双酚A光催化降解[34]。此外,层状结构的Bi$_4$Ti$_3$O$_{12}$还可与其他窄带隙半导体,如g-C$_3$N$_4$和BiOI等构筑2D-2D异质结[35],复合体系表现出更好的光催化性能[14]。Wang等[36]构筑了2D-2D Bi$_5$FeTi$_3$O$_{15}$/g-C$_3$N$_4$/Ag Z型异质结,并在污染物的光催化降解中表现出很好的活性。

(2)铁酸盐和钒酸盐

与钛基钙钛矿相比,铁酸盐,如BiFeO$_3$是一类可见光响应的窄带隙的钙钛矿光催化剂,在光催化治理水中污染物和CO$_2$领域具有较好的应用前景[14]。钒酸盐如AgVO$_3$和Bi$_4$V$_2$O$_{11}$等,作为一类窄带隙半导体,其光催化研究主要集中在污染物治理和固氮领域。

（3）铋基钙钛矿光催化剂

铋基钙钛矿，如 Bi_2WO_6、Bi_2MoO_6 及其复合材料在光催化领域的应用主要集中在污染物的光催化降解和 CO_2 的光还原两个方面。Bi_2WO_6 的带隙为 2.7eV，具有可见光响应能力。导带由 Bi 的 3d 轨道组成；价带则由 Bi 的 6s 和 O 的 2p 的杂化轨道组成。晶体结构属于层状钙钛矿结构，由三明治结构的岩盐$(Bi_2O_2)^{2+}$层和$(WO_4)^{2-}$钙钛矿层组成[14,37]。因此，与 1D 和 3D 纳米结构相比，2D 结构的 Bi_2WO_6 光催化剂表现出更好的光催化性能。Liu 等[38]使用十六烷基三甲基溴化铵（CTAB）为修饰剂，合成了厚度仅为 2.5nm，表面具有疏水特征的超薄 Bi_2WO_6 纳米片。由于载流子更短的传输距离和疏水表面对 CO_2 和中间产物 CO（$2035cm^{-1}$）的良好吸附，在无助催化剂存在下，太阳光照射超薄 Bi_2WO_6 纳米片，可以在水蒸气存在下实现 CO_2 向甲烷的转化（图 3-7）。Cao 等[39]以 BiOCl 纳米盘和 $NaWO_4$ 为前驱体，通过水热法构筑了 Bi_2WO_6/BiOCl 纳米盘异质结。由于光生载流子分离效率的显著提高，与 BiOCl 相比，Bi_2WO_6/BiOCl 异质结氧化甲苯的活性提高了 160 倍；可见光光照时的表观量子效率高达 30.6%。

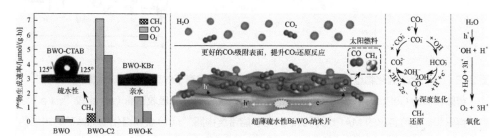

图 3-7　Bi_2WO_6 纳米片及其复合结构在 CO_2 光化学转化应用示意图[38]

3.4.2.2　卤化物型钙钛矿光催化剂

与氧化物型钙钛矿相比，卤化物型钙钛矿具有带隙小，光吸收范围宽的优点，可实现对太阳光的更好吸收。因此，除可作为光敏剂和催化剂用于光催化领域外，还因其超高的发光效率、超窄发光和可以溶液加工等优点，广泛应用于光伏、照明和超高清显示等领域。卤化物型钙钛矿最大的缺点是环境稳定性低，水和氧气，甚至空气中的湿气即可使催化剂侵蚀和解离。因此，相比光伏器件和照明，它们在光催化领域研究开展相对较少。最近的一些综述全面总结了卤化物型钙钛矿在光催化领域的研究进展和挑战[20-21,40-44]。

卤化物型钙钛矿的化学通式为 ABX_3。如图 3-8（a）和（b）所示，可通过 A 位阳离子和 X 位阴离子的部分或全部取代，调整其从紫外到近红外的吸收和发光位置[45-46]。卤化物型钙钛矿纳米晶的摩尔吸收系数为 $10^5 \sim 10^7 L/(mol \cdot cm)$，比传统的 CdSe 量子点光吸收能力更强 [图 3-8（d）][47]。传统的半导体如 CdSe、GaAs 和 Si，固有的点缺陷主要以深陷阱形式存在于带间 [图 3-8（e）]。即使极低的浓度也会对光生载流子的传输和复合产生不利影响[20,43-44]。与之相比，钙钛矿的缺陷态主要存在于导带和价带内或以浅陷阱形式存在。因此，其对光生载流子的传输和复合的影响可以忽略不计，这对提高光生载流子的利用率非常重要。图3-8（f）显示，钙钛矿具有光生载流子寿命长、载流子扩散距离大的优点。

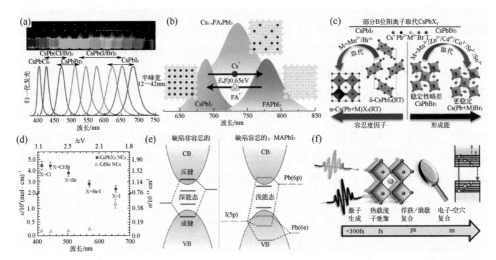

图3-8 （a）(b)卤化物型钙钛矿的荧光谱[44-45]；(c) B位离子对其结构稳定性影响示意图[47]；(d) 带隙相似的$CsPbX_3$和CdSe纳米晶的摩尔消光系数（ε）和吸收截面（σ）比较[48]；(e) 缺陷不容忍和缺陷可容忍的$MAPbI_3$钙钛矿的电子能带结构图[49]；(f) 金属卤化物钙钛矿纳米晶的光诱导过程示意图[50]

一般情况下，卤化物型钙钛矿导带电子的还原能力比氧化物型钙钛矿更强（导带由 X 的 3p 和 Pb 的 6p 轨道组成），氧化能力则相对更弱[14,43-44]。因此，大部分卤化物型钙钛矿光催化剂更适用于 CO_2 光还原、水还原和涉及超氧自由基生成的反应，不适合涉及羟基自由基生成的反应，如有机污染物的光催化降解和水的光氧化等[14]。因此，在 CO_2 光还原、光催化有机合成和水分解等领域有更多应用。此外，稳定性（湿气、水、O_2 等）和毒性（含铅）是限制卤化物型钙钛矿大规模使用的关键原因。B位阳离子取代是常用的降低毒性，提高稳定性（特别是湿气稳定性）的方法 [图3-8（c）][47]。

卤化物型钙钛矿分解水产氢时通常需要使用助催化剂和牺牲剂。为提高催化剂的稳定性，反应通常需要在卤酸中进行。2016 年，Park 等[51]使用甲基铵碘化铅（$MAPbI_3$）纳米晶为光催化剂，饱和 HI/H_3PO_2 水溶液为介质，在可见光驱动下实现了稳定的水分解析氢反应。在助催化剂 Pt 存在下，相应的表观量子产率为 0.81%。Tao 等[52]使用 Ni_3C 代替贵金属 Pt 构筑了 $Ni_3C/MAPbI_3$ 复合光催化剂。在最佳情况下，析氢速率明显高于 $Pt/MAPbI_3$。

2017 年，Xu 等[53]利用反溶剂法合成了 $CsPbBr_3$ 量子点，并进一步构筑了 $CsPbBr_3$QDs/GO 复合材料。以乙酸乙酯/水为溶剂，在太阳光照射下实现了 CO_2 向 CH_4 和 CO 的高选择性转化（99.1%）。

考虑到卤化物型钙钛矿在水中较差的稳定性和特异的光电性能，它们可以在非水体系的光催化有机合成中发挥积极作用[42-44]。超高的发光效率和快速的界面电子和空穴迁移能力使卤化物钙钛矿可作为光催化剂，在可见光驱动下催化许多基础有机化学反应，如在 C—C、C—N 和 C—O 等化学键的形成过程中发挥作用[42-44,54-55]。Zhu 等[55]的研究表明，Cs/MAPbBr$_3$ 纳米晶可以在蓝光 LED 照射下，在有机介质中，实现醛的 α 位烷基化选择性反应。他们的研究发现，$CsPbBr_3$ 纳米晶可以作为光催化剂在空气气氛中高效活化 C—H 键形成 C—C 键、N-杂环化和 C—O 交叉偶联反应[54]。

如前所述，卤化物型钙钛矿光催化剂上的光生电子可以与 O_2 反应生成超氧自由基，参与有机污染物的降解与矿化。2019 年，Zhang 等[56]报道了 $Cs_2AgBiBr_6$ 作为光催化剂，在>420nm 可见光的驱动下实现乙醇介质中有机染料，如罗丹明 B（RhB）、甲基橙（MO）等的光催化降解。Chen 等[57]的研究发现，$CsPbBr_3$ 量子点可作为光催化剂用于去除乙醇中抗生素，如盐酸四环素。反应活性是 P25 的 3 倍左右。Wu 等[58]构筑了 Ag 纳米粒子/$CsPbBr_3$ 量子点/CN 三元复合体系。在可见光驱动下，实现了抗生素 7-氨基头孢霉烷酸（7-ACA）的光催化降解。

3.5　共轭聚合物类光催化剂（有机聚合物半导体光催化剂）

共轭聚合物（CP）是指主链上饱和键与不饱和键交替排列，具有 π 电子长程共轭和离域化特征的一类聚合物。价带和导带一般由离域的成键 π 轨道和全空的反键 π^* 轨道构成；而带隙通常由骨架共轭程度和链间 π 轨道重叠程度决定。设计组成结构单元的分子结构，可以调控聚合物的带隙、能级结构、光捕获能力、载流子分离和传输性能。

共轭聚合物光催化剂主要由碳、氮、氧和氢等轻元素组成，具有原料来源广泛、可见光吸收光谱宽等优点；缺点是化学和光化学稳定性相对较差、光氧化能力不足。高介电常数的无机半导体吸收光后可直接产生自由电荷载流子（空穴和电子）。但是较低介电常数的有机半导体在光激发后，通常只能产生激子（束缚的空穴-电子对），因此常常需要额外能量来促进自由电荷载流子的生成。

自 1985 年 Yanagida 等[59]报道了首例高分子光催化剂以来，依据键连接方式和单体的不同，已经发展的有机聚合物半导体光催化剂主要包括：类石墨相氮化碳（g-C_3N_4）、共价有机骨架（COF）结构、共轭微孔聚合物（CMP，骨架由共轭刚性结构组成，通过大共轭体系撑出孔道结构）、共价三嗪骨架（CTF）和超分子聚集体以及传统的线型共轭聚合物（L-CP）等多种类型。

3.5.1 类石墨相氮化碳（g-C₃N₄）

2009年，Wang等[60]发现，类石墨相氮化碳（g-C₃N₄）在可见光驱动和牺牲剂存在下可实现水的分解产氢。此后，g-C₃N₄作为一种应用前景广泛的光催化剂引起了科学家的兴趣。

作为一种无毒的非金属光催化剂，g-C₃N₄具有下述优点：①可以使用廉价的富氮有机物，如三聚氰胺、脲、硫脲、氰胺、双氰胺和氰尿酸等为前驱体，通过缩聚-热解过程实现规模合成[60-62]。②化学、光化学和热稳定性比较好。g-C₃N₄具有类似石墨的层状结构，如图3-9所示，层内是由碳和氮原子通过sp^2杂化形成的七嗪环/共轭结构单元，通过氮原子线型聚合方式形成[图3-9（a）]；层间通过范德华力连接[61]。因此，g-C₃N₄可在酸、碱、有机溶剂和低于600℃的环境下稳定存在。③具有合适的能带结构。g-C₃N₄的价带和导带分别由N_{2p}轨道和C_{2p}（低配位的N_{2p}的杂化轨道）组成，相应的价带和导带位置分别为+1.4V和-1.3V（相对于标准氢电极，pH=7.0）[图3-9（b）]，从能量上可满足分解水制氢、由CO_2光合成高值有机物、固氮和光催化分解有机污染物等的需求。④可以在分子尺度向氮化碳基底引入均匀分布的异质结构，改善激子的解离与空间分离。

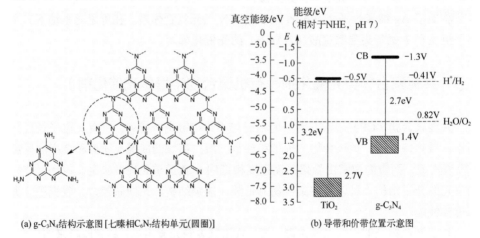

(a) g-C₃N₄结构示意图[七嗪相C₆N₇结构单元(圆圈)]　　(b) 导带和价带位置示意图

图3-9　g-C₃N₄结构及导带和价带位置示意图（V_{ac}表示真空能级，NHE表示标准氢电极）[61]

尽管具有上述优势，但g-C₃N₄光催化剂也有明显的缺点。首先，g-C₃N₄是一种带隙为2.7eV的n型有机聚合物间接半导体，仅能吸收波长小于470nm的可见光，太阳光利用率较低。其次，g-C₃N₄常常通过热缩聚法合成，比表面积很小（约10m²/g），表面反应活性位点有限，反应势垒较高。更为重要的是，由于快速的光生载流子复合、慢的载流子迁移速率以及较低的聚合度，g-C₃N₄的光催化活性和表观量子效率通常很低。以分解水产氢为例，体相g-C₃N₄在420～460nm区间的表观量子效率仅有0.1%[61]。即使经过多年发展，大部分g-C₃N₄基光催化剂的太阳光催化水分解的氢气转化效率也很难超过1%。

针对 g-C_3N_4 光催化剂的上述缺陷，一般通过结构工程、掺杂和缺陷工程、异质结构构筑或复合的方法来拓展其光响应范围、增大比表面积、提高载流子分离效率和迁移速度、降低表面反应势垒、增加反应位点以提升 g-C_3N_4 的光催化活性[61-65]。由此发展了包括硬模板法、软模板法和前驱体超分子预组装等方法，合成介孔、大孔、纳米棒、纳米管、纳米片、空心球等多种形貌的 g-C_3N_4。Zhang 等[66]以 KCC-1 SiO_2 纳米球为硬模板，氰胺为前驱体，合成了由三维联通的 2D 纳米片构筑的大比表面积 g-C_3N_4 纳米球（160m^2/g）。由于大的比表面积，少层 2D 纳米片组装形成的三维联通结构具有良好的载流子和物质传输能力，与体相和介孔 g-C_3N_4 相比，在助催化剂 Pt 纳米粒子存在下，可见光催化分解水产氢的能力分别提高了 45 倍和接近 5 倍，达到了 574μmol/h[66]。Chen 等[67]以硫脲为前驱体，NaCl 辅助冷冻干燥，结合热解法合成了比表面积 37m^2/g、壁厚 4.5nm 的三维大孔 g-C_3N_4。由于氰基官能团（−CN）的存在和特殊的微观结构，在助催化剂 Pt 纳米粒子存在下，可见光催化分解水产氢速率达到了 1590μmol/h。

得益于 g-C_3N_4 的层状结构特征，还可以通过物理和化学剥离体相材料的方法，得到少层甚至是单层光催化剂。Zhu 等[68]在 H_2SO_4 溶液中室温处理 g-C_3N_4，结合超声过程，得到了平均厚度仅 0.4nm 的单层 g-C_3N_4 纳米片。相较于体相结构，单层 g-C_3N_4 纳米片不仅光解水产氢的速率提高了 2.6 倍，光催化降解苯酚和亚甲基蓝的活性也提升了 3～4 倍。活性的提高得益于更大的比表面、单层结构带来的更好的光生载流子分离和更快的界面载流子迁移。

杂原子掺杂和氮、碳缺陷工程常用于拓展 g-C_3N_4 的光吸收范围，改善光生载流子的分离和输运。非金属元素，如 B、P、F、O、Cl 和 S 等掺杂，主要进入 g-C_3N_4 骨架，取代碳或氮的位置 [图 3-10（a）～（d）] [69-72]。由于掺杂元素的电子亲和性与碳和氮不同，会对 g-C_3N_4 的带隙、导带和价带的能级位置产生影响 [图 3-10（a）]。其次，由于掺杂微区和未掺杂的七嗪微区存在能级差异，二者间还可能形成异质结，促进光生载流子生成并实现空间分离 [图 3-10（d）]。Chen 等[72]以 g-C_3N_4、三聚氯氰和三聚氰酸为混合前驱体，用溶剂热法合成了氧掺杂的 C_3N_4/g-C_3N_4 杂化材料。由于共价联结 Z 型异质结的存在促进了光生载流子生成，提升了载流子分离和传输速率，杂化材料光催化制氢的表观量子产率达 21.4%（425nm）。可见光照射下的光催化分解水产氢活性比单纯的 g-C_3N_4 提高了 12.4 倍。尽管非金属元素掺杂通常可以对 g-C_3N_4 性能产生积极影响，但在某些情况下，引入的杂原子也可能成为光生载流子的复合中心，导致光催化活性降低。

如图 3-10（f）所示，由七嗪环为基本结构单元构筑的 g-C_3N_4 平面层有丰富的空腔。空腔由六个富电子的吡啶氮原子组成。它们可以作为活性位点，通过配位作用实现多种金属离子（如 Co^{3+}、Fe^{2+}、Ni^{2+}等）和金属单原子（如 Pt、Pd 等），在 g-C_3N_4 基底上的掺杂或负载。引进到 g-C_3N_4 的金属离子或原子不仅可以作为电子受体提高载流子的分离效率，还可作为反应活性中心和助催化剂促进界面反应。Xie 等[73]通过浸渍法合成了以 5 配位形式负载的 Pt 单原子/g-C_3N_4 光催化剂。研究发现，位于 g-C_3N_4

固有空腔中的孤立 Pt 单原子可以在其导带附近形成浅电子陷阱（图 3-11）。相比负载 Pt 纳米粒子的 g-C_3N_4 和单纯的 g-C_3N_4，由于光生载流子寿命的延长，光催化分解水产氢活性分别提高了 8.6 倍和 50 倍。Co^{3+}、Fe^{2+}、Ni^{2+} 等过渡金属离子的掺杂，除可抑制光生载流子的复合外，还可拓展 g-C_3N_4 在长波方向的光响应范围[69]。

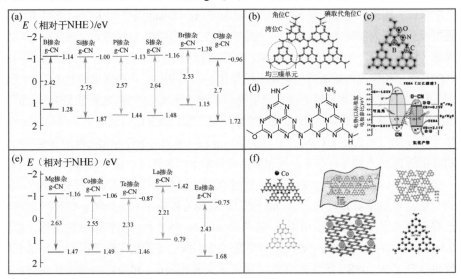

图 3-10 非金属元素掺杂的 g-C_3N_4 能级结构(a)[69]、可能的掺杂位置(b)(c)[70-71]；氧掺杂位置和异质结示意图(d)[72]；金属元素掺杂 g-C_3N_4 的能级结构（e）；可能的掺杂结构示意图(f)[69]

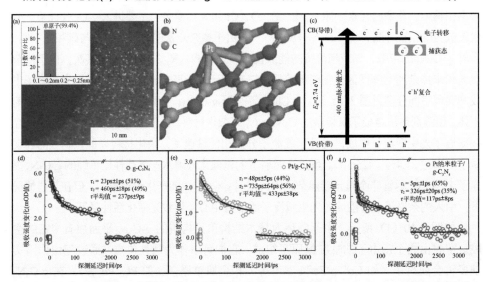

图 3-11 （a）Pt 单原子/g-C_3N_4 光催化剂的高角环形暗场扫描电镜照片；（b）Pt 原子负载位置示意图；（c）光生载流子迁移和复合示意图；400nm 脉冲激光激发后的瞬态吸收差值（750nm）随延迟时间的变化：（d）g-C_3N_4，（e）Pt 单原子/g-C_3N_4，（f）Pt 纳米粒子/g-C_3N_4 [73]（τ 表示光生载流子寿命）

除掺杂外，缺陷工程，如碳和氮空位等也是拓展 g-C_3N_4 光响应范围、调控其能带结构和载流子分离与传输行为的有效途径。Li 等[74]在 Ar 气氛中，高温处理密勒胺，得到了存在氮缺陷的 g-C_3N_4。研究表明，在 C_3N_4 导带附近形成的氮缺陷，不仅可以抑制光生载流子的直接复合，提高载流子的分离和转移效率，还可以作为反应活性位点与水发生还原反应。与单纯的 g-C_3N_4 相比，分解水产氢活性的提升超过 20 倍 [图 3-12（a）]。Wang 等[75]在 Ar 气流中高温处理氮化碳，在七嗪聚合物基底上植入碳缺陷。这些碳缺陷既可以作为活化 CO_2 的反应位点，加快反应的动力学过程，又可作为电子陷阱延长光生载流子的寿命。因此，氮化碳可见光驱动 CO_2 转化为 CO 的活性和选择性明显提高 [图 3-12（b）]。

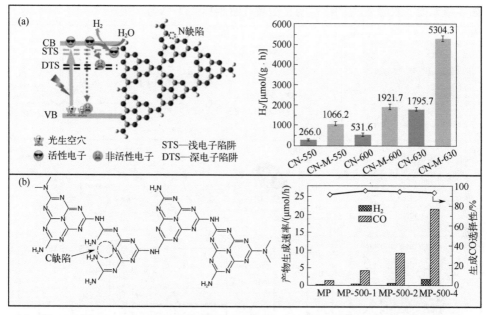

图 3-12 （a）CN-M-630 的结构、能级示意图及其与 CN-550 的分解水产氢活性比较[74]；
（b）碳缺陷 g-C_3N_4 结构示意图和与单纯 g-C_3N_4 可见光还原 CO_2 活性比较[75]

MP-500-1、MP-500-2、MP-500-4 分别指纯 g-C_3N_4 在 500℃，Ar 气氛中处理 1h、2h、4h；CN-500、CN-600 和 CN-630 分别指从三聚氰胺为原料，在 500℃、600℃、630℃热解制备的氮化碳样品；CN-M-550、CN-M-600、CN-M-630 分别指以蜜勒胺为原料，在 550℃、600℃、630℃热解制备的氮缺陷氮化碳样品

光生电子和空穴的高效分离（激子的解离）与 g-C_3N_4 的光催化活性密切相关。Wang 等[76]通过氯离子辅助的水热处理过程，在晶化的七嗪基氮化碳上引入无定形微区 [图 3-13（a）圆圈位置]，得到了半晶氮化碳（SC-HM）。与 Z 型异质结类似，相邻的无定形与晶态微区间的导带和价带间的能级差异，可以促进光生电子和空穴的解离及空间分离 [图 3-13（b）（c）]。因此，如图 3-13（d）所示，由光生电子还原的 O_2^- 信号显著增强。与未处理的氮化碳相比，氧化苯甲醇选择性生成苯甲醛的

速率提高了 4.3 倍[74]。Liu 等[77]在水热预处理双氰胺前驱体时引入异丙醇胺，结合热处理，在结晶化的氮化碳基底上产生了丰富的无定形微区（HCN-A）[图 3-13（f）白圈]。由于 HCN-A 更高的载流子分离效率和更长的载流子寿命，光还原 CO_2 生成乙醛的速率可达 1814.7μmol/(h·g)；385nm 光照时的表观量子效率为 22.4%[75]。更重要的是，由于从能量上更利于·OCCHO 中间体的生成，HCN-A 催化剂在光还原 CO_2 生成乙醛的反应中，表现出优异的选择性（98.3%）[图 3-13（g）]。Zhou 等的研究发现，引入氮空穴后，在其周围形成的无序界面和氮化碳基底间的能级差约为 0.35eV [图 3-13（i）]，这足以克服激子间强的库仑相互作用，进而形成自由电子和空穴。因此，光生载流子生成的数量、活性氧物种信号强度和光催化降解污染物，如 4-氯苯酚、双酚 A 等的活性明显提高 [图 3-13（j）（k）][78]。

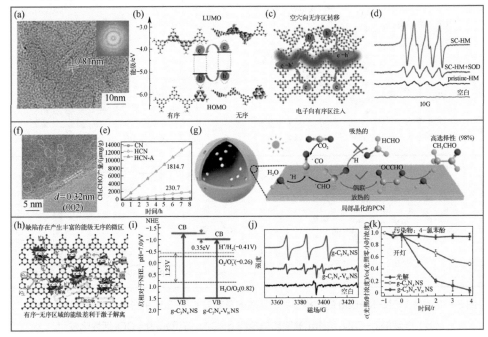

图 3-13 半晶氮化碳聚合物（SC-HM）的高分辨电镜图（a），密度泛函理论模拟有序和无序区七嗪链的能级位置、激子分离示意图（b）（c），SC-HM 和晶化产物（pristine-HM）的电子顺磁共振信号强度比较[5,5-二甲基-1-吡咯啉-N-氧化物(DMPO)捕获]（d）[76]；局部晶化的氮化碳聚合物（HCN-A）的高分辨电镜图（f），光催化还原 CO_2 生成乙醛速率曲线（e）和反应机理示意图（g）[77]；含氮缺陷氮化碳纳米片（g-C_3N_4-V_NNS）的能级和载流子分离示意图（h）（i）、三丙酮胺（TEMP）作为自旋捕获剂的 ESR 信号（j）、光催化降解 4-氯苯酚曲线比较（k）[78]

此外，常用的方法，如金属掺杂、窄或宽带隙半导体复合、染料敏化等光催化剂常用修饰方法也可用于改善 g-C_3N_4 的光催化性能。尽管氮化碳光催化剂有很多优点，但其与一些高性能的无机光催化剂相比，在光催化反应效率、稳定性等方面还存在较大差距。

3.5.2 共价有机骨架聚合物

共价有机骨架（covalent organic frameworks，COF）聚合物是一类刚性结构单元（通常是芳香分子），通过可逆缩合反应构筑的结构规整、结晶度高、热稳定性好的有序多孔聚合物[79]。与传统的无机多孔材料相比，最大的优点是结构可设计，即可通过有机单体骨架结构和反应性官能团变化实现COF的光电性能，如带隙、能级位置、骨架结构和孔尺寸等的分子级别精确调控[80]。受益于其巨大的比表面积、高的孔隙率、精确的孔尺寸和可调的光电性能以及高结晶度，COF材料在能量储存和转换、气体的吸附和分离、传感、催化和光催化等众多领域存在广泛用途。

与固有微孔聚合物（polymers of intrinsic microporosity，PIM）、共轭微孔聚合物（CMPs）、线型和平面型共轭聚合物等相比，COF的结构单元是通过可逆共价键，如硼酸酯键、亚胺键、腙键、酰亚胺和双键等连接（图3-14，图3-15）[79-81]。因此可通过聚合反应过程中共价键的可逆断裂、重组，实现结构修复并最终得到结晶度高的二维和三维多孔有序产物。这对光生载流子的分离和传输非常有利。Wang等[82]的研究发现，以1,3,5-三(4-氨基苯基)苯和均苯三甲醛为单体，通过缩聚反应构筑的高结晶度二维COF薄膜，室温下的光生载流子传输速率达$(165\pm10)cm^2/(V\cdot s)$，远高于无定形态半导体聚合物的光生载流子传输速率$[1cm^2/(V\cdot s)]$，光生载流子平均寿命为40ps。

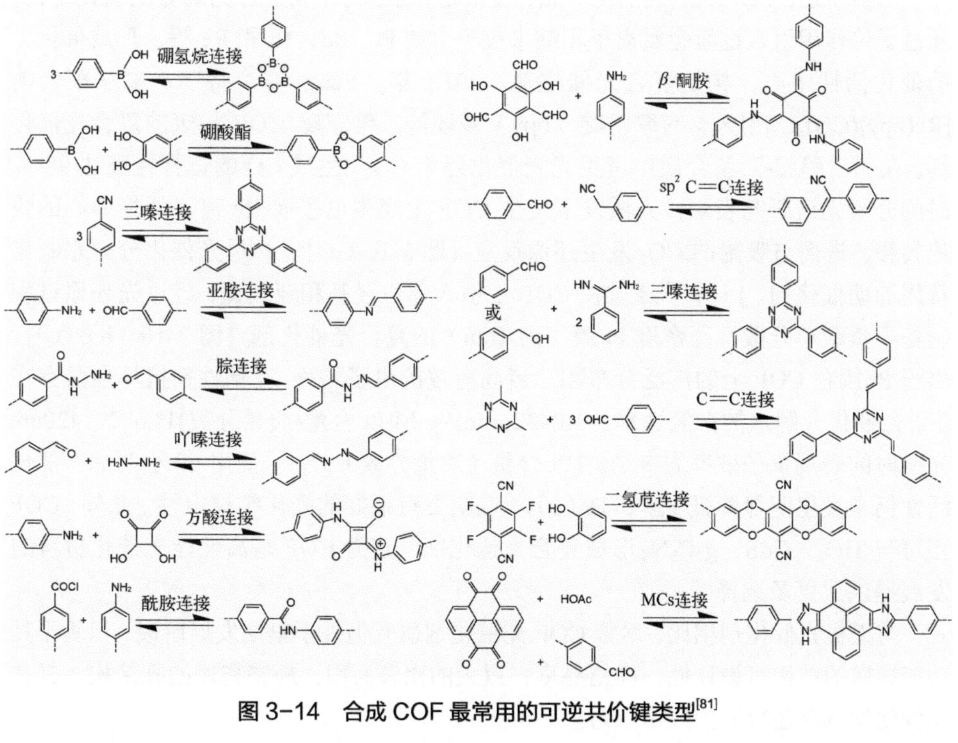

图3-14　合成COF最常用的可逆共价键类型[81]

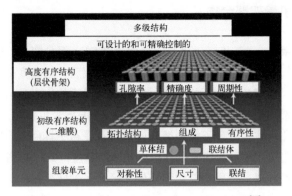

图 3-15　二维 COF 结构设计和调控示意图[83]

光催化反应本质上是一种表面反应。大的比表面积、丰富的表面活性位点有利于增强光催化活性。通过小分子单体几何构型和相联分子结构的改变，可实现 COF 的孔尺寸、孔结构和表面特性等的调控。如 Côté 等[84]通过对苯二硼酸（BDBA）缩合、与六羟基三亚苯基苯共缩聚得到了孔尺寸分别为 1.5nm 和 2.7nm 的 COF 结构。

如前所述，COF 材料含有氮、氧、硫和硼等杂原子，可以作为良好的载体平台，通过配位作用引入过渡金属离子和纳米粒子，如 Pt、Pd、Ni 和 Re 等，形成催化、助催化活性中心，构筑复合光催化剂。2018 年，Yang 等[85]将 Re 离子配合物 [Re(bpy)(CO)$_3$Cl]引入含有联吡啶（bpy）基团的二维三嗪 COF 构筑的复合光催化剂。在三乙醇胺-乙腈介质中可见光光催化还原 CO_2，生成 CO 的选择性高达 98%。时间分辨光谱研究表明，光激发下发生 COF 上光生电子向 Re 离子活性中心的快速转移，进而与吸附的 CO_2 发生还原反应 [图 3-16（a）]。Pt 是光催化分解水制氢常用的助催化剂。Li 等[84]通过在 COF 上引入邻位羟基和亚胺氮，经过光还原过程制备了负载单分散、高密度 Pt 簇（约 1nm）的复合光催化剂 [图 3-16（b）（c）]。由于 Pt 簇在 COF 上的广泛分布和二者间有效的电子转移，在牺牲剂抗坏血酸存在下，光催化分解水的产氢速率达 42432μmol/(g·h)[Pt 含量(质量分数)1%][84]。420nm 光照时的表观量子效率为 8.4% [Pt 含量（质量分数）3%]。使用 60 小时后，催化活性仍未发生明显降低 [图 3-16（d）]，说明具有很好的光化学稳定性。此外，COF 还可与 TiO_2、CdS、g-C_3N_4 形成复合光催化剂，这为 COF 基高性能光催化材料的发展提供了更多选择。

与无机光催化剂相比，尽管 COF 光催化剂研究仍处于早期发展阶段，但基于其功能导向的结构可设计性、高结晶度、巨大的比表面积、规整有序的孔结构，其在光催化领域存在很好的应用潜力。

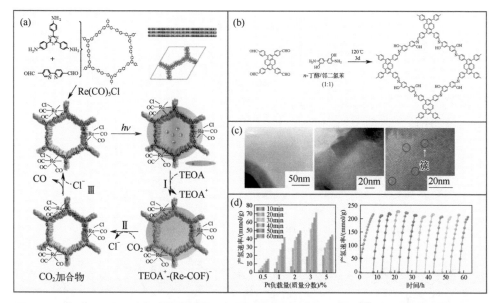

图 3-16 （a）Re-COF 的合成示意图和光催化还原 CO_2 机理示意图[85]；（b）羟基功能化亚胺 COF 的合成示意图；（c）Pt 簇（负载量 1%）-羟基功能化亚胺 COF 电镜和高分辨电镜图；（d）Pt 含量不同时，氢气生成随时间的变化和 Pt 负载量（质量分数）3%时光催化剂光稳定性考察[84]

3.5.3 共轭微孔聚合物

共轭微孔聚合物（conjugated microporous polymers，CMP）是由具有一定分子刚性和共轭 π 电子体系的芳香分子，如芘、芳炔、咔唑、卟啉等为构筑单元，通过偶联反应聚合得到的一类具有孔道结构和可扩展的 π 共轭体系的网状聚合物。由于结构单元间通过不可逆的共价键连接，CMP 的结晶性和长程有序性一般较差。图 3-17 是常见的一些 CMP 的分子结构[86]。与 COF 类似，通过设计具有不同几何形状和 π 电子共轭体系的单体、连接方式和反应条件，可调控 CMP 的光物理性能、交联度和孔道结构等[87]。分子结构设计原则涵盖了光吸收、光生载流子分离与传输、电子转移三个方面的因素（图 3-18）。

CMP 光催化剂可用于光催化有机合成反应、分解水制氢、有机污染物降解、CO_2 向高价值有机物转换等。2013 年，Vilela 等[88]发现，巯基修饰的苯并噻二唑基 CMP 可以用作可见光光催化剂，实现糠酸向呋喃酮的转化。Cooper 等[89]通过改变发色团芘的数量和位置实现 CMP 带隙在 1.94～2.95eV 的调控。他们在无贵金属助催化剂存在的情况下，实现了可见光驱动分解水制氢。Xu 等[90]以 1,2,4,5-苯四胺和环己六酮为前驱体合成的二维氮杂纳米片，在可见光照射下，实现了水的全分解制氢和氧。此外，他们还通过氧化偶联反应合成了 1,3-二炔连接的 CMP 纳米片。将其作为光催化剂用于水的全分解，420nm 光照时的表观量子效率约为 10.3%，太阳能/氢能转化效率为 0.6%[91]。

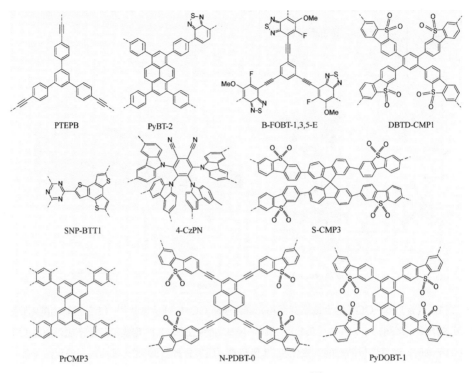

图 3-17　CMP 的常见分子结构[86]

为提高 CMP 对太阳光捕获能力,可以将光敏剂如卟啉、金属酞菁等引入 CMP 骨架,拓展其光吸收范围。此外,还可将 D–A 或 D–π–A 单元引入 CMP 骨架以降低其激子结合能,提高光生载流子分离效率。Li 等[92]将缺电性的苯并噻二唑和给电子的噻吩单元交替引入聚合物链,得到 CMP 纳米纤维。由于光生载流子分离效率的提高,光催化分解水的活性较单组分产物提高了 4~6 倍。

CMP 功能导向结构的可设计性和丰富的孔道结构为其在光催化领域应用奠定了良好基础。

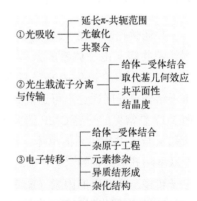

图 3-18　针对光催化反应过程的分子结构设计原则[87]

3.5.4　线型和梯形共轭聚合物

线型和梯形共轭聚合物(L-CP)是由单个或多个聚合单元通过共聚的方式生成的具有 π 电子离域特征的线型聚合物,如聚对苯撑、聚苯胺、聚对苯乙炔、聚芴、聚二苯并噻吩砜等的均聚物和共聚物(图 3-19~图 3-21)[86]。与聚合度更高的 $g-C_3N_4$、COF 和 CMP 等相比,L-CP 分子链扭曲程度相对较低,载流子沿聚合物链的迁移能力更好,但热稳定性、化学和光化学稳定性相对偏低。此外,L-CP 还具有合成方法简单,聚合物结构明确,可通过对聚合反应过程的控制,得到不同尺寸和形貌的纳米粒子或纳米粒子异质结的优点[93]。

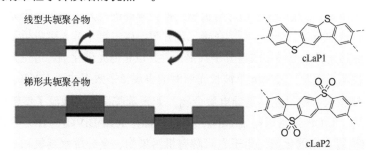

图 3-19　线型和梯形共轭聚合物结构示意图和一些梯形聚合物结构单元的分子结构[86]

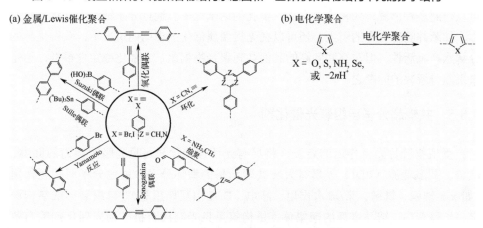

图 3-20　常见共轭聚合物的合成路线[86]

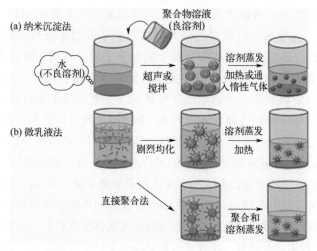

图 3-21　聚合物纳米粒子的常见合成方法[93]

Wang 等[94]以 1,4-二乙炔基苯为单体合成的线型聚合物 PDEB-1，可见光光催化降解罗丹明 B、苯酚和四环素的活性比 1,3,5-三乙炔基苯聚合产物（PTEB）更高。光电化学性能考察表明，PDEB-1 线型聚合物链 π 电子离域程度更高，因此带隙更小，载流子分离效率更好。线型聚合物对有机物光催化降解的能力主要来源于光生电子和氧气反应后生成的 $O_2^{\cdot-}$。Zhang 等[95]在聚二苯并噻吩砜主链上插入噻吩桥和单取代氮杂环，以拓展其光吸收范围和改善分子共平面性。以它为光催化剂，可见光驱动的分解水产氢活性明显提升，550nm 单波长光照时的表观量子效率达到 1.96%。

考虑到线型聚合物，尤其是导电聚合物，如聚苯胺良好的载流子传输性能和可见光吸收能力，L-CP 还可以与 g-C$_3$N$_4$、无机光催化剂如 BiVO$_4$、TiO$_2$ 等构筑异质结或 Z 型结构复合光催化剂，用于光降解有机污染物、全分解水制氢和氧等。

与 g-C$_3$N$_4$、COF 和 CMP 等相比，L-CP 的后加工性更好，合成方法简单多样，可以得到多种形貌，如核壳、空心、多孔的纳米粒子。通过分子链段上催化反应中心，如苯并噻二唑等的引入，还可以在无贵金属催化剂帮助的情况下，获得优异的分解水产氢活性。但与交联度高的其他共轭聚合物相比，光催化稳定性很低，这是未来亟待解决的问题之一。

3.5.5 共轭超分子自组装光催化剂

受植物叶片光合作用的启发，将具有光活性和优异可见光吸收能力的卟啉、酞菁、苝酰亚胺（PDI）等具有大 π 共轭结构的稠环分子，通过分子间相互作用（如 π-π 堆积、氢键、亲/疏水作用、静电、D/A 相互作用等），自组装形成结构稳定、长程有序、结晶度高的聚集体，是构筑可见光响应有机多相光催化剂的有效途径之一。与单体相比，这种超分子自组装聚集体具有光响应范围宽、光捕获能力好、载流子分离和迁移能力高等优点。与共轭聚合物光催化剂相比，分子自组装过程的发生，需要满足自组装的动力（来自分子间弱相互作用的合力），导向性（空间互补性，即在空间尺寸和方向上满足分子重排需求）的要求[96]。因此可通过单体分子结构设计和参数调控来实现对聚集体结构、尺寸、形貌等的调控。

目前研究和发展的超分子自组装光催化剂，主要是基于具有刚性平面分子结构的共轭分子，如卟啉和苝酰亚胺（PDI）分子母体及其衍生物。2016 年，朱永法等[97]通过分子间的 π-π 相互作用和氢键作用，将 PDI 自组装为高结晶度的纳米片 [图 3-22（a）]。可见光照射下，该纳米片对亚甲基蓝、罗丹明 B、双酚 A 等的光催化降解活性明显高于 g-C$_3$N$_4$、BiOBr 及随机聚集 PDI [图 3-22（c）（d）]。机理研究表明，纳米片的电子结构与 PDI 单体和自组装 PDI 聚集体中的长程共轭离域 π 电子的轨道重叠有关，催化活性的提升则与有序聚集体提供的光生电子传输通道有关 [图 3-22（e）]。除吸收光谱外，超分子组装结构的变化还将影响光生载流子分离和传输特性,进而影响其光催化行为。该课题组在 PDI 的氨基位置引入碳链长度不同的侧链。研究发现,由于空间位阻的不同,短链取代的 PDI 以分子重叠度更好的 *H*-聚集体形式组装;长链烷基取代的 PDI,由于空间位阻效应,则以存在一定分子错位的 *J*-聚集体形式组装[98]。*H*-聚集体具有更好的分子重叠度和 π-π 相互作用,电子离域程度和轨道重叠度更高,这为光生电子传输提供了快速通道,表现出更高的光催化氧化活性。与之相比,*J*-聚集体则主要通过能量转移过程产生单线态氧物种($^1O_2$)。Lin 等[99]设计了具有 D-π-A 分子结构、分子偶极更大的萘酰胺(CZNI)分子。研究发现,由于较大的偶极作用,CZNI 纳米带的激子解离能明显降低,束缚激子更易于发生快速转移,产生自由的载流子。之后,自由电子注入 Pt 助催化剂引发水的光催化还原过程。

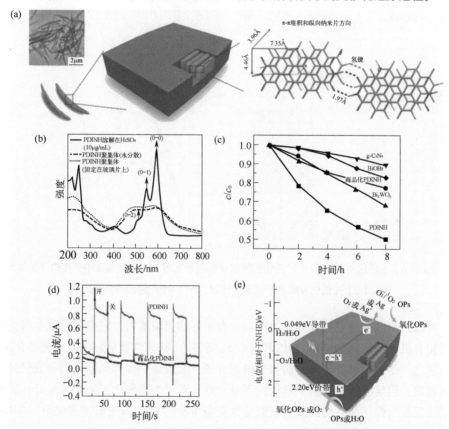

图 3-22 (a) PDI 超分子光催化剂结构示意图;(b) 单体、聚集体吸收光谱;(c) 可见光光催化降解苯酚活性比较;(d) 可见光照时光电流比较;(e) PDI 自组装聚集体的电子能带结构和光催化反应示意图(OPs 表示有机污染物)[97]

除 PDI 及其衍生物外,卟啉也是构筑超分子光催化剂的常用母体分子。Bai 及其合作者[100]通过表面活性剂辅助的界面自组装法合成的单晶纳米线,表现出可见光光催化降解甲基橙和分解水活性。此后，他们用反胶束法得到了长径比不同的单晶四羟基苯基卟啉（THPP）自组装聚集体。与单体相比，聚集体的吸收带边红移，吸收光的范围明显更宽［图3-23（a）］。与随机聚集的粉末相比，有序组装体，如单晶纳米线和纳米棒，光催化分解水的活性明显提高；光化学稳定性更好［图3-23（c）（d）］。

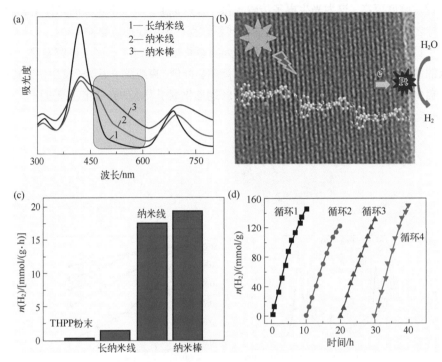

图3-23 （a）长径比不同的THPP自组装聚集体的吸收光谱；（b）聚集体中光生电子传输示意图；（c）光催化分解水产氢活性比较；（d）循环使用活性考察[100]

考虑到超分子自组装聚集体对可见光有更好的捕获能力，它们还可以与常见的无机和有机光催化剂如 TiO_2、CdS 和 $g-C_3N_4$ 等复合，构筑性能更好的复合光催化剂。

总之，尽管有机共轭聚合物和有机超分子自组装聚集体类光催化剂研究仍处于初始阶段，但组成基元的分子结构的可设计性，可以为光催化剂的结构设计、光催化基元反应与催化剂结构关系的研究提供更多可能。当然，与无机光催化剂如 TiO_2、$SrTiO_3$ 等相比，这类光催化剂的实用稳定性是需要关注的重要问题。

参考文献

[1] Yin J, Zou Z G, Ye J. J Phys Chem B, 2003, 107: 4936.
[2] Kim H G, Hwang D W, Lee J S. J Am Chem Soc, 2004, 126: 8912.
[3] Tang J, Zou Z, Ye J. Angew Chem Int Ed, 2004, 43: 4463.

[4] Zhang Q, Gao L. langmuir, 2004, 20: 9821.
[5] Prashant V K. J Phys Chem Lett, 2012, 3: 663.
[6] Anastasiya B, Nikita K, Il S K, Jeremy A B, Adrian R, Jorge G. Chem Rev, 2020, 120: 8468.
[7] Rojas S, Horcajada P. Chem Rev, 2020, 120: 8378.
[8] Jared B, DeCoste G W P. Chem Rev, 2014, 114: 5695.
[9] Corma A, Garcia H, Liabres F X, Xamena I. Chem Rev, 2010, 110: 4606.
[10] Melike B, Adisak G, Bruce C G. Chem Rev, 2020, 120: 11956.
[11] Alvaro M, Carbonell E, Ferrer B, Llabres I, Xamena F X, Garcia H. Chem Eur J, 2007, 13: 5106.
[12] Sharma V K, Feng M. J Hazard Mater, 2019, 372: 3.
[13] 马颢菲, 苑鹏, 沈伯雄. 化学进展, 2022, 41(2): 721.
[14] Mai, H, Chen, D, Tachibana Y, Suzuki H, Abe R, Caruso R A. Chem Soc Rev, 2021, 50: 13692.
[15] Raza M A, Li F, Que M, Zhu L, Chen X. Mater Adv, 2021, 2: 7187.
[16] Kanhere P, Chen Z. Molecules, 2014, 19: 19995.
[17] Peňa M A, Fierro J L G. Chem Rev, 2001, 101: 1981.
[18] Takata T, Domen K. Phys Chem C, 2009, 113: 19386.
[19] Irshad M, Ain Q, Zaman M, Aslam M Z, Kousar N, Asim M, Rafique M, Siraj K, Tabish A N, Usman M, Farooq M H, Assirif M A, Imran M. RSC Adv, 2022, 12: 7009.
[20] 张枫娟, 韩博宁, 曾海波. 无机材料学报, 2022, 37: 117.
[21] Schulz P, Cahen D, Kahn A. Chem Rev, 2019, 119: 3349.
[22] 魏周好胜, 陈明功, 徐胤. 广东化工, 2016, 43: 107.
[23] Li R, Takata T, Zhang B, Feng C, Wu Q, Cui C, Zhang Z, Domen K, Li Y. Angew Chem Int Ed, 2023, 62: e202313537.
[24] Li C H, Lu X G, Ding W Z, Feng L M, Gao Y H, Guo Z G. Acta Crystal B: Struct Sci Cryst Eng Mater, 2008, 64: 702.
[25] Travis W, Glover W, Bronstein E K N, Scanlon H, Palgrave D O, Chem R G. Science, 2016, 7: 4548.
[26] Wagner F T, Somorjai G A. Nature, 1980, 285: 559.
[27] Puangpetch T, Sreethawong T, Yoshikawa S, Chavadej S. J Mol Catal A: Chem, 2008, 287: 70.
[28] Kuang Q, Yang S H. ACS Appl Mater Interfaces, 2013, 5: 3683.
[29] Takata T, Jiang J, Sakata Y, Nakabayashi M, Shibata N, Nandal V, Seki K, Hisatomi T, Domen K. Nature, 2020, 581: 411.
[30] Cai J, Cao A, Huang J, Jin W, Zhang J, Jiang Z, Li X. Appl Catal B, 2020, 267: 118378.
[31] Dai B, Biesold G M, Zhang M, Zou H, Ding Y, Wang Z, Lin Z. Chem Soc Rev, 2021, 50: 13646.
[32] Zhang H, Ni S, Mi Y L, Xu X X. J Catal, 2018, 359: 112.
[33] Kudo A, Hijii S. Chem Lett, 1999: 1103.
[34] Liu Y, Zhu G, Gao J, Hojamberdiev M, Zhu R, Wei X, Guo Q, Liu P. Appl Catal B, 2017, 200: 72.
[35] Al-Keisy A, Ren L, Xu X, Hao W C, Dou S X, Du Y. J Phys Chem C, 2019, 123: 517.
[36] Wang K, Li J, Zhang G. ACS Appl Mater Interf, 2019, 11: 27686.
[37] Zhang N, Ciriminna R, Pagliaro M, Xu Y J. Chem Soc Rev, 2014, 43: 5276.
[38] Liu Y, Shen D, Zhang Q, Lin Y, Peng F. Appl Catal B, 2021, 283: 119630.
[39] Cao X, Chen Z, Lin R, Cheong W C, Liu S, Zhang J, Peng Q, Chen C, Han T, Tong X, Wang Y, Shen R, Zhu W, Wang D, Li Y. Nat Catal, 2018, 1: 704.
[40] Ketavath R, Mohan L, Sumukam R R, Alsulami Q A, Premalatha A, Murali B. J Mater Chem

A, 2022, 10: 12317.

[41] 刘纯希, 陈金超, 陈智, 王韦韦, 陈翔宇, 杨秀茹, 钱笑笑, 赵婉, 卫国英. 中国材料进展, 2021, 40: 331.

[42] Ren K, Yue S, Li C, Fang Z, Gasem K A M, Leszczynski J, Qu S, Wang Z, Fan M. J Mater Chem A, 2022, 10: 407.

[43] Yuan J, Liu H, Wang S, Li X. Nanoscale, 2021, 13: 10281.

[44] Wang J, Liu J, Du Z, Li Z. J Energy Chem, 2021, 54: 770.

[45] Protesescu L, Yakunin S, Bodnarchuk M I, Krieg F, Caputo R, Hendon C H, Yang R X, Walsh A, Kovalenko M V. Nano Lett, 2015, 15: 3692.

[46] Hazarika A, Zhao Q, Gaulding E A, Christians J A, Dou B, Marshall A R, Moot T, Berry J J, Johnson J C, Luther J M. ACS Nano, 2018, 12: 10327.

[47] Swarnkar A, Mir W J, Nag A. ACS Energy Lett, 2018, 3: 286.

[48] Ravi V K, Markad G B, Nag A. ACS Energy Lett, 2016, 1: 665.

[49] Brandt R E, Poindexter J R, Gorai P, Kurchin R C, Hoye R L Z, Nienhaus L, Wilson M W B, Polizzotti J A.; Sereika R, Žaltauskas R, Lee L C, MacManusDriscoll J L, Bawendi M, StevanovićV, Buonassisi T. Chem Mater, 2017, 29: 4667.

[50] Mondal N, De A, Das S, Paul S, Samanta A. Nanoscale, 2019, 11: 9796.

[51] Park S, Chang W J, Lee C W, Park S, Ahn H Y, Nam K T. Nat Energy, 2017, 2: 16185.

[52] Zhao Z, Wu J, Zheng Y Z, Li N, Li X, Tao X. ACS Catal, 2019, 9: 8144.

[53] Xu Y F, Yang M Z, Chen B X, Wang X D, Chen H Y, Kuang D B, Su C Y. J Am Chem Soc, 2017, 139: 5660.

[54] Zhu X, Lin Y, Martin J S, Sun Y, Zhu D, Yan Y. Nat Commun, 2019, 10: 2843.

[55] Zhu X, Lin Y, Sun Y, Beard M C, Yan Y. J Am Chem Soc, 2019, 141: 733.

[56] Zhang Z Z, Liang Y Q, Huang H L, Liu X Y, Li Q, Chen L X, Xu D S. Angew Chem Int Ed, 2019, 58: 7263.

[57] Qian X, Chen Z, Yang X, Zhao W, Liu C, Sun T, Zhou D, Yang Q, Wei G, Fan M. J Clean Prod, 2020, 249: 119335.

[58] Zhao Y, Wang Y, Li X, Shi H, Wang C, Fan J, Hu X, Liu E. Appl Catal B Environ, 2019, 247: 57.

[59] Yanagida S, Kabumoto A, Mizumoto K, et al. J Chem Soc, Chem Commun, 1985, 8: 474.

[60] Wang X, Maeda K, Thomas A, Takanabe K, Xin G, Carlsson J M, Domen K, Antonietti M. Nat Mater, 2009, 8: 76.

[61] Wang X, Blechert S, Antonietti M. ACS Catal, 2012, 2: 1596.

[62] Zheng Y, Lin L, Wang B, Wang X. Angew Chem Int Ed, 2015, 54: 12868.

[63] Zhao D, Guan X, Shen S. Environ Chem Lett, 2022, 20: 3505.

[64] Lu Q, Eid K, Li W, Abdullah A M, Xu G, Varma R S. Green Chem, 2021, 23: 5394.

[65] Ong W J, Tan L L, Ng Y H, Yong S T, Chai S P. Chem Rev, 2016, 116: 7159.

[66] Zhang J, Zhang M, Yang C, Wang X. Adv Mater, 2014, 26: 4121.

[67] Chen Z, Lu S, Wu Q, He F, Zhao N, He C, Shi C. Nanoscale, 2018, 10: 3008.

[68] Xu J, Zhang L, Shi R, Zhu Y. J Mater Chem A, 2013, 1: 14766.

[69] Zhang W, Xu D, Wang F, Chen M. Nanoscale Adv, 2021, 3: 4370.

[70] Fang H, Zhang X, Wu J, Li N, Zheng Y, Tao X. Appl Catal. B, 2018, 225: 397.

[71] Du J, Li S, Du Z, Meng S, Li B. Chem Eng J, 2021, 407: 127114.

[72] Chen Y, Liu X, Hou L, Guo X, Fu R, Sun J. Chem Eng J, 2020, 383: 123132.
[73] Li X, Bi W, Zhang L, Tao S, Chu W, Zhang Q, Luo Y, Wu C, Xie Y. Adv Mater, 2016, 28: 2427.
[74] Li W, Wei Z, Zhu K, Wei W, Yang J, Jing J, Phillips D L, Zhu Y. Appl Catal B Environ, 2022, 306: 121142.
[75] Yang P, Zhu Z H, Wang R, Lin W, Wang X. Angew Chem, 2019, 131: 1146.
[76] Wang H, Sun X, Li D, Zhang X, Chen S, Shao W, Tian Y, Xie Y. J Am Chem Soc, 2017, 139: 2468.
[77] Liu Q, Cheng H, Chen T, Lo T W B, Xiang Z, Wang F. Energy Environ Sci, 2022, 15: 225.
[78] Zhou Z, Li K, Deng W, Li J, Yan Y, Li Y, Quan X, Wang T. J Hazard Mater, 2020, 387: 122023.
[79] Geng K, He T, Liu R, Dalapati S, Tan K T, Li Z, Tao S, Gong Y, Jiang Q, Jiang D. Chem Rev, 2020, 120: 8814.
[80] Chen X, Geng K, Liu R, Tan T K, Gong Y, Li Z, Tao S, Jiang Q, Jiang D. Angew Chem Int Ed, 2020, 59: 5050.
[81] Wang G B, Li S, Yan C X, Zhu F C, Lin Q Q, Xie K H, Geng Y, Dong Y B. J Mater Chem A, 2020, 8: 6957.
[82] Fu S, Jin E, Hanayama H, Zheng W, Zhang H, Virgilio L D, Addicoat M A, Mezger M, Narita A, Bonn M, Müllen K, Wang H I. J Am Chem Soc, 2022, 144: 7489.
[83] Côté A P, Benin A I, Ockwig N W, O'Keeffe M, Matzger A J, Yaghi O M. Science, 2005, 310: 1166.
[84] Li Y, Yang L, He H, Sun L, Wang H, Fang X, Zhao Y, Zheng D, Qi Y, Li Z, Deng W. Nat Commun, 2022, 13: 1355.
[85] Yang S, Hu W, Zhang X, He P, Pattengale B, Liu C, Cendejas M, Hermans I, Zhang X, Zhang J, Huang J. J Am Chem Soc, 2018, 140: 14614.
[86] Jayakumar J, Chou H H. ChemCatChem, 2020, 12: 689.
[87] Byunbc J, Zhang K A I. Mater Horiz, 2020, 7: 15.
[88] Uakami H, Zhang K, Vilela F. Chem Commun, 2013, 49: 2353.
[89] Sprick R S, Jiang J X, Bonillo B, Ren S, Ratvijitvech T, Guiglion P, Zwijnenburg M A, Adams D J. Cooper A I. J Am Chem Soc, 2015, 137: 3265.
[90] Wang L, Wan Y, Ding Y, Niu Y, Xiong Y, Wu X, Xu H. Nanoscale, 2017, 9: 4090.
[91] Wang L, Wan Y, Ding Y, Wu S, Zhang Y, Zhang X, Zhang G, Xiong Y, Wu X, Yang J, Xu H. Adv Mater, 2017, 29: 1702428.
[92] Huang W, He Q, Hu Y, Li Y. Angew Chem Int Ed, 2019, 58: 8676.
[93] Pavliuk M V, Wrede S, Liu A, Brnovic A, Wang S, Axelsson M, Tian H. Chem Soc Rev, 2022, 51: 6909.
[94] Wang J, Yang H, Jiang L, Liu S, Hao Z, Cheng J, Ouyang G. Catal Sci Technol, 2018, 8: 5024.
[95] Chen R, Hu P, Xian Y, Hu X, Zhang G. Macromol Rapid Commun, 2022, 43: 2100872.
[96] Corinne L D. J Supramolecular Chem, 2001, 1: 39.
[97] Liu D, Wang J, Bai X, Zong R, Zhu Y. Adv Mater, 2016, 28: 7284.
[98] Wang J, Liu D, Zhu Y, Zhou S, Guan S. Appl Catal B Environ, 2018, 231: 251.
[99] Lin H, Wang J, Zhao J, Zhuang Y, Liu B, Zhu Y, Jia H, Wu K, Shen J, Fu X, Zhang X, Long J. Angew Chem Int Ed, 2022, 61: e202117645.
[100] Zhang N, Wang L, Wang H, Cao R, Wang J, Bai F, Fan H. Nano Lett, 2018, 18: 560.

第 4 章
光催化剂的表面修饰

半导体微粒（如 TiO_2、ZnO、Fe_2O_3、CdS、ZnS 等）光催化作用的本质是充当固体表面氧化还原反应的电子传递体。根据半导体的电子结构，当半导体吸收一个能量与其带隙能（E_g）相匹配或超过其带隙能的光子时，电子会从充满的价带（VB）跃迁到空的导带（CB），在价带留下带正电荷的空穴。迁移到表面的电子和空穴分别与表面上吸附的电子受体和给体反应。但是半导体光催化剂在实际使用上存在缺陷：①光能利用与光稳定性的矛盾。金属硫化物（如 CdS）的带隙能较小，可利用可见光，但是它的阳极容易被氧化腐蚀。金属氧化物（如 TiO_2）虽然稳定，但是带隙比较宽，光吸收仅限于紫外和近紫外区，可利用的能量尚达不到照射到地面的太阳光谱的 10%（图 4-1）。②光生载流子的重新复合影响半导体光催化的效率，这很容易从光生载流子的失活途径（图 1-5）得到理解。

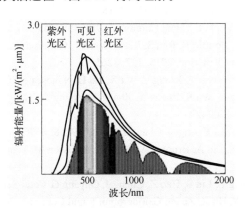

图 4-1 太阳光谱的分布

因为结构、尺寸和属性的不同，各种光催化剂的物理和化学性能差异很大。大带隙半导体的光催化活性比较高，因为相对来说，它们的导带底部边缘的电位更负，价带顶部的正空穴的电位更正。以 TiO_2 为例，在 pH = 1.0 的电解质溶液中，其导带电位大约在 –0.1V，价带空穴电位大于 3.0V（相对于标准氢电极）（见图 1-7）。但是大带隙半导体（如 TiO_2，约 3.2eV）仅能吸收太阳光谱（图 4-1）中极小的部分，对太阳光的利用率比较差。并且，由于半导体固有的光生电子与空穴的复合特性，使光催化反应的光量子效率很低，减弱了光催化剂的活性。因此，无论对于宽带隙还是窄带隙半导体，为提高光能利用效率、光量子效率、反应活性和光稳定性，对半导体的表面进行修饰改性来提高反应性能是十分必要的。

各种类型的光催化剂的表面修饰方法原则上是通用的，目的是拓展光响应和提供电荷（电子或空穴）陷阱，促进电子与空穴的分离。实施的方法有多种，具体到不同的光催化剂，根据其特点，可选择合适的修饰方法，或几种方法相结合。

拓展光响应的方法：染料分子敏化，有机化合物/超分子吸附或接枝敏化，金属等离子体共振吸收，离子吸附，碳点敏化等。

促进电子-空穴分离的方法：窄带隙半导体修饰宽带隙半导体，宽带隙半导体修饰宽带隙半导体，金属沉积，金属、非金属掺杂，表面功能分子（电子或空穴清除剂）吸附等。

4.1 复合半导体

为了提高半导体光催化剂的活性、选择性和稳定性，将不同结构和组成的半导体相互结合形成复合半导体，即半导体的相互修饰。半导体修饰半导体光催化剂可以分为窄带隙半导体修饰宽带隙半导体和具有不同导带或价带位置的宽带隙半导体之间的相互修饰。窄带隙半导体修饰不但可以抑制电子和空穴的复合，也可以拓展光催化剂对光的响应，提高光能的利用效率。宽带隙半导体修饰目的是促进光催化剂的光生电子和空穴的有效分离，抑制电子和空穴的复合，提高光催化反应效率。无论是宽带隙半导体还是窄带隙半导体修饰，修饰和被修饰是互动的，这种体系可以认为是复合半导体体系。

4.1.1 宽带隙半导体修饰

宽带隙半导体修饰宽带隙半导体光催化剂的基本条件是，修饰用半导体的导带和价带的位置与被修饰的光催化剂的导带和价带的位置要相互匹配。即修饰用半导体的带隙可以与被修饰的光催化剂相同，但是它们的导带和价带的能级位置，或导带与价带其中一个带的边缘位置一定与被修饰的光催化剂不同，这样才能实现电子和空穴在复合半导体的不同相中的分布。在图4-2中，ZnS光敏半导体受激发后，价带中的电子跃迁到导带。ZnO（约3.3eV）和ZnS（约3.6~3.8eV）的带隙能级相差不大，同属于宽带隙半导体。但是ZnO的导带能级比ZnS导带能级低（图4-2），电子可以由ZnS的导带迁移到ZnO的导带；而ZnS的价带能级比ZnO的价带能级高，正空穴则留在ZnS的价带。如果ZnO被激发，电子留在ZnO的导带，空穴则迁移到 ZnS 的价带。无论是哪种情况，都会使电子和空穴处于不同的物相中，减少了它们复合的机会。图 4-3 是 SnO_2 修饰 TiO_2 的例子，电子进入 SnO_2 的导带，迁移到半导体表面与电子受体反应，使其还原；空穴进入 TiO_2 半导体的价带，与 TiO_2 表面的给体反应，使其氧化。对宽带隙半导体复合光催化剂的制备和性能研究有很多实例[1-3]。实际上，在上述两种情况下，半导体之间的修饰是相互的。这种修饰虽然不能拓展半导体对光的响应范围和提高半导体的吸光能力，但是可以更有效地提升光生载流子的分离效率。

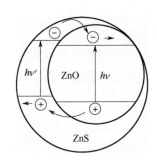

图 4-2　宽带隙半导体修饰宽带隙半导体

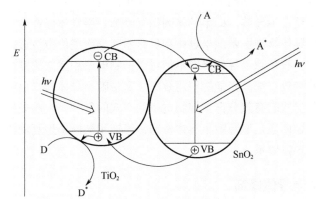

图 4-3　SnO_2 修饰 TiO_2

4.1.2　窄带隙半导体修饰

窄带隙半导体修饰宽带隙半导体的目的是拓展光催化剂对光的响应和抑制电子与空穴的复合。研究最普遍、最深入的例子是 CdS 对 TiO_2 的修饰（图 4-4）。

图 4-4 从形态上和能级上反映了 CdS/TiO_2 复合半导体光催化剂的光激发过程，其中的价带和导带能级的相对位置是对真空而言。根据图 4-4 的模型，光能虽不足以激发催化剂中的 TiO_2，但可以激发 CdS，使电子从其价带跃迁到导带，光激发产生的空穴仍留在 CdS 的价带，电子则迁移到 TiO_2 的导带。这种电子从 CdS 向 TiO_2

的迁移有利于光生电荷分离，从而提高光催化效率，分离的电子和空穴自由地与表面吸附质进行电子交换反应。研究表明，当 CdS/TiO$_2$ 中 TiO$_2$ 的浓度增大时，甲基紫晶的量子产率明显提高[2]。

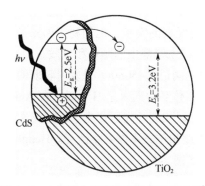

图 4-4　窄带隙半导体修饰宽带隙半导体[4]

根据电子转移过程热力学要求，复合半导体必须具有合适的能级才能使电荷更有效地分离，形成更有效的复合光催化剂。在 CdS/TiO$_2$ 体系中，只有 CdS 在可见光区有吸收。CdS/TiO$_2$ 复合半导体的瞬态吸收光谱实验表明，电子在 TiO$_2$ 表面 Ti^{4+} 位置上被俘获[4]。当 CdS/TiO$_2$ 体系受到 355nm（3.5eV）的皮秒激光辐照后，在 550～750nm 之间可能会产生一个宽的吸收带，这是与 TiO$_2$ 表面电子俘获相关的化学变化的特征；而用 355nm 激光辐照纯净的 TiO$_2$，在 550～750nm 之间无吸收产生。说明 TiO$_2$ 对 CdS 也有一定的修饰作用。在 CdS 表面覆盖 TiO$_2$ 胶体后，CdS 阳极腐蚀受到抑制，同时，CdS 光催化活性随表面 TiO$_2$ 的结晶化程度的提高而增强[4]。

陈晓慧等[5]利用溶胶-凝胶法制备了不同比例的 CdS 掺杂的 TiO$_2$ 复合纳米颗粒催化剂，进行了紫外光、日光灯和太阳光全波长光催化去除水中氨氮和其他形式无机氮的对比实验研究。结果表明，复合催化剂的光催化活性较单纯的 CdS 和 TiO$_2$ 均有显著提高。以日光照射，通空气搅拌溶液，氨氮初始质量浓度约为 85mg/L，复合光催化剂组成为 $n(CdS):n(TiO_2) = 0.17$，光催化反应 2h，脱除氨氮效率为 41.2%。复合催化剂中 CdS 的含量是影响光催化活性和光腐蚀程度的重要因素。

4.1.3　修饰用半导体的尺寸效应

与其他的光催化剂表面敏化方法相比，用半导体粒子作敏化剂有下述优点：①通过改变粒子的大小，可以很容易地调节半导体的带隙和光谱吸收范围；②半导体微粒的光吸收呈带边形式，这有利于太阳光的采集；③通过粒子的表面改性可以增加其光稳定性。但是与有机染料光敏化的研究进展不同，目前人们对半导体微粒，特别是纳米半导体微粒的光物理和光化学的了解还不透彻，大部分认识还停留在实验基础上。而有机染料光谱敏化卤化银半导体的机制研究和利用已经有一百七十多年的历史了。

由于量子尺寸效应,纳米半导体的带隙、导带和价带能级的相对位置将随尺寸的改变而改变,这对半导体的修饰结果有决定性的影响。在这方面,Henglein 及其合作者[6]曾经做过一个非常经典的实验。他们利用闪光光解和荧光发射等方法研究了 AgI-Ag_2S 夹心胶体颗粒在水溶液中的制备和性质。

AgI 溶胶在接近吸收的阈值(450nm)处发射较弱的荧光,随着尺寸的减小,它的吸收峰蓝移。当在 AgI 体系中通入了 H_2S 时,在 AgI 颗粒上生成 Ag_2S 沉积,AgI 的荧光被猝灭,在红光区和红外光区产生了新的荧光。随着 H_2S 浓度的增大,Ag_2S 沉积长大,荧光的强度和位置不断发生改变。Henglein 及其合作者[6]利用尺寸量化效应解释了这种现象(图 4-5)。

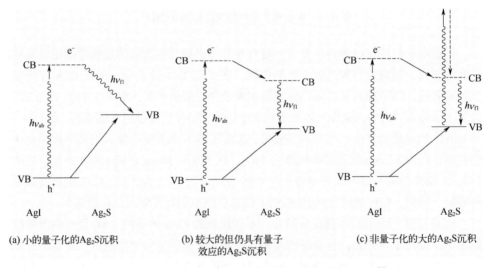

(a) 小的量子化的 Ag_2S 沉积　　(b) 较大的但仍具有量子效应的 Ag_2S 沉积　　(c) 非量子化的大的 Ag_2S 沉积

图 4-5　AgI/Ag_2S 胶体颗粒上异质结结构的能带示意图[6]

当 AgI 颗粒上的 Ag_2S 沉积十分小的时候,Ag_2S 的导带比 AgI 导带的电子能级高。当光照射进入带有异质结结构的颗粒时,在 AgI 部分产生电子-空穴对。空穴迁移到异质结位置的 Ag_2S 的价带中。AgI 导带中的电子与 Ag_2S 价带中的空穴复合,产生 850nm 处的荧光[图 4-5(a)]。随着 Ag_2S 沉积的长大,Ag_2S 的导带向低能级移动。只要 Ag_2S 的导带能级不低于 AgI 的导带能级,荧光仍按照上述过程发射。当 Ag_2S 沉积长大,它的导带能级将低于 AgI 的导带能级。光照产生的电子和空穴都转移进入 Ag_2S[图 4-5(b)],电子和空穴在 Ag_2S 内复合,发射 1050nm 荧光。此时,Ag_2S 已基本不具备敏化功能。当 Ag_2S 沉积很大时,已经不具备量子效应,光吸收主要在 Ag_2S 部分进行,电荷的复合发生在 Ag_2S 部分,在 1250nm 处发射荧

光 [图 4-5（c）]。随着 AgI/Ag$_2$S 异质结颗粒上 Ag$_2$S 沉积的长大，Ag$_2$S 的带隙变小了，修饰的功能性减弱并消失。

这种由两种带隙不同的半导体超细颗粒组合在一起形成的异质结具有完全不同于单个半导体微粒的界面电荷传递方式和电荷分离速度。Ag$_2$S 的尺寸量化效应清晰地说明了半导体尺寸变化对修饰能力和性能的影响。

4.2 染料敏化

有机染料的光敏化是开展得最早、最活跃的领域。通过染料光敏化可以有效地拓展半导体光催化剂在可见光区的光谱响应。Vogel[7]发现了有机染料具有敏化卤化银半导体的功能，这种敏化在卤化银成像和电子照相方面起着重要的作用。染料敏化可提高大带隙半导体如 ZnO、TiO$_2$ 在可见光区的光响应。

目前，染料敏化半导体主要应用于光电池的研制和光电转换器件。如提高染料敏化太阳能电池效率、提高光解水制氢产率等，在光降解有机污染物方面的报道相对较少。染料敏化大带隙半导体的研究主要集中在三个方面：①染料分子的光电化学反应机理；②研究和改善染料分子的分子结构，提高电荷分离效率，努力使染料敏化作用向长波方向延伸；③染料敏化半导体的机制。

在光电池研究中，大多数染料的光电转换效率比较低（<1%）。直到 1991 年 Graetzel 小组[8]首先使用联吡啶钌/TiO$_2$ 体系，使光电转换效率达到 10%，光电流密度达 12mA/cm^2。与其他敏化染料相比，多吡啶钌（Ⅱ）配合物有以下优点：①长期使用稳定性好；②激发态反应活性高；③激发态寿命长，光致发光性好。就染料敏化剂联吡啶钌而言，它在近红外光区吸收很弱，其吸收光谱与太阳光谱不能很好地匹配。因此，要寻找新的染料敏化体系，其中多元有机染料分子组合是一种可能的途径。Amadell 等[9]首先合成了具有天线作用的多核多吡啶钌的超分子化合物 [Ru(bpy)$_2$-(CN)$_2$Ru(bpy)(COO)$_2$)$_2$$^{2-}$]，该化合物具有很好的敏化效果。毛海舫等[10]研究了卟啉与酞菁共吸附对 TiO$_2$ 电极光电响应的影响，发现与单一染料敏化相比，其光电转换效率明显提高。目前，最新染料敏化太阳能电池效率接近 11%（10.7%），以卟啉衍生物为敏化剂[11]。

染料敏化半导体一般涉及三个基本过程：①染料吸附到半导体表面；②吸附态染料分子吸收光子被激发（图 4-6）[4]；③激发态染料分子将电子注入半导体的导带。因此，要获得有效的敏化至少要满足两个条件，即染料容易吸附在半导体表面上及染料激发态（通常是单线态）的电位与半导体的导带电位相匹配。

在图 4-6 中，激发态染料或有机分子可以在溶液中参与均相反应，如果是吸附在半导体光催化剂表面上的有机分子，激发态的有机分子可以将激发单线态的电子注入到半导体的导带，再进行反应。

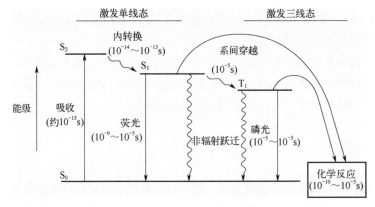

图4-6 染料分子的激发和去活过程（S_0、S_1、S_2、T_1分别是染料分子的基态、第一激发单线态、第二激发单线态、第一激发三线态）[4]

4.3 金属沉积

在过去的几十年中，人们对于复合材料的兴趣不断提升，成功地制备了各种复合材料，如复合物、孔结构负载材料、薄膜、润饰或涂层材料、复杂器件等等。对多相材料的兴趣不仅是因为合成方法的进步，也因为广泛的工业新需求。与传统的单相材料相比，多相材料预期有更优异的物理化学性质，如光响应性、催化选择性与活性。多相材料的新性质，使它们在电子器件、燃料电池、传感器、新型催化剂、光学材料方面有更好的应用前景。

金属-氧化物体系是一种特殊的多相材料。金属-氧化物复合材料在近年来引起越来越多的关注，突出体现在燃料电池的电催化剂、新型的无机微/纳传感器中的敏感元件、光学材料、新型纳米催化剂以及光催化剂和光催化材料的研究与应用方面。本章节将重点介绍和讨论金属氧化物载体表面的金属沉积，金属-氧化物半导体纳米结构界面、金属-氧化物载体化学在光催化研究和材料应用中的发展。

从对光响应的角度来说，金属氧化物可以分为两种类型，即光活性（光敏性），如TiO_2、ZnO和SnO_2；非光活性，如SiO_2、Al_2O_3和MgO等。光活性氧化物对光敏感，在匹配能级的光照下可以产生光生载流子，即电子（e^-）和空穴（h^+）对。在光催化、染料敏化太阳能电池电极、光伏器件材料研究中，氧化物载体通常是光活性的。

如前所述，光生电子和空穴在激发后有自然复合的倾向。在实际应用当中，这种复合作用降低了氧化物的光催化活性。负载型金属纳米颗粒以及具有不同电子能级的金属/氧化物异质结结构可以提高电荷分离效率，因此引起人们的极大兴趣。在光催化领域，在TiO_2表面沉积的经常是金或银等贵金属。相比之下，利用掺杂改善 TiO$_2$ 的结构和性能涉及的金属种类更多。

金属/TiO$_2$ 复合体系的制备方法种类繁多，如溶剂化金属原子浸渍法、低压惰性气体蒸发冷凝法、喷射蒸汽沉积法、溶胶-凝胶法、化学蒸气沉积法、浸渍法、析出沉淀法、共沉淀法、合金氧化法、沉积-沉淀法、光助沉积法、电化学控制沉积法等等，在诸多文献中都可以检索到，这里不一一赘述。值得一提的是，利用 Haruta[12] 的沉积-沉淀（deposition-precipitation，DP）方法可以在 TiO$_2$ 支持体上沉积分布均匀、尺寸极小（<5nm）的金属纳米颗粒或簇。

总之，在金属氧化物或半导体上沉积金属的方法可分为物理方法和化学方法两大类。物理方法多用真空沉积或溅射的方法。化学方法主要采取电还原、光还原或化学还原的方法。一般情况下，化学方法可以更有效、更方便地控制粒子的粒径、分布及形态，有利于改善和优化粒子的表面特性。本节将主要介绍利用光还原的方法制备负载在 TiO$_2$ 上的金属纳米颗粒的方法及其对金属与半导体界面的结构、光谱、电子和反应性能的影响。值得一提的是，金属沉积对金属-半导体界面结构和性能的影响，以及支持体对沉积在其表面上的金属纳米颗粒性能的影响是共性的，不会因为制备方法的差异而有颠覆性的改变。

4.3.1 金属纳米颗粒在光活性氧化物上的光化学沉积

通过光照氧化物和金属离子前驱体可以制备金属/氧化物的复合物。光照使光活性氧化物产生电子，光生电子还原金属离子，在氧化物半导体表面形成金属沉积。支持体氧化物的结构和表面性质对复合物的制备有极大影响。在本研究组的早期工作中[13-14]，详细研究了 Au/TiO$_2$ 和 Ag/TiO$_2$ 的制备和界面性能。图 4-7 和图 4-8 是负载在 TiO$_2$ 上的 Au 和 Ag 纳米颗粒的电镜照片。在 Au/TiO$_2$ 的制备期间，胶态 TiO$_2$ 纳米颗粒和金属颗粒在光照下同时生长。在光照进行 15min 时，金相开始出现，并发生聚集。如图 4-9 所示，随着光照时间的延长，金的聚集变得严重，金颗粒长大并伴随着 TiO$_2$ 的聚集。在反应结束时，所形成的复合颗粒近乎单分散，尺寸在 25nm 左右。在 Au/TiO$_2$

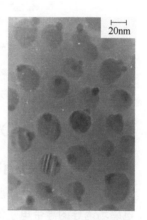

图 4-7 Au/TiO$_2$ 胶态颗粒的电镜照片[13]

体系的形成过程中，胶态 TiO$_2$ 纳米颗粒进行了重组和聚集，颗粒尺寸由原来的 5nm 长大到 20nm。如果以金红石或锐钛矿型二氧化钛微晶代替胶态二氧化钛，在 Ag/TiO$_2$ 体系的形成过程中，没有观察到 TiO$_2$ 的这种聚集和重组现象。即金属离子在 TiO$_2$ 上光还原沉积之后，金红石或锐钛矿型二氧化钛微晶的尺寸和形态没有改变[14]。

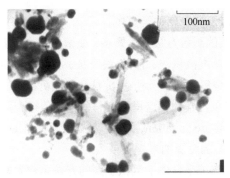

图 4-8 Ag/TiO$_2$ 金红石颗粒的电镜照片[14]

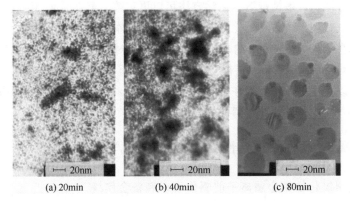

图 4-9 在不同生长阶段的 Au/TiO$_2$ 电镜照片[13]

此外，光照强度、空穴陷阱、稳定剂的存在与否以及金属离子的浓度都将影响所形成的负载型金属纳米颗粒的形态、分布和尺寸。

4.3.2 金属-载体的光谱性质

4.3.2.1 表面等离子体共振吸收

与块材相比，金属胶体颗粒表现出新的光学行为。金属纳米颗粒的光吸收是光电磁场诱导的导带电子的振荡引起的。根据 Mie[15] 理论，小金属颗粒的总吸收系数，是贡献于相互作用的电磁场的吸收和散射的所有电子和磁振荡的总和。在准-静态情况下，吸收系数（α）可以利用 Mie 理论进行计算[16-17]：

$$\alpha = \frac{18\pi}{\ln 10} \times \frac{V_m}{\lambda} \times 10^4 n_0^3 \times \frac{\varepsilon_2}{(\varepsilon_1 + 2n_0^2)^2 + \varepsilon_2^2} \tag{4-1}$$

式中，V_m 是金属的摩尔体积；λ 是波长；ε_1 和 ε_2 是介电常数的实部和虚部；n_0 是环境介质的折射率。等离子体共振吸收的条件是要满足 $\varepsilon_1 = -2\varepsilon_m$（$\varepsilon_m$ 是环境的介电常数），等离子吸收的最大值的位置（λ_m）可以由下面的近似方程求得：

$$\lambda_m^2 = \lambda_c^2(\varepsilon_0 + 2n_0^2) \qquad (4-2)$$

式中,ε_0 是金属的高频介电常数;λ_c^2 可以由 $(2\pi c)^2 m/4\pi N_e e^2$ 计算,c 是金属浓度;N_e 是自由电子密度。

最大吸收的半峰宽(ω)由下面的方程求算:

$$\omega = (\varepsilon_0 + 2n_0^2)c/2\sigma \qquad (4-3)$$

式中,σ 是直流的电导率。

简言之,小金属颗粒的表面等离子体共振吸收与颗粒的尺寸、表面自由电子密度、环境的折射率等因素有关。

表面等离子体共振吸收是金属纳米颗粒的一个非常重要的特征,可以在光电子学、线性和非线性光学等方面得到应用。从式(4-2)和式(4-3)可以推导出,随着周围环境光折射率的增大,金属纳米颗粒的吸收将红移和变宽,这已多次为实验所验证。事实上,金属纳米颗粒的表面等离子体共振吸收对周围环境是非常敏感的。因此,表面等离子体共振吸收的改变可以提供金属与载体之间相互作用的有用的信息。Wang 等[18]发现,与裸的金纳米颗粒(吸收峰在 512nm)相比,负载的金颗粒的表面等离子体共振吸收向长波方向移动 10nm。因为金纳米颗粒的表面沉积使 TiO_2 的光谱吸收边明显向长波方向移动。这些研究结果表明,在 Au 和 TiO_2 之间存在电磁耦合作用。

近年来,金属的表面等离子共振(SPR)吸收,或局域表面等离子共振(LSPR)得到广泛研究,特别受关注的是 SPR 的产生和强度的影响因素。这对修饰半导体的效果有重要影响。SPR 的吸收频率和强度取决于材料的微观结构和周围微环境。这里,做一简单介绍,以供参考。

影响 SPR 吸收的频率和强度的主要因素包括:①金属的介电常数;②金属纳米颗粒周围介质的介电常数;③表面偏振方式。金属纳米颗粒形貌的改变会引起金属表面偏振方式的变化,从而导致 SPR 吸收频率和强度的改变。图 4-10 表明,尽管颗粒尺寸相同,但颗粒形貌不同,会呈现不同的光吸收谱[19]。颗粒尺寸及环境变化都会影响金属颗粒的 SPR(图 4-11~图 4-13)。

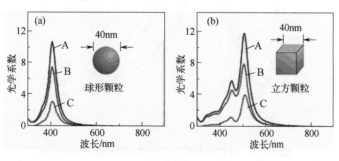

图 4-10

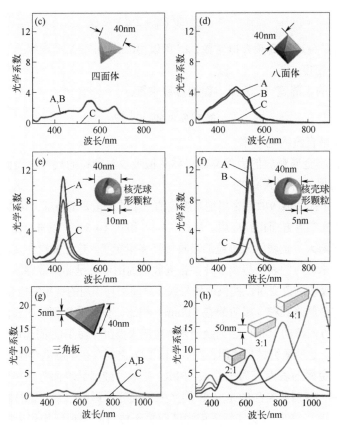

图 4-10 （a）~（g）计算得到的不同形貌的银纳米颗粒的理论消光（A）、吸收（B）和散射（C）光谱；（h）不同纵横比 Ag 纳米棒的理论消光谱[19-20]

（a）球形颗粒；（b）立方颗粒；（c）四面体；（d）八面体；（e）（f）核壳球形颗粒；（g）三角板；

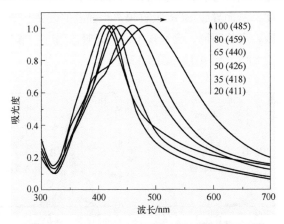

图 4-11 银纳米颗粒尺寸对其吸收光谱的影响[21]

图中数字表示相应银纳米颗粒尺寸对应的 SPR 吸收峰位置，如 100(485)表示 100nm 银粒子的 SPR 吸收峰位置是 411nm

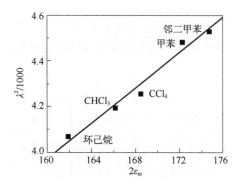

图 4-12　银纳米颗粒 SPR 吸收峰位（λ^2）随溶剂介电常数（$2\varepsilon_m$）的变化关系图[22]

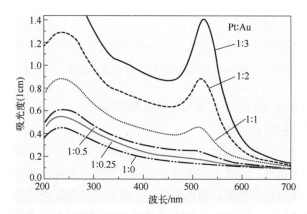

图 4-13　铂颗粒上沉积不同比例金后的吸收光谱（铂浓度为 1.0×10^{-4}mol/L）[23]

4.3.2.2　表面增强拉曼散射效应

自从 Fleishmann 等[24]在 1974 年发现表面增强拉曼散射（SERS）效应以来，SERS 已经成为重要的分析技术。微纳米尺寸的金属颗粒，特别是银颗粒常常用作活性基底。在多数情况下，用 SERS 技术所研究的目标是小分子或离子。这种分析技术的研究目标有望从小分子或离子拓展到纳米材料。在我们研究的 Ag/TiO$_2$ 体系中，无论 TiO$_2$ 是胶体粒子还是金红石微晶，只要表面沉积了银纳米颗粒，都表现出了清晰的 SERS 效应[25-26]。图 4-14 是表面沉积银纳米颗粒的金红石纳米晶体的 SERS 效应[25]。由于负载在 TiO$_2$ 上的银纳米颗粒的表面等离子共振吸收带的红移和加宽，使得入射激光波长（514.5nm）与 Ag/TiO$_2$ 体系的吸收带相吻合。当用 514.5nm 激光照射 Ag/TiO$_2$ 体系时，银纳米颗粒的表面等离子体被激发，围绕银纳米粒子产生强的局部电磁场。由图 4-14 可见，与金红石 TiO$_2$ 纳米晶体的拉曼活性振动模型吻合的 Ag/TiO$_2$ 体系的拉曼散射都增强了。类似的效应在胶态 TiO$_2$ 和纳米银的体系也可以观察到[26]。

金属与载体之间的强相互作用，英文缩写为"SIMS"，是负载贵金属体系的特征。显然，Ag/TiO$_2$体系的 SERS 效应正是 SIMS 的结果。换句话说，SERS 效应可以作为贵金属与半导体复合纳米颗粒之间强相互作用的指示。

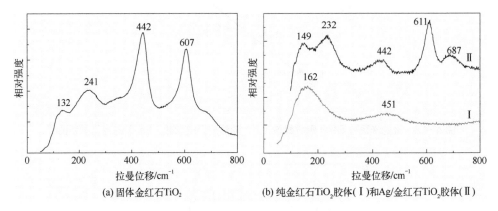

(a) 固体金红石TiO$_2$　　(b) 纯金红石TiO$_2$胶体（Ⅰ）和Ag/金红石TiO$_2$胶体（Ⅱ）

图 4-14　金红石 TiO$_2$ 的拉曼光谱[25]

4.3.2.3　沉积金属的电子结构与电子储池效应

（1）电子结构和界面特性

为了改善和优化负载金属与半导体复合体系的性能，需要了解复合材料的电子结构、表面和界面特性。负载金属体系，除了光催化，在其他催化领域也有广泛的应用。载体对金属颗粒性质的影响表现在：①改变金属颗粒表面电荷；②改变金属颗粒的形状和晶体结构；③改变在金属/载体界面的特殊活性位置的形态。负载金属纳米颗粒，即沉积金属纳米颗粒的性能可以用现代的测试方法和设备进行表征，比如红外光谱、X 射线光电子能谱（XPS）、X 射线衍射、电镜等等。其中，XPS 谱是研究不同体系中 TiO$_2$ 载体表面缺陷和电子修饰的有力手段，也可以评价 TiO$_2$ 的表面羟基浓度。

图 4-15 是 Au/TiO$_2$ 体系在不同反应阶段的 XPS 谱[14]。显然，在 Au/TiO$_2$ 体系的形成过程中，Au$_{4f}$ 的结合能发生了明显的改变，这可用 Au 与 TiO$_2$ 之间的电子迁移来解释。Au 与 TiO$_2$ 的费米能级不同，当两种材料接触时，电子将从半导体向金属转移，直到两者的能级持平。因此沉积在半导体上的金属颗粒表面获得过量的负电荷。Au 与 TiO$_2$ 的相互作用将使 Au$_{4f_{7/2}}$ 的结合能向低能级端移动。这表明，沉积在半导体上的 Au 与 TiO$_2$ 是通过化学力结合的。

（2）沉积金属的电子储池效应

Henglein 和 Lilie[27]研究了金纳米颗粒的电子储存效应。他们发现，一个银的胶态粒子可以储存 300 个电子，电子寿命可以长达 1min，这个时间足以使这些电子在光辐照停止后参与化学反应。我们的前期研究工作[13]表明，在 Au/TiO$_2$ 体系，

光生电子可以从 TiO_2 转移到 Au 颗粒上,并储存在金颗粒上,实现光生电子和空穴的有效分离。储存在金纳米颗粒中的电子寿命可以长达几分钟。图 4-16 中的有趣实验揭示了这种现象。研究表明,亚甲基蓝染料只能在光催化剂存在下,光照时才能发生还原反应。在图 4-16 中,Au/TiO_2 胶体体系是在 TiO_2 胶体粒子存在的情况下,通过光还原金离子制备的。当反应结束后,即在光照停止后,立即将亚甲基蓝加进反应体系中,在没有光照的情况下,亚甲基蓝染料分子被还原了(图 4-16 中的实线)。如果在光照停止 2h 后将同样剂量的亚甲基蓝加进反应体系中,亚甲基蓝的还原反应没有发生(图 4-16 中的点线)。这个实验结果表明,沉积在 TiO_2 上的金纳米颗粒储存了来自 TiO_2 颗粒的光生电子,在光照停止后,储存的电子将亚甲基蓝还原。

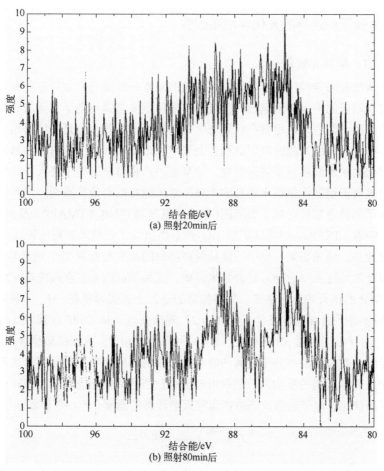

图 4-15　在 Au/TiO_2 复合颗粒形成的不同阶段,Au 4f 的 XPS 谱[14]

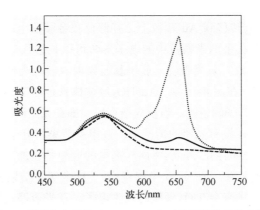

图 4-16 在有或没有亚甲基蓝存在的情况下，Au/TiO$_2$ 胶体颗粒的吸收光谱：Au/TiO$_2$ 胶体颗粒 (---)；停止光照后，立即将亚甲基蓝加进体系（—）；光照停止 2h 后在体系中加进亚甲基蓝(……)[13]

4.3.3 金属沉积诱导的光化学性质改变

4.3.3.1 染料光敏化

电子从激发态染料注入半导体纳米颗粒的基本条件是它们之间存在合适的能级差。只有当需要的能级得到满足时，电子才能从激发态染料向半导体的导带转移。由于这个原因，某些染料尽管在可见光区有非常强的吸收，但是不能用作半导体的光敏剂。在半导体纳米晶的表面沉积贵金属可以改变表面电子分布、表面性质及半导体光催化剂纳米颗粒导带的亲电性，使某些不能将激发态电子注入半导体导带的染料成为表面沉积了金属纳米颗粒的半导体纳米颗粒的有效光敏剂。刘春艳研究组曾经比较了两种水溶性卟啉，即间四(对三甲氨苯基)卟啉（TMAPP）及间四(对磺化苯基)卟啉（TSPP），对锐钛矿型 TiO$_2$ 和表面沉积了银纳米颗粒的锐钛矿型 TiO$_2$ 的光敏化效果。结果表明，电子不能从两种卟啉的激发态向裸 TiO$_2$ 纳米颗粒转移，但是可以有效地注入 Ag/TiO$_2$ 复合纳米晶体。这为 Ag/TiO$_2$ 复合颗粒对 TMAPP 和 TSPP 的荧光的猝灭效应所证实。需要强调的是，上述实验是在 pH = 7 的条件下进行的。Yang 等[28]曾在酸性条件下（pH = 2）观察到电子从 TSPP 向裸 TiO$_2$ 的转移。考虑 TiO$_2$ 的导带能级随 pH 的变化（E_{CB} = -0.5-0.06pH），这个结果是合理的。

除了猝灭剂与激发态分子之间的静电力，影响猝灭效率的关键因素是电子从激发态分子注入猝灭剂的驱动力，后者由处于激发态的给体与处于基态的猝灭剂之间的能级差所决定。电子从激发态给体向猝灭剂转移的概率（J_c）由下面的方程描述：

$$J_c = \frac{\exp(-E_c - E_{D^*/D})^2}{4L^*K_T} \tag{4-4}$$

式中，L^* 是重组能；E_c 为猝灭剂颗粒的导带；$E_{D^*/D}$ 是处于激发态的给体的氧化电位；K_T 是反应平衡常数[29-30]。

半导体纳米颗粒的微环境变化可以导致电荷重新分布和表面性质的改变。当半导体的导带能级与激发态染料的能级基本相当或稍低于激发态染料的能级时，染料不能或不能有效地将电子注入半导体的导带。对于金属与半导体的复合体系，当金属与半导体如 TiO_2 接触时，由于费米能级的差别，电子从 TiO_2 的导带向沉积在其表面上的金属转移，直到两者的费米能级持平。此时，金属的费米能级升高，半导体导带能级降低。当半导体的导带能级低于激发态染料的能级时，激发态染料可以将电子注入半导体的导带。在 Ag/TiO_2 情况下，银的费米能级升高，TiO_2 的导带能级下降。而且，沉积了银纳米颗粒的 TiO_2 颗粒的表面因此带部分正电荷，使导带对电子亲和力增加。这种新的平衡增大了电子从激发态卟啉向 TiO_2 导带迁移的驱动力。因此，与裸 TiO_2 不同，Ag/TiO_2 复合纳米颗粒对于激发态卟啉化合物是有效的受体。金属与半导体的沉积复合拓展了光敏剂的选择性，使得染料对半导体光催化剂的光谱敏化更有效。此外，贵金属在表面的沉积，还可抑制电子从半导体的导带向氧化的敏化剂的逆向迁移。

4.3.3.2 光催化活性

表面金属沉积通过改变光生电荷载流子的动力学和寿命，提高光催化反应效率。半导体非均相光催化过程及沉积金属簇的影响在图 4-17 中加以说明。多项研究表明，在半导体表面沉积金属纳米颗粒可以改善光催化剂的活性。Wang 等[31]比较了用不同方法制备的 Pt/TiO_2 的活性。研究发现，与用物理方法简单混合 Pt 和 TiO_2 的混合胶体相比，利用化学还原方法在 TiO_2 表面上沉积 Pt，所得到的 Pt/TiO_2 活性更高。因为在这两种情况下，Pt 与 TiO_2 之间的相互作用程度不同，因此导致对光催化反应有不同的促进效应。沉积在 TiO_2 上的 Pt 簇的形态与沉积方法有关。

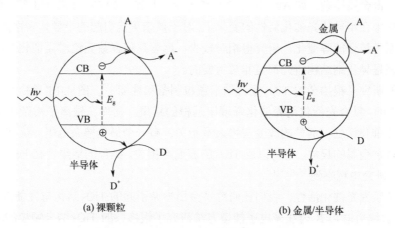

(a) 裸颗粒　　　　　　　　　　　(b) 金属/半导体

图 4-17　光照下非均相光催化过程示意图

在前期的研究工作[13-14]中，我们以亚甲基蓝为探针分子，比较了 TiO_2 和 Au/TiO_2

的光催化效率。以 Au/TiO_2 或 TiO_2 为光催化剂，亚甲基蓝的光催化还原反应都遵循一级反应方程，但二者的反应速率常数不同。前者的反应速率常数为 $3.2×10^{-2}min^{-1}$，后者为 $2.8×10^{-2}min^{-1}$。在 Au/TiO_2 情况下，光生电子可能从 TiO_2 迁移到表面沉积的金纳米颗粒，并储存在金颗粒上，这有利于光生电子与空穴的有效分离，提高了光还原效率。此外，金在 TiO_2 表面的覆盖率也会影响光催化剂活性，覆盖率太大，会减弱 TiO_2 对光子的吸收，光催化效率反而会降低。

4.4 金属掺杂

在半导体（如 TiO_2）中引进金属离子，在某些情况下可以大大改善其光催化活性。一般认为，金属掺杂的增强机制是金属离子，如 Fe^{3+}，代替 TiO_2 表面上的 Ti^{4+}，形成浅电子陷阱，改善了光生载流子的分离效率。然而，金属离子掺杂的影响不完全是正面的，有时会导致光催化活性的下降，因为掺杂形成的陷阱也可能是载流子的复合位点。因此，根据掺杂金属离子的种类和浓度的不同，可能获得不同的效果。Hoffmann 等[32-33]曾系统研究了金属在 TiO_2 中的掺杂，获得了正负两种不同的结果。此外，掺杂用的金属离子的种类、半径、所带电荷、掺杂量对结果都有重要影响。Hidaka[34]研究了磺化罗丹明染料在少量铂掺杂的 TiO_2 和裸 TiO_2（P25）存在下的可见光催化分解。结果表明，染料在 Pt/TiO_2 体系中的分解速度比在纯 TiO_2 体系中快 3 倍。改善的原因是掺杂增强了铂位置俘获光生电子的能力，俘获的电子与分子氧反应产生大量 $OH^·$ 和 $O_2^{·-}$，最终使染料分解。

目前研究最多的是过渡金属如 Cr、V、Fe、Pb、Cu、Ru、Ni、Mo、Re、Os 等的掺杂；贵金属掺杂，如 Ag、Au、Pt；稀土金属掺杂，如 Ce、La、Nd 等。但是多数研究集中在半导体光催化活性的变化上。对于掺杂可能引起的半导体表面层结构、组成、原子结合能等变化，研究得相对较少，尽管这些参数无论对光催化剂本身的活性，还是异质结构研究都是非常重要的。

我们研究了银掺杂的 TiO_2 复合纳米颗粒制备和性能[35]。图 4-18 是掺杂了不同银量的 TiO_2 复合光催化剂光催化降解甲基橙的结果。显然，银离子掺杂可以改善 TiO_2 的光催化活性。活性的改变与掺杂量相关，有一个最佳掺杂范围。最佳的掺杂浓度与掺杂金属的尺寸、电荷以及 TiO_2 的表面态相关。类似的结果曾在 Fe^{3+}、Zn^{2+}、La^{3+} 掺杂研究中观察到[24,36-37]。

除了研究光催化活性，我们还研究了金属掺杂引起的 TiO_2 结构与性能的变化，利用 X 射线衍射和 X 射线光电子能谱方法研究了银掺杂的 TiO_2 纳米颗粒的表面层的化学组成、表面缺陷和电子态[36]。研究结果列在表 4-1 和表 4-2 中。由表中的结果可以看出，随着掺杂量的改变，TiO_2 纳米颗粒的晶格间距变小；表面氧的结合能、组分含量、活性也发生了改变（图 4-18）。

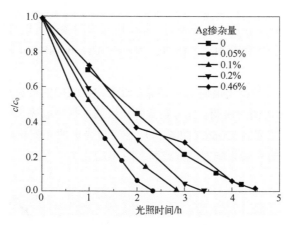

图 4-18 银掺杂 TiO_2 光催化氧化甲基橙反应的效果[35]

表 4-1 银掺杂量对 TiO_2 晶格间距（d）的影响[35]

在 TiO_2 中掺杂的银量（原子分数）/%	0	0.05	0.1	0.46
d/Å	3.5201	3.5201	3.5092	3.5064

表 4-2 掺杂了不同银量的 TiO_2 的表面氧（O）的结合能及组分变化[35]

掺杂的银量（原子分数）/%	体相 O		桥 O		与 Ti^{4+} 配位的羟基 O	
	结合能/eV	组分/%	结合能/eV	组分/%	结合能/eV	组分/%
0	529.2	57.7	529.9	32.3	530.8	10.0
0.05	529.4	55.1	530.1	33.1	530.3	11.7
0.46	529.3	51.7	530.2	32.1	529.7	16.2

除了掺杂贵金属，我们还利用水热法制备了稀土金属 Ce^{4+} 离子掺杂对金红石、锐钛矿型 TiO_2 复合光催化剂的组成及活性影响[38]。研究表明，Ce^{4+} 离子掺杂对 TiO_2 的尺寸、形态和晶型没有明显影响，但是对于不同晶型的 TiO_2 的光催化活性影响有很大的差别。适量 Ce^{4+} 离子掺杂的金红石 TiO_2 的光催化活性明显提高，而 Ce^{4+} 离子掺杂的锐钛矿晶型的 TiO_2 的光催化活性明显降低。产生这种差异的原因可能与掺杂对于不同晶型的 TiO_2 的表面羟基氧含量及颗粒尺寸的不同影响有关。

4.5 非金属掺杂

对于宽带隙半导体光催化剂，如 TiO_2，如何在保持其在紫外光区的活性的同时，将光响应范围拓展到可见光区是热点问题。元素掺杂可以改变 TiO_2 的化学组成、电子性质，因此改变光学性质。研究表明，非金属元素的掺杂可以有效改善 TiO_2 在可见光谱区的光吸收。到目前为止，B、C、N、F、Cl、Br 和 S 元素都已成功地掺杂进入 TiO_2 纳米颗粒。

2001 年 Asahi 等[39]首先报道了 N 掺杂的 TiO_2(N-TiO_2)的可见光催化剂。N-TiO_2 的紫外-可见吸收光谱研究表明，TiO_2 在紫外光区的本征吸收光谱得到保留，在可见光区的吸收有效地拓展到 520nm（图 4-19）；在可见光区的光催化效率得到大大的提高，而在紫外光区的光催化能力没有减弱（图 4-20）。

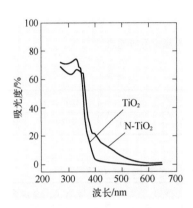

图 4-19 纯 TiO_2 和 N 掺杂的 TiO_2 的紫外-可见吸收光谱[39]

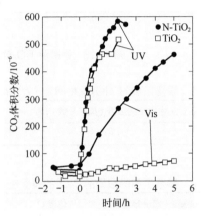

图 4-20 在可见光催化降解乙醛产生 CO_2 的反应中，N-TiO_2 表现出良好的可见光催化活性[39]

通过混合异丙氧基钛与硫脲的乙醇溶液、加热硫化物粉末、采取溅射或硫离子注入的方法都可以制备 S 掺杂的 TiO_2。不同的掺杂方法可能引进不同价态的掺杂剂。比如，从硫脲引进的硫，以 S^{4+} 或 S^{6+} 状态存在；而直接加热 TiS_2 或用硫离子进行溅射，引进的是 S^{2-} 阴离子。

F^- 掺杂的 TiO_2 可以通过混合异丙氧基钛与 H_2O-NH_4F 的乙醇溶液的方法制备，或在氟化氢气氛下加热 TiO_2，或者采用氟离子注入的方法。在 HBr 的乙醇溶液中加入 $TiCl_4$ 可以制备 Cl^- 和 Br^- 共掺杂的 TiO_2 纳米材料。Chen 等[40]在 "TiO_2 纳米材料：合成、性质、修饰和应用" 一文中对非金属掺杂进行了很好的总结，这里不再赘述。

Asahi 等[40]计算了 C、N、F、P 和 S 掺杂的 TiO_2（锐钛矿型）的态密度。计算结果显示，这几种非金属元素以取代的形式进入 TiO_2 晶格，使 TiO_2 的带隙变窄。量子化学计算表明[41]，N 掺杂改变了 TiO_2 的价带结构，但对导带位置没有影响。因为 N_{2p} 和 O_{2p} 态的混合导致带隙的窄化，使 TiO_2 吸收边从 O_{2p_Π} 到 $Ti_{d_{xy}}$ 的跃迁转变为由 N_{2p_Π} 到 $Ti_{d_{xy}}$ 的跃迁。也有人认为[42]，N_{2p} 能级独立于由 O_{2p} 构成的价带（即不混合），形成对可见光敏感的独立的窄带隙。N 掺杂不但影响电子结构，也可能诱导产生氧缺陷位置，影响催化性质。因此 N 掺杂的 TiO_2 可能通过两种方式影响光催化活性，即电荷陷阱或俘获中心。哪种功能在起作用，决定于掺杂位置是在表面还是体相，以及导致的结构和电子变化的细节。理论研究表明，N 和 S 掺杂是最有效的，但是 S 的掺杂比较困难，因为 S 的离子半径比较大。

Iwamoto 等[43]的研究表明，金属与非金属共掺杂可以有效地改善 Ti 基光催化剂的性能。他们利用注入钒酸铵溶液的方法，在 N 和 Si 共掺杂的 TiO_2 光催化剂中掺杂钒。研究表明，少量的钒（V/Ti = 0.0001~0.001）对 N 和 Si 共掺杂的 TiO_2 光催化剂催化分解乙醛的反应活性有很大的影响（图 4-21 和图 4-22）。

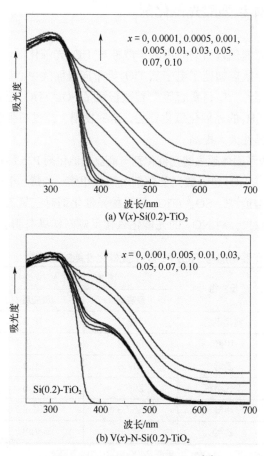

图 4-21 紫外-可见吸收光谱[43]

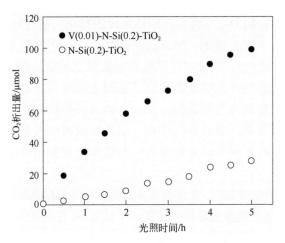

图 4-22　乙醛在可见光辐照下的光催化降解[43]

4.6　TiO_2基固体超强酸光催化剂

固体超强酸在光催化方面的应用源于酸性对 TiO_2 光催化活性中心的影响,主要作用机制是电荷诱导效应加速了电子从 TiO_2 导带向表面酸中心转移的速度,抑制了电子-空穴的重新结合[44-45]。付贤智等[45]首次报道了 SO_4^{2-}/TiO_2 超强酸光催化剂及其对 CH_3Br、C_6H_6、C_2H_4 的光催化氧化性能,研究发现,经过超强酸化后,TiO_2 的光催化反应活性和选择性大大提高。

付贤智等[45]比较了固体超强酸光催化剂与商业光催化剂 P25 活性的差别(表 4-3)。由表 4-3 可见,SO_4^{2-}/TiO_2 超强酸光催化剂对溴代甲烷、乙烯、甲醛的光催化活性均高于 P25。据文献报道[46],SO_4^{2-}/TiO_2 超强酸光催化剂对三氯乙烯、乙醇、庚烷和乙醛有同样的催化效果;对 NO_2^- 的光催化氧化反应同样具有明显效果。

表 4-3　固体超强酸光催化剂与 TiO_2(P25)光催化性能的比较[45]

催化剂	反应物	浓度/(μL/L)		转化率/%
		反应前	反应后	
SO_4^{2-}/TiO_2	溴代甲烷	266.7	146.9	44.9
	甲醛	567.3	22.8	96.0
	乙烯	617.8	396.4	35.8
TiO_2(P25)	溴代甲烷	266.7	237.5	10.9
	甲醛	567.3	301.7	46.8
	乙烯	617.8	538.8	12.8

注:反应空速分别为溴代甲烷 $2000h^{-1}$;甲醛 $24000h^{-1}$;乙烯 $2000h^{-1}$。

付贤智等[45]还介绍了固体超强酸光催化剂的制备和表征；分析了固体超强酸光催化作用的机制，提出了固体超强酸光催化剂的表面酸中心模型（图 4-23）。根据这个模型，超强酸化后，SO_4^{2-} 以螯合双配位的形式结合在 TiO_2 的表面。在 SO_4^{2-} 的强诱导作用下，形成以 Ti^{4+} 为中心的强 Lewis 酸中心和以表面钛羟基（≡TiOH）为中心的强 Brønsted 酸中心。SO_4^{2-}/TiO_2 超强酸光催化剂表面上的这种酸中心具有协同作用，并可以互相转换，使表面酸中心具有可逆的吸附特性。这有利于光生电子和空穴的分离及界面电子转移。强酸 Lewis 中心（Ti^{4+}）有利于俘获电子，强 Brønsted 酸中心（≡TiOH）有利于俘获空穴，这种特殊的表面酸结构抑制了光生电子与空穴的复合，提高了反应效率。他们将这种固体超强酸光催化剂用在空气净化上，开发了一种多功能光催化空气净化器，对有机、无机污染物有良好的净化功能。对苯、三氯乙烯、甲醛等有机污染物的去除率大于 92%。

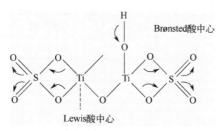

图 4-23　超强酸中心的基团协同作用[44]

4.7　多元化修饰技术

近年来 TiO_2 的修饰改性技术向多种方法相结合的多元化发展。将离子掺杂、贵金属沉积、固体酸处理方法相结合可以获得高活性的光催化剂。张金龙等[46]在注入了钒离子的 TiO_2 光催化剂表面沉积贵金属铂，制备了具有可见光活性的光催化剂。Iwamoto 等[43]的工作也是多元修饰的例子，他们制备了 V-N-Si-TiO_2 和 N-Si-TiO_2 复合光催化剂，在紫外光区和可见光区都有很好的催化活性。图 4-24 是另一个多元掺杂提高光催化效率的例子[47]。

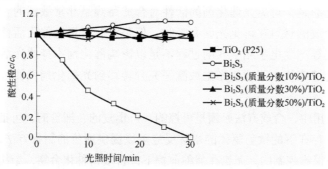

图 4-24　硼与硫元素的多元掺杂对光催化反应的影响[47]

Hamal 等[48]利用改进的溶胶-凝胶路线合成了银、碳和硫掺杂的纯锐钛矿相 TiO_2。研究了所制备的光催化剂在光催化分解室内污染气体乙醛反应过程中的活性以及实验参数的影响。结果表明,银离子掺杂提高了碳和硫掺杂的 TiO_2 光催化剂的可见光反应活性。Ag/(C,S)-TiO_2 光催化剂在可见光照射下降解乙醛的反应活性是 P25 的 10 倍;在紫外光照射下降解乙醛的反应活性是 P25 的 3 倍。这主要是因为所合成样品的结晶度高、比表面积大、低带隙和使用的前驱体的性质。表 4-4 是各样品在 500℃处理 2h 之后的能量分散 X 射线分析谱(energy dispersive X-ray analysis spectrum, EDX)的测定结果。表 4-5 是他们所制备的催化剂的 BET 表面积和微晶尺寸。表中所列样品名称中 01 和 02 代表不同前驱体,其中 01 是硫氰酸铵,02 是硫脲。

表 4-4 样品的 EDX 数据[48]

样品①	Ag(原子分数)/%	C(原子分数)/%	S(原子分数)/%
(C,S)-TiO_2-01-500℃	0.0	5.5	1.7
S-TiO_2-02-500℃	0.0	0.0	1.6
Ag/(C,S)-TiO_2-01-500℃	1.0	7.7	0.4
Ag/(C,S)-TiO_2-02-500℃	1.0	5.8	1.5

表 4-5 催化剂的比表面积和尺寸[48]

样品	BET 表面积/(m²/g)	XRD 结晶尺寸/nm
TiO_2(P25)	51	23
(C,S)-TiO_2-01-500℃	75	8.5
S-TiO_2-02-500℃	67	7.0
Ag/(C,S)-TiO_2-01-500℃	86	5.3
Ag/(C,S)-TiO_2-02-500℃	71	6.8
Ag/(C,S)-TiO_2-01-600℃	36	17

值得一提的是,可见光催化剂的活性对合成路线是非常敏感的。经常有这种情况,即所合成的材料在可见光区有吸收,但是没有可见光催化活性。可能的原因是:①光诱导产生电子和空穴的过程不足以影响催化剂本身的光活性;②电子与空穴的复合速率快,不能使光生载流子充分转移到光催化剂表面,参与表面吸附物反应。

在实际应用中,合成方法必须是可控的、可重复的、廉价的、可批量生产的。尽管在掺杂物存在下的钛前驱体的水解反应可以提供廉价的制备方法,但是 TiO_2 的组成往往是很难控制的。无论在何种前提下,合成何种化合物,结构设计和可控合成都是非常重要的。

4.8 光催化剂的负载

在早期的光催化研究中，一般将光催化剂粉末悬浮在溶液中进行反应，在这种情况下催化剂的回收非常困难。现在，许多科学家已经认识到，将光催化剂浸渍、烧结或沉积附着在玻璃、多孔陶瓷、沸石等固体表面可取得好的处理结果，可以解决光催化剂的固定与分离问题。广义地讲，光催化剂的固定、负载和成膜也是光催化剂修饰的一种，光催化剂以这种方式与其所处的环境相互作用。而且，负载或成膜过程对光催化剂性能是有影响的；载体或基底也会影响光催化剂的性质。在某些情况下，载体或基底可以看作修饰物。朱永法等[49-50]在玻璃微珠和不锈钢网上形成 TiO_2 薄膜，以甲醛为探针分子，研究了薄膜形成过程的影响因素和光催化活性。陈顺玉等人[51]在单晶硅表面镀一层 SnO_2-TiO_2 复合薄膜，在一定温度下煅烧，得到 TiO_2-SnO_2/Si 复合材料。研究发现，在 TiO_2 中掺杂一定量的 SnO_2 会使 TiO_2/Si 复合材料的光电压增强。SnO_2 掺杂会抑制 TiO_2 的晶相转变，使复合材料的高温稳定性增强。由于 TiO_2-SnO_2 半导体纳米膜与单晶硅界面形成异质结，同时改善了硅材料的光电性能。不同晶型和不同晶粒尺寸的 TiO_2 与 p 型单晶硅之间作用的结果不同，导致 TiO_2-SnO_2/Si 复合材料对可见光不同的吸收能力。戴文新等[52]用提拉法在纯铝片和有氧化铝层的铝片上制备了 TiO_2/Al、TiO_2/Al_2O_3/Al 复合材料，考察了铝材表面状态对负载的 TiO_2 薄膜光催化氧化油酸和乙烯的光催化性能及亲水性能的影响。研究表明，TiO_2/Al_2O_3/Al 对油酸的降解性能比 TiO_2/Al 好；但对乙烯氧化的催化性能及亲水性较差。戴文新等人[52]分析，在 Al 与 TiO_2 之间存在电子转移，但不是 Schottky 势垒。Al 的功函数（φ_m）比 TiO_2 的功函数（φ_s）低，导致 TiO_2/Al 中电子由 Al 的表面向 TiO_2 表面迁移，形成欧姆接触 [图 4-25(a)]。这与一般贵金属与半导体之间的情况相反（第 2 章中图 2-5）。从金属 Al 转移到 TiO_2 表面的电子增加了 TiO_2 导带的电子数，增大了与空穴复合的概率。对于 TiO_2/Al_2O_3/Al 样片，由于在 TiO_2 和 Al 之间是 Al_2O_3 绝缘层，且 Al_2O_3 的功函数比 TiO_2 大得多，能带又很宽，在两者之间不存在电子转移。在 TiO_2/Al 样品中，Al 表面电子向 TiO_2 转移，相当于电子被 Ti^{4+} 俘获，有利于氧空位亲水中心的形成，因此亲水性能好。TiO_2 薄膜光催化分解油酸和乙烯性能的差异与光催化反应机制有关。一般认为，液固相光催化反应中光生空穴起主要作用；气固相光催化过程中光生电子起主要作用。油酸光催化氧化反应属于前者，乙烯光催化氧化反应属于后者，光生电子越多越有利。Al 向 TiO_2 提供电子，有利于乙烯在 TiO_2/Al 样片上的光催化氧化反应[53]。上述研究结果代表性地说明了光催化剂与基底之间的作用对复合材料性能的影响。

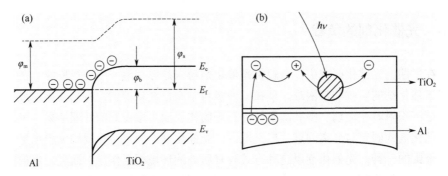

图 4-25 欧姆接触（a）及在紫外光辐照下 Al 与 TiO_2 之间电子转移（b）示意图（φ_m 为 Al 的功函数；φ_s 为 TiO_2 的功函数；E_c, E_f, E_v 分别为导带能级、费米能级、价带能级）[52]

4.9 Z 型异质结结构光催化剂

设计 Z 型（Z-Scheme）异质结复合光催化剂，可以针对不同的吸收光子能级，获得需要的带能级分布，促进电荷分离，抑制电子与空穴的复合，提高表面光催化反应活性，因此受到广泛关注。

所谓 Z 型异质结体系，是指建立在两个以上窄带隙活性材料基础上的异质结构形成的多光子激发体系。图 4-26 是三组分纳米结构电荷迁移示意图[53]。在三组分纳米结构中涉及固体 A 中 VB（价带）到 CB（导带）的电子迁移，产生自由电子和空穴。因为固体 A 的 VB 位置比固体 C 的 VB 位置低，空穴从 A 转移到 C，在 A-C 结处进行电荷分离。固体 B 的光激发也产生电子和空穴，固体 B 的 CB 的位置比固体 C 的 CB 能级高，电子将从 B 转移到 C，在 B-C 结产生电荷分离。固体 A 的 CB 能级高于固体 B 的 VB，使电子从 A 转移到 B，A 中的电子和 B 中的空穴复合，完成光激发循环。固体 C，经过了低能级的两光子过程完成激发态。因此宽带隙材料的光活性将类似于高能的一光子过程。组分 A 和 B 的光激发是非常有效的，因为两个固体通过它们的基础吸收带激活 C。一个可能的替代是在金属氧化物上沉积贵金属（Ag、Au、Pt）纳米颗粒，利用表面局域化等离子体共振能（SLPR），产生选择性的光激发，并因此改变电荷迁移和反应路径。

2018 年以来，福州大学、台湾大学和中国科学院大连化学物理研究所合作，合成了新颖的异质结构光催化剂 Cu_2O-Pt/SiC/IrO_x，该催化剂显著地提高了 CO_2 用 H_2O 还原的效率[55-56]，反应历程如图 4-27 所示。

在可见光照射下，组分 Cu_2O、SiC 和 IrO_x 均被激发产生电子和空穴对，光生电子通过 Z 型模式最终转移到 Cu_2O 的导带，光生空穴留在 IrO_x 价带，Pt 则在 Cu_2O 和 SiC 界面起到电子中继体的作用。这个直接固态 Z 型结构显著增强了光生载流子的分离效率,并大大提高了还原能力和氧化能力。发展新颖结构光催化剂,获得反应效率和产物选择性的突破,是当前能源光催化领域很值得期待的发展[56]。

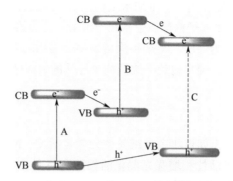

图 4-26 三组分电子结构[53]

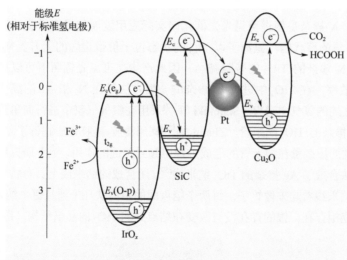

(a) 可见光下Cu_2O-Pt/SiC/IrO_x中电子迁移过程

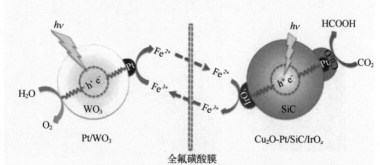

(b) 空间分离的CO_2还原和H_2O氧化高效光催化系统反应机制

图 4-27 直接和间接 Z 型异质结耦合的光催化剂电子结构和光催化原理[54-55]

4.10 一维纳米结构的表面修饰

由于径向的尺寸限定作用,一维纳米结构呈现特殊的性质。控制尺寸可能导致某些性能的改变,而金属离子修饰或金属在一维纳米结构的表面沉积将更便捷、有利地赋予纳米结构以新的性质。掺杂和涂覆是两个常用的半导体表面/界面修饰技术。这里以 TiO_2 为代表,简单讨论一维结构半导体的表面修饰。

4.10.1 掺杂

杂质的选择性掺杂,如过渡金属或其他元素包括 C、N、F、P 和 S 元素的掺杂,是改善二氧化钛光活性和增强光催化活性的有用方法。目前比较多的工作集中在研究 TiO_2 纳米颗粒的金属掺杂,对一维 TiO_2 纳米结构的金属离子掺杂的关注相对较少。

研究表明,N 掺杂是促进可见光光催化向实际应用发展的最有希望的途径。作为 TiO_2 晶格中氧的替代物,氮离子以 N_{2p} 的状态位于价带边缘的上方。N_{2p} 和 O_{2p} 态的混合导致 N 掺杂的 TiO_2 的带隙减小,因此产物在可见光辐照下可以具有比较高的光电化学效率。在 TiO_2 中进行 N 掺杂的一般方法是在 N_2 和 Ar 的混合气体中进行溅射,或在纯的氨气中退火。Schmuki 等[57]采用在氨气气氛中进行简单热处理的方法制备了 N 掺杂的 TiO_2 纳米管。Zhang 等[58]利用溶胶-凝胶方法制备了 Si 掺杂的 TiO_2 纳米管。硅的掺杂量在纳米管的形成过程中起到关键的作用。笔者研究组利用简单的溶剂热方法合成了 Ag 掺杂的 TiO_2 纳米线[59]。所合成的纳米线上具有竹节状的异质结结构,使纳米线看起来像竹子,每两个结点间的距离从几十到几百个纳米不等。掺杂的银以独立相存在,银的存在没有改变在结点处的 TiO_2 的晶格结构(图 4-28)。

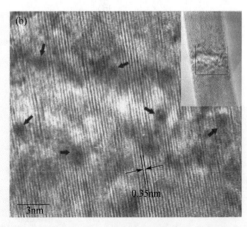

图 4-28 (a)纳米线异质结结构的电镜照片,插图是选区 A 的电子衍射图;(b)选区 A 纳米线异质结结构的高分辨电镜照片,图中的黑色箭头指示掺杂的银[59]

4.10.2 包覆

金属/氧化物界面的结构、化学和电子性质直接影响所负载的过渡金属催化剂的性能和应用，因此开展氧化物负载的金属纳米结构，如核壳纳米结构研究具有特殊意义。制备具有核壳纳米结构材料的主要目的是改善催化剂、传感器或金属发光材料的性质。目前已经发展了很多方法来达成这种需求。化学还原是文献中使用最多的方法。此外，蒸汽沉积、焙烧处理、电化学方法和光沉积的方法也用来制备核壳纳米结构。但是目前关注更多的是球形核壳纳米结构体系，对于一维（如纳米线）核壳纳米结构很少报道。Limmer 等[60]介绍并讨论了金覆层的二氧化硅和二氧化钛纳米棒的形成过程和性质。首先将二氧化钛纳米棒在水中加热进行表面水解处理。然后使 3-氨丙基-三甲氧基硅烷与棒表面的羟基反应，在纳米棒的表面上自组装形成胺的功能基团。这些基团是金在二氧化钛纳米棒表面上的锚接位置，并围绕纳米棒在表面形成薄层。Grimes 等[61]在非水溶液中用电沉积的方法制备了由 CdS 纳米颗粒修饰的高度定向排列的 TiO_2 纳米管光电极。Cao 等[62]在室温下利用简单的化学还原方法合成了功能性 TiO_2/CdS 核壳结构纳米线（图 4-29）。研究发现，当硫化物的前驱体浓度高于 0.2mol 时，在 TiO_2 纳米线的表面可以形成连续的多晶 CdS 外层。CdS 外壳的厚度可以通过调整前驱体的浓度进行控制。多点生长机理可以用来解释 CdS 的多晶生长过程。与单点生长机理相比，多点生长的优点是在模板的帮助下可以形成完整的壳层。图 4-30 是多点生长机理示意图[62]。

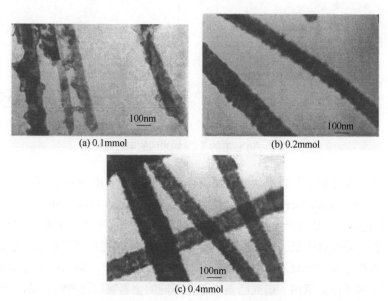

图 4-29　不同硫的前驱体浓度下 TiO_2@CdS 核壳纳米线的电镜照片[62]

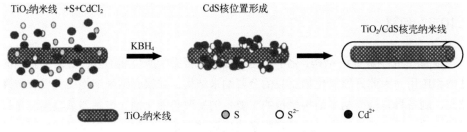

图 4-30 多点生长机理示意图[62]

Jang 研究小组[63]采用水热合成法制备了纳米管 TiO$_2$ 与 ZnS 量子点的核壳纳米复合结构。研究表明，ZnS 量子点在内径和外径分别是 15nm 和 30nm 的 TiO$_2$ 纳米管的外面生长，厚度是 2nm。TiO$_2$ 纳米管与 ZnS 的复合，增强了 ZnS 的光学性质。Sigmund 等[64]利用溶胶-凝胶和电喷（也称电纺丝）的方法在锐钛矿相 TiO$_2$ 纳米纤维表面沉积银纳米颗粒。银颗粒以聚集体或单个颗粒分布在 TiO$_2$ 纳米纤维上。银的尺寸、形态和分布可以通过改变银前驱体溶液中的银含量和溶胶的制备方法进行调控。笔者课题组[65]以硝酸银、氯化钕、硝酸铈、氯化锡和氯化镉为金属源，二氧化钛为氧化物载体，研究了各种金属离子在 TiO$_2$ 纳米线上形成沉积的过程，获得新的核壳纳米结构。图 4-31 是 TiO$_2$ 纳米线上沉积银的情况。

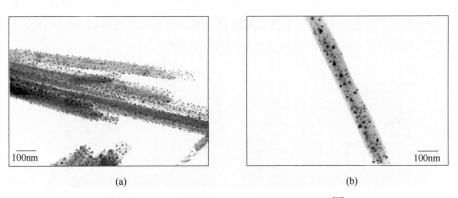

图 4-31 Ag 包覆的 TiO$_2$ 纳米线的电镜照片[65]

对于金属在基底上是以岛状颗粒结构还是膜的形式生长，Bauer[66]提出了三个生长模型：Frank-Vander Merwe（单层-单层生长，FM 生长）模型；Stranski-Krastanov（单层生长直到一个或几个单层外加微晶生长，SK 生长）模型；Volmer-Weber（没有吸附层的三维晶体生长，VW 生长）模型。Argile[67]又提出了另外两个生长模型，即"同时多层生长"（SM）模型和"单层与同时多层生长"（MSM）模型。图 4-32 是上述五个模型的示意图。研究结果表明，不同的金属镀层在不同的基底上的生长遵循不同的机理。

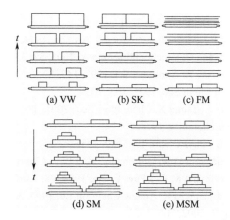

图 4-32　VW、SK、FM、SM、MSM 五个生长模型示意图[67-68]（t表示厚度）

参考文献

[1] Gopidas K R, Bohorquez M, Kamat P V. J Phys Chem, 1990, 94: 6435.

[2] Fuji H, Ohtaki M, Eguchi K, Arai K. J Mater Sci Lett, 1997, 16: 1086.

[3] Vinodgopal K, Kamat P. Environ Sci Technol, 1995, 29: 841.

[4] Linsebigler A L, Lu G, Yates J T. Chem Rev, 1995, 95: 735.

[5] 陈晓慧，柳丽芬，杨凤林，张兴文，余季美. 感光科学与光化学, 2007, 25: 89.

[6] Henglein A, Gutirrez M, Weller H, Fojtik A, Jirkovsky J. Ber Bunsenges, Phys Chem, 1989, 93: 593.

[7] Vogel H W. Photogr New, 1973, 18, 585.

[8] Donghong D, Borgarello E, Graetzel M. J Am Chem Soc, 1981, 103: 4685.

[9] Amadell R, Argazzi R, Bignozzi C A, Scandola F, J Am Chem Soc, 1990, 112: 7099.

[10] 毛海舫，田宏建，周庆复. 高等学校化学学报, 1997, 18: 268.

[11] Kurumisawa Y, Higashino T, Nimura S, Tsuji Y, Iiyama H, Imahori H. J Am Chem Soc, 2019, 141: 9910.

[12] Haruta M, Yamada N, Kobayashi T, Iijima S. J Catal, 1989, 115: 301.

[13] Wang C, Liu C, Zhen X, Chen J, Shen T. Colloid Surf A, 1998, 131: 271.

[14] Wang C, Liu C, Chen J, Shen T. J Colloid Interf Sci, 1997, 191: 464.

[15] Mie G. Ann Phys, 1908, 25: 377.

[16] Henglein A. J Phys Chem, 1993, 97: 5457.

[17] Henglein A, Ershov B G, Malow M. J Phys Chem, 1995, 99: 14129.

[18] Wang C Y, Bahnemann D W, Dohrmann J K. Chem Commun, 2000: 1539.

[19] Wiley B J, Im S H, Li Z Y, McLellan J, Siekkinen A, Xia Y. J Phys Chem B, 2006, 110: 15666.

[20] Wiley B J, Chen Y, McLellan J M, Xiong Y, Li Z Y, Ginger D, Xia Y. Nano Lett, 2007, 7: 1032.

[21] Chen B, Jiao X, Chen D. Cryst Growth Des, 2010, 10: 3378.

[22] Nath S, Ghosh S K, Praharaj S, Panigrahi S, Basu S, Pal T. New J Chem, 2005, 29: 1527.

[23] Henglein A. J Phys Chem B, 2000, 104: 2201.

[24] Fleischmann M, Hendra P J, McQuillan A. Chem Phys Lett, 1974, 26: 163.

[25] Liu Y, Liu C, Zhang Z, Wang C. Spectrochimi Acta A, 2001, 57: 35.

[26] Wang C, Liu C, Liu Y, Zhang Z. Appl Surf Sci, 1999, 147: 52.

[27] Henglein A, Lilie J. J Am Chem Soc, 1981, 103: 1059.

[28] Yang X J, Dai Z F, Miura A, Tamai N. Chem Phys Lett, 2001, 334: 257.

[29] Gerischer H. Photochem Photobiol, 1972, 16: 243.

[30] Sonntag L P, Spilter M J. J Phys Chem, 1985, 89: 1453.

[31] Wang C, Pagel R, Bahnemann D W, Dohrmann J K. J Phys Chem B, 2004, 108: 14082.

[32] Choi W Y, Termin A, Hoffmann M R. J Phys Chem, 1994, 98: 13669.

[33] Choi W Y, Termin A, Hoffmann M R. Angew Chem Int Ed, 1994, 33: 1091.

[34] Hidaka H. J Phys Chem B, 2002, 106: 5022

[35] Liu Y, Liu C Y, Rong Q, Zhang Z Y. Appl Surf Sci, 2003, 220: 7.

[36] Zhang Z B, Wang C C, Zakaria R, Ying J Y. J Phys Chem B, 1998, 102: 10871.

[37] Wang Y Q, Cheng H M, Hao Y Z, Ma J M, Li W H, Cai S M. J Molecular Catal A: Chem, 2000, 151: 205.

[38] Li G, Liu C, Liu Y. Appl Surf Sci, 2006, 253: 2481.

[39] Asahi R, Morikawa T, Aoki K, Taga Y. Science, 2001, 293: 269.

[40] Chen X B, Mao S S. Chem Rev, 2007, 107: 2891.

[41] Belver C, Bellod R, Fuernandez-Garcia M. Appl Catal B: Environ, 2006, 65: 301.

[42] Irie H, Watanabe Y, Hashimoto K. J Phys Chem B, 2003, 107: 5486.

[43] Ozaki H, Iwamoto S, Inoue M. Catal Lett, 2007, 3/4: 95.

[44] 丁正新，王续续，付贤智. 化工进展, 2003, 22(12): 1278.

[45] 付贤智，丁正新，苏文悦. 催化学报, 1999, 20(3): 321.

[46] 张金龙，赵文娟，陈海军，徐华胜，陈爱平，安保正一. 物理化学学报, 2004, 20: 424.

[47] Bessekhouad Y, Robert D, Weber J. J Photochem Photobiol A: Chem, 2004, 163: 569.

[48] Hamal D B, Klabunde K J. J Colloid Interf Sci, 2007, 311: 514.

[49] 何侯，朱永法，喻方. 无机材料学报, 2004, 19(2): 385.

[50] 朱永法，李巍. 光谱学与光谱材料, 2003, 23(3): 494.

[51] 陈顺玉，李旦振，付贤智，刘平. 分子科学学报, 2007, 23(1): 18.

[52] 戴文新，王续续，邵宇，付贤智，刘平. 高等学校化学学报, 2004, 25(7): 1310.

[53] Serpone N, Emeline A V. J Phys Chem Lett, 2012, 3: 673.

[54] Wang Y, Shang X, Shen J, Zhang Z, Wang D, Lin J, Wu J, Fu X, Wang X, Li C. Nat Commun, 2020, 11: 3034.

[55] Wang Y, Zhang Z, Zhang L, Luo Z, Shen J, Lin H, Long J, Wu J, Fu X, Wang X, Li C. J Am Chem Soc, 2018, 140: 14595.

[56] 韩布兴. 物理化学学报, 2021, 37(5): 16.

[57] Vitiello R P, Macak J M, Ghicov A, Tsuchiya H, Dick L F P, Schmuki P. Electrochem Commun, 2006, 8: 544.

[58] Zhang Y, Reller A. Chem Commun, 2002: 606.

[59] Wen B M, Liu C Y, Liu Y. Inorg Chem, 2005, 44: 6503.

[60] Limmer S J, Chou T P, Cao G. J Phys Chem B, 2003, 107: 13313.

[61] Chen S, Paulose M, Ruan C, Mor G K, Varghese O K, Kouzoudis D, Grimes C A. J Photochem Photobiol A: Chem, 2006, 177: 177.
[62] Cao J, Sun J Z, Li H Y, Hong J, Wang M. J Mater Chem, 2004, 14: 1203.
[63] Kim M R, Ahn S J, Jang D J. J Nanosci Nanotechnol, 2006, 6: 180.
[64] Lee S H, Sigmund W M. J Nanosci Nanotechnol, 2006, 6, 554
[65] Wen B M, Liu C Y, Liu Y. J Phys Chem B, 2005, 109: 12372.
[66] Bauer E. Kristallogr Z, 1958, 110: 372.
[67] Argile C, Rhead G E. Surf Sci Rep, 1989, 10: 277.

第5章
高级氧化反应

如第1章所述,尽管反应类型不同,但是卤化银成像过程中的潜影形成和非均相光催化反应同属光化学反应,基本相同的反应原理指导作为半导体的卤化银和金属氧化物(如 TiO_2)的光子吸收的初始光化学过程及其后的光生载流子分离过程。因此,非均相光催化和卤化银成像过程的光反应机理有许多共性。由于卤化银在曝光过程中形成的潜影在化学显影过程中的巨大自催化放大作用($10^6 \sim 10^9$ 倍),潜影在很短的显影过程(几十秒到几分钟)中,即由几个银原子组成的原子簇转变为银的影像(块状银),这决定了卤化银照相材料的高感光度。

如前几章所述,由于相对高的活性、良好的稳定性,TiO_2 是广泛使用的、典型的光催化剂。但是光生电子与空穴的复合导致 TiO_2 的光催化活性和光量子效率低,并且光催化过程反应慢,难以满足环境治理的实际需求。借鉴卤化银潜影的显影自催化过程机制,设计新的光催化材料和光催化反应过程,放大光催化剂的光量子效率,提高光催化反应速率,一直是物理化学家努力的方向。高级氧化反应与光催化的结合是目前提高光催化剂的光能利用效率和反应速率的最有效的尝试之一。

自20世纪80年代以来,与光化学有关的、新的氧化方法不断出现,如紫外光(UV)、UV/H_2O_2、UV/O_3、$UV/H_2O_2/O_3$、$UV/H_2O_2/UV$、$UV/H_2O_2/Fe^{2+}$ 的高级氧化方法等。1987年,Gläze[1]将这类反应定义为高级氧化过程(advanced oxidation processes: AOP)。这类反应的特点是在反应过程中能够产生羟基自由基。羟基自由基($OH^·$)具有较高的氧化电位(+2.8V),能氧化绝大多数有机物,是非选择性的氧化剂(表5-1,表5-2)[2-3]。事实上,早在1976年,Hoigne 等[4]就研究了高级氧化技术及其机理。他们认为,高级氧化过程就是通过不同途径产生羟基自由基的过程。羟基自由基一旦形成,就会引发一系列的自由基链反应 [式(5-1)~式(5-5)]。

$$RH + OH^· \longrightarrow H_2O + R^· \qquad (5\text{-}1)$$

$$2OH^· \longrightarrow H_2O_2 \qquad (5\text{-}2)$$

$$R^· + H_2O_2 \longrightarrow ROH + OH^· \qquad (5\text{-}3)$$

$$R^· + O_2 \longrightarrow ROO^· \qquad (5\text{-}4)$$

$$ROO^· + RH \longrightarrow ROOH + R^· \qquad (5\text{-}5)$$

表5-1 某些氧化物种的氧化能力[2]

氧化物种	相对氧化能力
氯气	1.00
次氯酸	1.10
高锰酸	1.24
过氧化氢	1.31
臭氧	1.52
原子氧	1.78
羟基自由基	2.05
TiO_2正空穴	2.35

表5-2 臭氧和羟基自由基的反应速率常数[3]　　　　　　　　　　　单位：kmol/(L·s)

化合物	O_3	$OH^·$
氯化烯	$10^3 \sim 10^4$	$10^9 \sim 10^{11}$
苯酚	10^3	$10^9 \sim 10^{10}$
含氮有机物	$10 \sim 10^2$	$10^8 \sim 10^{10}$
芳香化合物	$1 \sim 10^2$	$10^8 \sim 10^{10}$
酮	1	$10^9 \sim 10^{10}$
醇	$10^{-2} \sim 1$	$10^8 \sim 10^9$

在氧存在下的羟基自由基的进攻引发一系列的复杂反应，导致有机物的分解和矿化。这些反应的准确路径目前还不十分清楚，例如氯代有机化合物首先被氧化为中间产物——乙醛和乙酸，最终被氧化为二氧化碳、水和氯离子。有机化合物中的氮通常氧化到硝酸盐或游离的N_2；硫元素一般氧化到硫酸盐。可以说，高级氧化技术是以产生羟基自由基为标志的[5]。

基于多年的光催化研究结果，目前人们公认，羟基自由基是光催化反应过程中具有强氧化能力的有效的氧化物种之一。表5-1是某些氧化物种的氧化能力。表5-2是臭氧和羟基自由基的反应能力。某种意义上，半导体光催化也是高级氧化的一种。如果在光催化反应过程辅以一般意义的高级氧化反应，即化学氧化反应，使反应体系在瞬间产生高浓度的羟基自由基，那么光催化反应的量子效率将放大，反应速率加快。这在形式上（不一定以自催化生长的方式）类似于卤化银照相显影过程的潜影放大过程，即银簇的自催化反应。研究结果表明，这种高级氧化和光催化的结合，会产生化学增强作用，可能在一定程度上提高光催化反应效率和反应的动力学速度，尽管目前还远没有达到理想的境地。

本章在介绍光催化与高级氧化的联合使用之前，对常用的高级氧化方法做简单的介绍。

5.1 高级氧化反应的类型

Munter[6]将高级氧化分为非光化学方法和光化学方法两种。非光化学方法包括：O_3/H_2O_2、H_2O_2/Fe^{2+}（Fenton 体系）、高 pH（>8.5）下的臭氧氧化作用；光化学方法包括：O_3/UV、H_2O_2/UV、O_3/H_2O_2/UV、光 Fenton、类 Fenton 体系、UV/TiO_2。UV/TiO_2 体系实际上是非均相光催化体系。为了讨论方便，本章按照 Fenton 或非 Fenton 氧化反应分类介绍。

5.1.1 Fenton 反应

1884 年法国科学家 Fenton（芬顿）[7]发现，Fe^{2+}和 H_2O_2 在酸性水溶液中混合可以产生羟基自由基（OH·），OH·可以有效地将马来酸氧化分解［式（5-6）］。研究发现，H_2O_2/Fe^{2+}体系可以使许多有机物氧化，这为有机物的选择性氧化和有机污染物处理提供了新的方法。为纪念 Fenton 的发现，后人将 Fe^{2+}和 H_2O_2 混合物称为 Fenton 试剂，相应的反应定义为 Fenton 反应。

$$\text{HOOCHC=CHCOOH} + Fe^{2+} + H_2O_2 \longrightarrow Fe^{3+} + CO_2 + H_2O \quad (5\text{-}6)$$

5.1.2 Fenton 反应机理

Fenton 氧化系统的优点是过氧化氢分解速度快，氧化速率高。在过量过氧化氢的存在下，在几秒到几分钟的时间内亚铁离子即被氧化成三价铁离子。三价铁离子催化过氧化氢分解，产生羟基自由基。利用 Fenton 反应可以进行有机合成、有机物氧化、酶和细胞反应，近年来用于处理环境水体中的污染物，如苯酚、硝基苯、除草剂，降低城市废水中的化学需氧量（COD）等。Fenton 氧化系统处理废水的巨大吸引力在于：铁无毒且来源丰富；过氧化氢容易处理，是环境友好的。因此自 Fenton 反应过程被发现以来，对其机理研究以及 Fenton 体系的改进一直以来是科学工作者关注的热点。在 Fenton 反应以及改进的 Fenton 反应研究方面，赵进才研究小组进行了很好的工作[8-11]。研究表明，在 Fenton 反应过程中可能发生以下反应[8]：

$$Fe^{2+} + H_2O_2 \longrightarrow Fe^{3+} + OH\cdot + OH^- \quad (5\text{-}7)$$

$$Fe^{2+} + OH\cdot \longrightarrow Fe^{3+} + OH^- \quad (5\text{-}8)$$

$$Fe^{3+} + H_2O_2 \longrightarrow Fe^{2+} + H^+ + HO_2\cdot \quad (5\text{-}9)$$

$$OH^- + H_2O_2 \longrightarrow HO_2\cdot + H_2O \quad (5\text{-}10)$$

$$Fe^{2+} + HO_2^· \longrightarrow Fe(HO_2)^{2+} \qquad (5-11)$$

$$Fe^{3+} + HO_2^{·-} \longrightarrow Fe^{2+} + O_2 + H^+ \qquad (5-12)$$

$$Fe^{3+} + O_2^· \longrightarrow Fe^{2+} + O_2 \qquad (5-13)$$

$$HO_2 \longrightarrow O_2^{·-} + H^+ \qquad (5-14)$$

$$HO_2^· + HO_2^· \longrightarrow H_2O_2 + O_2 \qquad (5-15)$$

$$HO_2 + O_2^- + H_2O \longrightarrow H_2O_2 + O_2 + OH^- \qquad (5-16)$$

$$OH^· + HO_2 \longrightarrow H_2O + O_2 \qquad (5-17)$$

$$OH^· + O_2^{·-} \longrightarrow OH^- + O_2 \qquad (5-18)$$

$$OH^· + OH^· \longrightarrow H_2O_2 \qquad (5-19)$$

Lippard 等[12]将 Fenton 反应简单地总结为以下三个反应：

$$Fe^{2+} + H_2O_2 \longrightarrow Fe^{3+} + OH^- + OH^· \qquad (5-20)$$

$$Fe^{2+} + OH^· \longrightarrow Fe^{3+} + OH^- \qquad (5-21)$$

$$OH^- + H^+ \rightleftharpoons H_2O \qquad (5-22)$$

如果用 Fe^{3+} 取代 Fe^{2+}，Fenton 反应也是可行的，体系中可能发生以下反应[8]：

$$Fe^{3+} + H_2O \rightleftharpoons FeOH^{2+} + H^+ \qquad (5-23)$$

$$Fe^{3+} + 2H_2O \rightleftharpoons Fe(OH)^{2+} + 2H^+ \qquad (5-24)$$

$$2Fe^{3+} + 2H_2O \rightleftharpoons Fe_2(OH)_2^{4+} + 2H^+ \qquad (5-25)$$

$$Fe^{3+} + H_2O_2 \rightleftharpoons Fe(HO_2)^{2+} + H^+ \qquad (5-26)$$

$$FeOH^{2+} + H_2O_2 \rightleftharpoons Fe(OH)(HO_2)^+ + H^+ \qquad (5-27)$$

$$Fe(HO_2)^{2+} \longrightarrow Fe^{2+} + HO_2^· \qquad (5-28)$$

$$Fe(OH)(HO_2)^+ \longrightarrow Fe^{2+} + OH^· + HO_2^· \qquad (5-29)$$

$$Fe^{3+} + H_2O_2 \longrightarrow Fe^{2+} + OH^· + OH^- \qquad (5-30)$$

$$Fe^{3+} + HO_2^· \longrightarrow Fe^{2+} + O_2 + H^+ \qquad (5-31)$$

$$Fe^{3+} + O_2^· \longrightarrow Fe^{2+} + O_2 \qquad (5-32)$$

在三价铁离子存在下，Fenton 反应体系中双氧水的分解经历了式（5-26）到式（5-29）的反应。复合物 $Fe(HO_2)^{2+}$ 和 $Fe(OH)(HO_2)^+$ 的分解产生羟基自由基、亚铁离子和 $HO_2^·$，反应速度非常快，在三价铁溶液与双氧水混合后数秒钟之内即达到平衡[12]。显然，在 Fenton 反应体系中具有氧化能力的主要物种是活泼的羟基自由基。羟基自由基一旦形成，会引发一系列的自由基链反应，产生其他具有氧化能力的物种。

5.1.3 类 Fenton 反应

早期的 Fenton 试剂指 H_2O_2 与亚铁离子体系。近些年的研究发现，把紫外光、氧气引入 Fenton 体系，可显著增强 Fenton 试剂的氧化能力并节约 H_2O_2 的用量。研究表明，加入 Fe^{3+}、Mn^{2+} 等催化剂同样可以促使 H_2O_2 分解，产生羟基自由基（$HO^·$）。由于 Fenton 体系中存在大量的亚铁离子，在应用时会产生铁污泥，过氧化氢的利用率不高，因此类 Fenton 氧化法得以迅速发展。

5.1.3.1　光 Fenton [$UV/H_2O_2/Fe^{2+}(Fe^{3+})$] 氧化技术

在紫外光照下的 Fenton 反应称为光 Fenton（photo-Fenton）反应。该体系在反应过程中产生的 Fe^{3+} 与 OH^- 反应形成 $Fe(OH)^{2+}$ 络离子。$Fe(OH)^{2+}$ 络离子在紫外光照下发生电子转移，生成二价铁离子和羟基自由基。二价铁离子与双氧水反应又生成 $Fe(OH)^{2+}$ 络离子，体系中的反应循环，不断产生 $OH^·$。

光 Fenton 体系的优点是：①光照使三价铁离子或氢氧化铁还原为二价亚铁离子，

$$Fe(OH)^{2+} \xrightarrow{h\nu} Fe^{2+} + OH^· \tag{5-33}$$

亚铁离子与过氧化氢反应，产生第二个羟基自由基和三价铁离子，反应在体系中循环。②有效利用光量子：过氧化氢的吸收光谱在 300nm 以下，而且在超过 250nm 处的摩尔消光系数低。三价铁离子，或氢氧化铁（$Fe(OH)^{2+}$）将反应体系的吸收光谱从紫外区拓展到可见光区，吸收系数比较大，可以利用可见光进行光氧化和矿化反应。

5.1.3.2　$Fe(ox)_3^{3-}/H_2O_2/h\nu$ 氧化技术

光 Fenton 反应的进一步改进技术是 $Fe(ox)_3^{3-}/H_2O_2/h\nu$ 方法，式中的 ox 是含氧酸阴离子，$h\nu$ 表示光照条件。在 Fenton 法和光 Fenton 反应过程都会产生 $Fe(OH)^{2+}$ 络离子。$Fe(OH)^{2+}$ 络离子在紫外光照下的量子效率比较低。当铁离子与含氧酸阴离子，如草酸根离子络合时，亚铁离子还原的量子产率会明显提高。在 H_2O_2 存在下，当草酸铁溶液受到光照时，可以发生 Fenton 反应。配位或未配位的亚铁离子都可以与 H_2O_2 反应，每一个亚铁离子对应一个羟基自由基：

$$Fe^{2+} + H_2O_2 + 3C_2O_4^{2-} \longrightarrow Fe(C_2O_4)_3^{3-} + OH^- + OH^· \tag{5-34}$$

草酸铁络离子可以用于还原难降解有机化合物。改进的 Fenton 法还有几个例子，这里不再一一介绍。

5.1.4　Fenton 反应的影响因素

影响 Fenton 反应效果和速率的因素包括：反应物本身特性、主要试剂（Fe^{2+} 和 H_2O_2）的浓度、pH 值、反应温度和反应时间等。Fenton 反应体系的 pH 值一般在 2～4 之间。

赵进才等[13]对 Fenton 反应、类 Fenton 反应、高价铁的氧化机制（图 5-1）等进行了系统的介绍和述评。将 Fenton 反应与其他的化学物理方法相结合，如与光、电化学、纳米技术、纳米光催化等相结合，使反应体系在瞬间大量产生羟基自由基，将有助于污染物的处理。

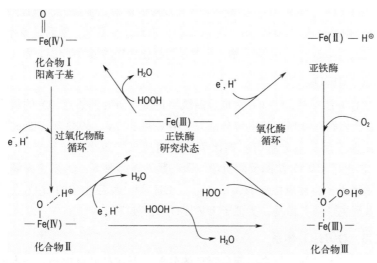

图 5-1　高价铁氧化反应路径[13]

5.1.5　过氧化氢组合体系

在没有铁离子存在的情况下，光照过氧化氢或臭氧等氧化试剂也可以分解产生羟基自由基。代表性反应体系有 UV/H_2O_2、UV/O_3、O_3/H_2O_2 三类，以这三个体系为基础可以衍生出多种高级氧化技术。

5.1.5.1　过氧化氢紫外光解法（UV/H_2O_2）

H_2O_2 是较强的氧化剂，当受到一定量的紫外光照射时，被激发形成羟基自由基。影响 UV/H_2O_2 体系反应效率的因素有 H_2O_2 浓度、反应物浓度、紫外光辐照强度和频率、体系的 pH 值、反应温度和反应时间。实验表明，UV/H_2O_2 体系对有机物的有效处理的浓度比较宽，在 $n \times 10 \sim n \times 10^3$ mg/L（$n = 1 \sim 9$）之间，主要取决于 H_2O_2 浓度和紫外光辐照强度[3]。在紫外光照下：

$$H_2O_2 \longrightarrow 2OH^· \quad (5-35)$$

$$H_2O_2 \rightleftharpoons HO_2^- + H^+ \quad (5-36)$$

$$HO_2^- + UV \longrightarrow HO^· + O^- \quad (5-37)$$

UV/H_2O_2 方法被成功地应用于处理氯代苯酚及其他含氯有机物，可以将除草剂最终矿化为二氧化碳[15]。

An 等[16]利用 UV/H_2O_2 方法研究了 4-硝基苯在水中的降解途径。结果表明，在他们的实验条件下，4-硝基苯的降解遵守准一级反应动力学；98%的 4-硝基苯可以在 12min

内消除；94%的总有机碳在 106min 内除去，中间产物包括氢醌、1,2,4-三羟基苯、4-硝基连苯三酚、4-硝基邻苯二酚。过氧化氢可以促进反应，酸性条件有利于反应的进行；而阴离子，如 HCO_3^-、NO_3^- 和 Cl^- 会减缓光氧化反应的速率。简单的反应机理分析指出，首先是羟基自由基进攻 4-硝基苯的对位和邻位，形成多羟基苯；然后是多羟基苯的芳香环开环反应，形成小分子中间产物；接着是目标化合物的最终矿化过程。

5.1.5.2 UV/O_3

与 UV/H_2O_2 法一样，UV/O_3 法也是高级氧化反应研究的热点。O_3 的氧化能力比较强，在酸性和碱性介质中的电位分别为 2.07V 和 1.27V。1982 年 Gläze 等[1]发现，在紫外光照射下用臭氧分解有机物比单独使用臭氧的效果高出很多倍。1988 年 Gläze 等[17]提出了 UV/O_3 法的反应机理，即在紫外光照射下，O_3 发生光解反应生成 H_2O_2，然后经历多步反应生成 $HO_2^·$、$O_2^{·-}$、$OH^·$ 等。反应生成的 H_2O_2 在紫外光作用下也可以产生羟基自由基，类似于 UV/H_2O_2 反应过程。

5.1.5.3 O_3/H_2O_2 体系

在臭氧中加入过氧化氢会引起臭氧环的分解，形成羟基自由基，基本反应机理如式（5-38）～式（5-41）所示[6]。

$$H_2O_2 \longrightarrow HO_2^- + H^+ \tag{5-38}$$

$$HO_2^- + O_3 \longrightarrow HO_2^· + O_3^- \tag{5-39}$$

$$HO_2^· + H_2O_2 \longrightarrow H_2O + OH^· + O_2 \tag{5-40}$$

总的反应式：

$$H_2O_2 + 2O_3 \longrightarrow 2OH^· + 3O_2 \tag{5-41}$$

使用过程中过氧化氢与臭氧的最佳质量比为 0.35～0.45，处理效果决定于臭氧的剂量、反应时间、溶液的酸碱度。

5.1.5.4 UV/O_3/H_2O_2 体系

这个反应体系是由上面三个体系衍生的比较重要的反应体系之一。在 UV/O_3 体系中加入 H_2O_2 可以促进臭氧的分解，提高羟基自由基的生成速率，是高级氧化反应的研究热点。高能量输入（紫外光辐射）强化了 $OH^·$ 产生过程，诱发后面的自由基反应。而臭氧分子与过氧化氢的反应将产生两个羟基自由基（$2O_3 + H_2O_2 \longrightarrow 2OH^· + 3O_2$）。但是目前对该体系的反应机理还存在争议。

显然，无论是 Fenton 法、类 Fenton 技术，还是组合体系，上述高级氧化反应过程都发生在均相反应体系，并以产生高氧化活性的羟基自由基为特征。在 TiO_2 非均相光催化反应过程中也产生羟基自由基等具有强氧化能力的物种。因此高级氧化技术也可以分类为均相高级氧化和非均相高级氧化。均相氧化如上面所介绍的；非均相氧化，典型的如光催化（UV/TiO_2）氧化反应。此外如臭氧/催化剂体系，催化剂包括金属氧化物和离子（Fe_2O_3、Al_2O_3、MnO_2、Ru/CeO_2、Fe^{2+}、Fe^{3+}、Mn^{2+}等）。

5.1.6 其他体系：杂多酸盐/H_2O_2光催化体系

某些光氧化过程与过氧化氢法相结合，使原本在紫外光照下发生的反应，可以在可见光照下进行。多金属氧酸盐（POMs）成为一类快速发展的氧化型催化剂，在环境污染物消除的应用方面引起兴趣。这类化合物的催化作用与TiO_2相似，紫外光照使POMs呈电荷转移激发态，具有2.5V（相对于NHE）超强的氧化能力。有关POMs在光照下分解有机污染物的研究多数使用紫外光。赵进才等[18]将多金属氧酸盐$PW_{12}O_{40}^{3-}$固定在阴离子交换树脂上，研究了在H_2O_2存在下，可见光激发POMs氧化分解阳离子染料的过程。研究表明，POMs-树脂催化剂在可见光作用下可有效地催化降解染料，甚至使染料部分矿化。光反应机理为，电子从激发态染料转移到POMs上，使其还原。还原型POMs可以被H_2O_2和O_2重新氧化，形成活性过氧化物，后者与染料自由基反应使染料污染物降解（图5-2）。

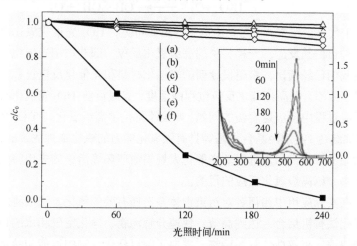

图5-2 罗丹明B（RhB）在不同条件下的分解过程动力学：（a）POM-树脂，H_2O_2暗处；（b）POM-树脂，可见光；（c）H_2O_2，可见光；（d）树脂，H_2O_2，可见光；（e）POM，H_2O_2，可见光；（f）POM-树脂，H_2O_2，可见光。[RhB]=2×10^{-5}mol/L；[H_2O_2]=2×10^{-3}mol/L；pH=2.5。
插图表示RB在（f）条件下降解过程光谱变化曲线[18]

5.2 高级氧化与光催化

高级氧化法通过不同的途径产生羟基自由基。最显著的特征是，在均相体系中，进行以羟基自由基为主要氧化剂的有机物的氧化反应，反应生成的有机自由基可以继续参加羟基自由基的链式反应，或者通过生成有机过氧化物自由基，进一步发生氧化分解反应直至降解为最终产物 CO_2 和 H_2O，达到氧化分解有机物的目的。

光催化的基础是半导体存在下的光氧化过程。当 TiO_2 半导体光催化剂接收等于或大于半导体带隙的光能时，被激发产生电子与空穴对，随后发生电荷的分离、迁移和反应过程。具有还原性的光生电子与半导体表面吸附的氧分子反应，而具有氧化能力的正空穴与半导体表面吸附的水、羟基或有机物反应，生成一系列的具有强氧化能力的氧物种和自由基，如 $OH^·$ 和 $O_2^{·-}$。主要作用机理如下：

$$TiO_2 + h\nu \longrightarrow e^- + h^+ \tag{5-42}$$

$$h^+ + H_2O \longrightarrow HO^· + H^+ \tag{5-43}$$

$$h^+ + OH^- \longrightarrow HO^· \tag{5-44}$$

$$e^- + O_2 \longrightarrow O_2^{·-} \longrightarrow HO_2^· \tag{5-45}$$

$$HO^· + RH \longrightarrow {^·R} + H_2O \tag{5-46}$$

$$HO^· + RH \longrightarrow {^·RHOH} \tag{5-47}$$

$$2HO_2^· \longrightarrow O_2 + H_2O_2 \tag{5-48}$$

$$H_2O_2 + O_2^{·-} \longrightarrow {^·OH} + OH^- + O_2 \tag{5-49}$$

式中，h^+ 代表正空穴，e^- 为光生电子。由此可见，TiO_2 光催化氧化降解有机物的实质是一种自由基反应，一种特殊的高级氧化反应，即非均相光催化氧化反应。在本章开头我们已经指出，希望设计新的光催化材料和光催化反应过程，放大光催化剂的光量子效率，提高光催化反应过程的速度，克服目前 TiO_2 光催化材料光量子效率低和反应过程中反应速度慢的问题。如果能将化学高级氧化与 TiO_2 光催化方法有机、有效地结合，实现羟基自由基等具有强氧化能力的氧化物种的瞬时大量产生，那么利用太阳能、空气和水进行的光催化大规模治理环境污染的应用将成为现实。这也正是本书介绍高级氧化反应的目的。

然而，在实际应用中如何针对污染物体系选择有效的氧化方法或将均相氧化法与非均相氧化法有机结合，达到高效、快速分解污物、净化空气和水的目的仍然是困难的。要快速、有效地分解污染物，需要了解目标化合物的性能和特定条件下的氧化分解机制。氯苯酚在水中溶解度高、稳定，是水污染中一类重要的化合物。如何利用方便的技术降解消除 2-氯苯酚是长期以来的一个挑战。Bertell 等[19]研究了水溶液中 2-氯苯酚在不同条件下的降解和矿化过程，比较了在过氧化氢和 TiO_2 存在下 2-氯苯酚光诱导氧化机制（图 5-3）。研究结果表明，氯苯酚在 315～400nm 光照下是稳定的，在 254nm 光能辐照下，可以快速分解。中间产物包括羟基-对苯二酚、氯代-对苯二酚。反应路径是：2-氯苯酚直接吸收光，导致 C—Cl 键的断裂。TiO_2 光催化产生的羟基自由基，或者 H_2O_2 光解产生羟基自由基进攻 2-氯苯酚和中间产物的邻位或对位，使 OH 加成。他们的结果表明，对于 2-氯苯酚的降解和矿化来说，在 H_2O_2 存在条件下，254nm 光辐照的效果最好，速度最快[19]。

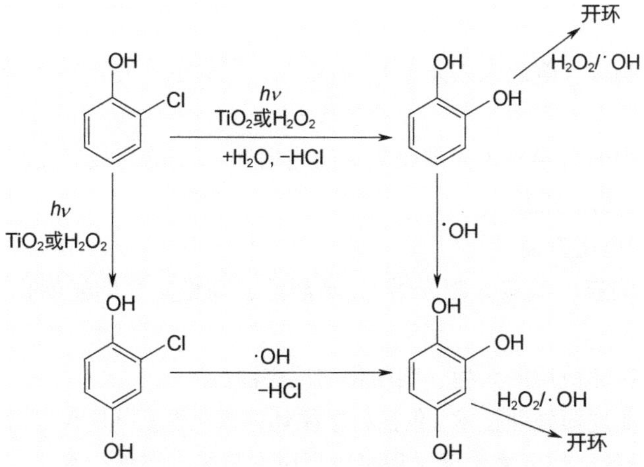

图 5-3　2-氯苯酚降解的反应路径[19]

Braun 等[20]对光氧化（H_2O_2/UV、O_3/UV、O_3/H_2O_2/UV）和光催化氧化（TiO_2/UV）过程进行了系统的研究、总结和对比。比较了苯酚的光化学氧化（H_2O_2/UV）及光催化氧化（TiO_2/UV）。研究表明，苯酚的光氧化降解与光催化氧化降解的主要区别在于，在光催化过程中能检测到的中间产物的量是微小的；而在光氧化过程中可检测到高浓度的中间产物。他们还比较了 H_2O_2/太阳能和 TiO_2/太阳能氧化降解过程的经济性，结果表明，光催化过程导致化合物的完全矿化，仅产生少量的中间产物，更经济。

5.3　高级氧化与光催化体系的应用

高级氧化反应对于污水处理的适用性是在 20 世纪 70 年代早期发现的。之后，单独的氧化处理过程或臭氧、过氧化氢、紫外光照、Fenton 过程、催化剂（如 TiO_2）的结合使用的机制以及在污水处理方面的应用基础研究广泛开展，某些过程已经商业化。

目前，光催化技术用于污水处理、环境空气净化的效果还不尽如人意，主要问题是处理的效率、速度、规模和太阳能的利用率低。发展新型、高效、长寿命、经济的复合光催化剂；将非均相高级氧化（即光催化）和均相高级氧化（即化学氧化或光化学氧化）过程相结合，特别是改性的纳米二氧化钛复合光催化技术与相匹配的其他类型高级氧化过程相结合，提高光催化剂的光能利用效率和对污染物的处理速度是重中之重。未来利用高级氧化技术治理环境污染方面的工作主要包括以下两方面。

（1）在基础研究方面
① 较好地了解高级氧化技术（均相和非均相）本身的反应机制及分解有机物

机制。

② 宽光谱响应（响应太阳光谱）、高活性、高稳定性的光催化剂的设计及可控制备。

③ 发展新型的与半导体光催化相关的均相/非均相的高级氧化结合体系，提高反应效率和表观动力学速度。

（2）在工业应用方面

① 宽光谱响应（响应太阳光谱）、高活性、高稳定性的光催化剂的可控宏量制备。

② 设计可循环使用的大型、实用化的反应器。

③ 发展工业规模处理技术，包括科学循环体系，适于户外大型污水处理或空气净化的技术和设备，使环境治理过程可以利用太阳能、空气和水。

④ 高级氧化技术与常规的污染物处理技术的有效结合。

⑤ 降低成本。

⑥ 利用高级氧化联合技术工业规模的环境治理需要相关技术人员的合作以及政府的资金投入。

值得重提的是，发展单纯的可见光光催化剂在特定的使用场合是有利的。因为环境污染物的复杂多样性、不可选择性、难消除的特点，对于环境治理，如工业污水处理或城市空气净化来说，发展宽光谱响应、高活性、高稳定性的光催化剂和相关技术更重要。

参考文献

[1] Gläze W H, Kang J W, Chapin D H. Ozone Sci Eng, 1987, 9: 335.
[2] Carey J H. Water Pollut Res J Can, 1992, 27: 1.
[3] The UV/Oxidation Handbook. Markham, Ontario, Canada: Solarchem Environmental system, 1994.
[4] Hoigne J, Bader H. Water Res, 1976, 10: 377.
[5] 钟理，陈建军. 工业废水处理，2002, 22: 1.
[6] Munter R. Proc Estonian Acad, Sci Chem, 2001, 50(2): 59.
[7] Fenton H J. J Chem Soc, 1884, 65: 889.
[8] 谢银德. 染料在可见光照射下 Photo-Fenton 降解机理研究. 北京：中国科学院化学研究所，2000.
[9] 张永天. 光化学氧化法降解染料污染物的研究. 北京：中国科学院化学研究所，1999.
[10] 何惧. 有机污染物异相 Photo-Fenton 反应机理研究. 北京：中国科学院化学研究所，2003.
[11] 陈锋. 有机污染物光化学氧化降解的研究. 北京：中国科学院化学研究所，2001.
[12] Felg A L, Lippard S J. Chem Rev, 1994, 94, 759.
[13] 张德莉，黄应平，罗光富，刘德富，马万红，赵进才. 环境化学，2006, 25(2): 121.
[14] Peyton G R. Oxidation Treatment Methods for Removal of Organic Compounds from

Drinking water Supplies, in Significance and treatment of Volatile Organic Compounds in Water Supplies//Ram N M, Christman R F, Cantor K P. Eds, Lewis Publ Chelsea, MI, 1990: 313.

[15] Hirvonen A, Tuhkanen T, Kalliokoski P. Water Sci Technol, 1996, 33: 67.

[16] Zhang W B, Xiao X M, An T C, Song Z G, Fu J M, Sheng G Y, Cui M C. J Chem Technol Biotechnol, 2003, 78: 788.

[17] Gläze W H, Peyton G R, Lin S, Huang F Y, Burleson J L. Environ Sci Technol, 1982, 16: 454.

[18] Lei P X, Chen C C, Yang J, Ma W H, Zhao J C. Environ Sci Technol, 2005, 39: 8466.

[19] Bertell M, Selli E. J Hazard Mater, 2006, 138: 46.

[20] Legrni O, Oliveros E, Braun A M. Chem Rev, 1993, 93: 671.

第6章 光催化在基础有机化学研究中的应用

光催化反应可以用于有机分子的光化学反应，包括环化、开环、氧化、还原、取代、聚合、偶联和异构化等。在这方面，Fox 等[1]进行了比较详细的介绍。光催化反应也可以用于有机化合物的合成，以简化反应条件、降低反应介质和环境要求、提高产物的选择性和品质等。

6.1 有机化合物的光催化反应

6.1.1 有机化合物的光催化氧化

迄今为止，有机化合物的光催化反应多数是光氧化反应。根据反应条件的调控，这种氧化反应可以一直进行到底，使有机物分解为无机盐、二氧化碳和水，即有机物的光催化矿化反应，常用于有机污染物的处理。图 6-1 是咪唑的光催化氧化和矿化过程[1]。图 6-2 是芘的光催化氧化路径[2]。与有机反应的原则一致，在光催化氧化反应过程中，亲电的基团进攻分子上带有较多负电荷的位置。由图 6-3 可见，在光催化过程中产生的羟基自由基首先选择性地进攻咪唑和吡咯分子上电子密度较大的位置。

光催化氧化有机物与有机物的化学氧化过程遵循同样的规则，即酯可以被氧化为醇，醇氧化为醛，然后是酸，直至氧化分解为二氧化碳和水。通过控制反应条件，可以获得不同的产物。如乙醇可以氧化成乙醛；二乙硫醚可以在非水溶液中，经悬浮二氧化钛粉末光催化氧化为亚砜或砜；二苯乙烯中的 C=C 双键几乎可以定量地光催化转化为二苯酮[1]。Higashida 等[3]利用 TiO_2 光催化反应，在乙腈的水溶液中将菲转化为香豆素化合物（图 6-4）。研究发现，氧分子在反应过程中起到重要的作用，当反应在无氧情况下进行时，不能得到目标化合物。

6.1.2 有机化合物的光催化还原

有机化合物的光催化还原研究比氧化的例子少。因为二氧化钛导带的还原能力

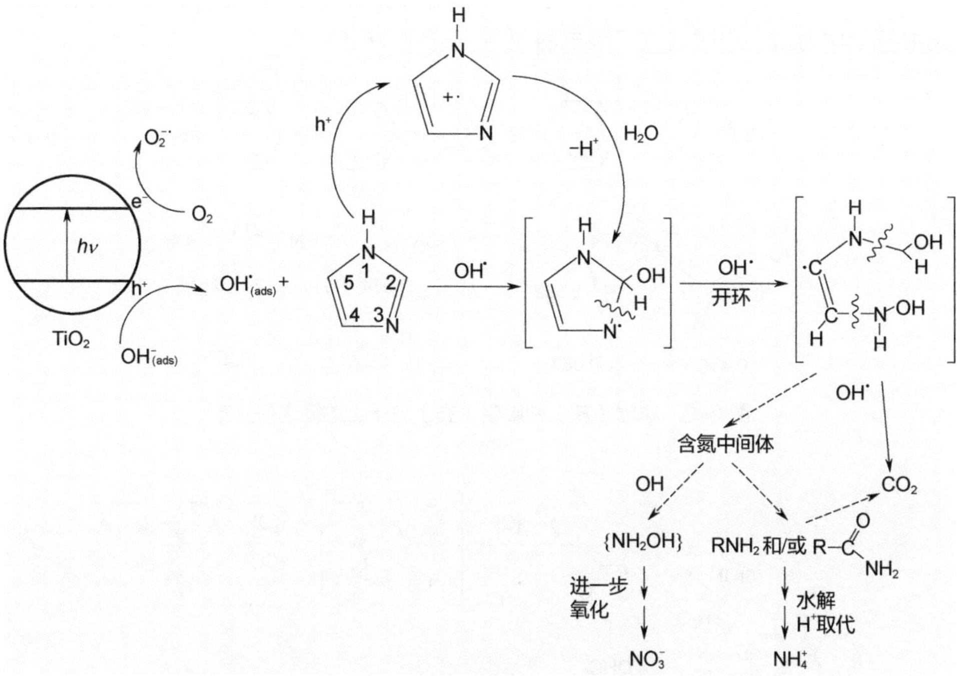

图 6-1　咪唑的光催化氧化和矿化过程[1]

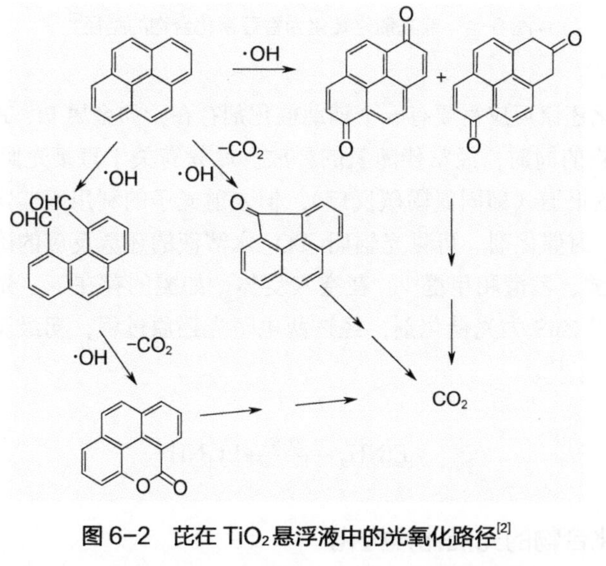

图 6-2　芘在 TiO_2 悬浮液中的光氧化路径[2]

与其价带的氧化能力相比要弱得多（第 1 章中图 1-7）。由第 1 章图 1-6 可知，光生电子首先与光催化剂表面上的氧分子反应。多数可还原的物质不能与氧分子竞争俘获导带电子。甲基紫晶的二价阳离子有非常低的还原电位，在无氧非均相光催化反应中经常作为电子陷阱或电子继电器使用，见式（6-1）[1]。

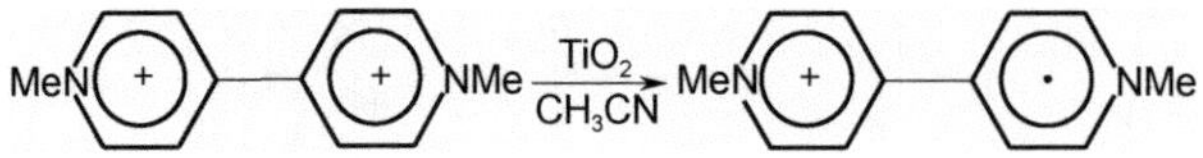

$$\text{MeN}^+\text{-C}_6\text{H}_4\text{-}^+\text{NMe} \xrightarrow{\text{TiO}_2/\text{CH}_3\text{CN}} \text{MeN}^+\text{-C}_6\text{H}_4\text{-}\cdot\text{NMe} \qquad (6\text{-}1)$$

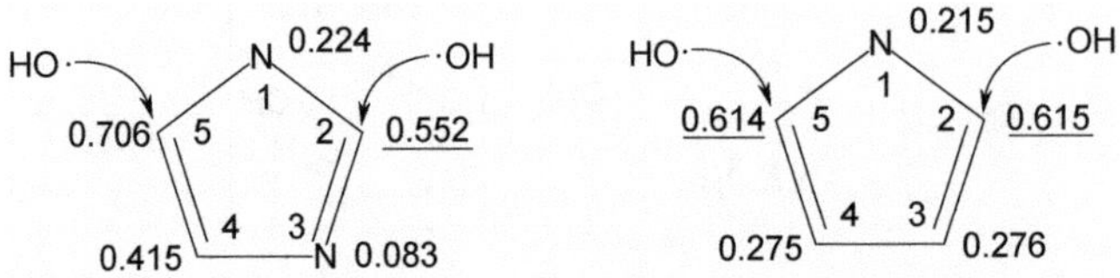

图 6-3　咪唑（左）和吡咯（右）分子上的微电荷分布

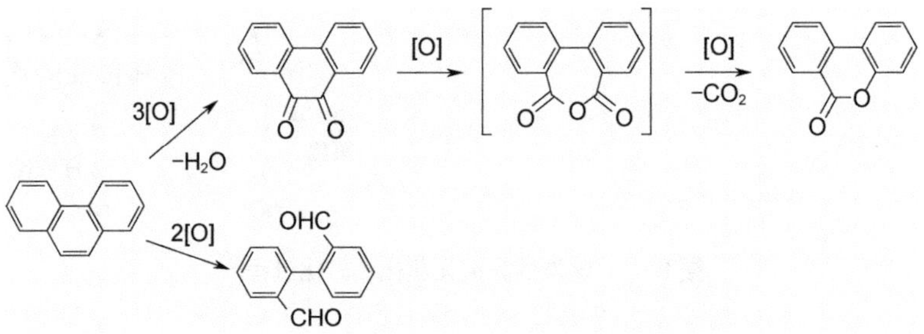

图 6-4　非光催化转化为香豆素化合物的路径[3]

许多光催化还原反应需要有一个辅助催化剂存在，如金属 Pt、Pd、ZnS 等。在形成光还原产物的同时，经常伴随氢的释放。尽管有关于直接光照 TiO$_2$ 悬浮液还原 CO$_2$ 和 N$_2$ 的报道（即固氮固碳反应），但入射光子的利用率非常低，转化率也很低。以 CdS 为催化剂、可见光辐照 CO$_2$ 水溶液的还原反应的确产生了乙醛酸（C$_2$H$_2$O$_3$）、甲酸、乙酸和甲醛[4]。在空穴受体，如醌的存在下，光转换效率可能会有所提高。以 ZnS 为光催化剂，经过两电子光还原过程，初级胺可以转化为二级胺 [式（6-2）][5]。

$$\text{EtNH}_2 \xrightarrow{\text{ZnS}} \text{Et}_2\text{NH} \qquad (6\text{-}2)$$

6.1.3　有机化合物的光催化异构化

利用半导体光催化可以进行不饱和有机分子的几何与价态异构化反应。如在 ZnS、CdS 或氧化钒颗粒的悬浮液中烯烃的顺-反异构化反应[6]。CdS 颗粒悬浮液的可见光催化的二芳基环丙烷在有机溶剂中的几何内转换 [式（6-3）][7]。

$$\text{Ph-cyclopropane-Ph} \xrightarrow[\text{CH}_2\text{Cl}_2]{\text{CdS}} \text{Ph-cyclopropane-Ph} \qquad (6\text{-}3)$$

四三环萜光诱导异构化成为开环异构体降冰片二烯的转化效率受所用光催化剂（TiO_2、CdS 或 ZnO）和溶剂（CH_2Cl_2、CH_3CN 或 THF）的影响[8]。

6.1.4 有机化合物的光催化取代

在多数情况下，石蜡、磷化氢和亚磷酸盐的选择性光氟化只能得到单一的氟化产物 [式（6-4）][9]。一个类似的过程如式（6-5）[10]所示。

$$(C_6H_5)_3CH \xrightarrow[\text{AgF, CH}_3\text{CN}]{\text{TiO}_2} (C_6H_5)_3CF \qquad (6\text{-}4)$$

$$\text{1,4-(OCH}_3)_2\text{C}_6\text{H}_4 \xrightarrow[\substack{\text{CH}_3\text{CN}\\ \text{Bu}_4\text{NCN}}]{\text{TiO}_2} \text{4-CN-C}_6\text{H}_4\text{-OCH}_3 \qquad (6\text{-}5)$$

除了上述反应类型，利用光催化还可以进行光缩合反应 [式（6-6）] 及光聚合反应 [式（6-7）]，因为反应条件各异，反应的收率也比较低，这里不做详细介绍，可以参看本章节的参考文献[1]。

$$CH_4 \xrightarrow[\text{CH}_3\text{CN, O}_2, \text{H}_2\text{O}]{\text{TiO}_2} CH_3CH(NH_2)COOH \qquad (6\text{-}6)$$

$$CH_3CH(NH_2)COOH \xrightarrow{\text{TiO}_2} CH_3CH(COOH)NH-C(=O)-CH(NH_2)CH_3 \qquad (6\text{-}7)$$

6.2 光催化在基础有机合成中的应用

与传统的热催化有机合成相比，光催化技术可以采用廉价、清洁的太阳能活化有机分子，使其在常温、常压下发生选择性氧化、加氢、偶联、环化加成等一系列反应，实现向高值产品的高选择性转化[11]。由于光催化反应通常在温和条件下发生，具有能耗低，可有效避免副反应，更利于热稳定性相对较低的手性和生物活性分子合成的优点。光催化过程中产生的光生电子、空穴及其与 O_2、H_2O 等的反应产物，可作为高活性物种参与有机物的氧化和还原过程，避免了腐蚀性强、污染和危害大的强氧化剂和碱金属还原剂等的使用，生产过程更安全。分子的活化来自光激发，基于自由基反应机理的光催化有机合成有可能突破热力学限制，将传统有机合成需要多步或难以实现的有机反应一步完成[12]，使合成过程简化。

非均相光催化反应是一种多相反应。依据光催化剂种类可将光催化有机合成分为均相和多相光催化反应。均相光催化使用的光催化剂主要是钌、铱、铑等过渡金属有机配合物和有机染料如曙红 Y、罗丹明 6G、卟啉、酞菁等[13]。与之相比，非均相光催化剂，如 TiO_2、CdS、$g-C_3N_4$ 等半导体，Au、Ag 等贵金属，COF、MOF 等共轭聚合物、小分子聚集体光催化剂，具有热/光稳定性高、来源广泛廉价、能带结构可调、催化剂和反应体系易于分离等优点。

6.2.1 光催化有机合成的基本过程

光催化有机合成过程如图 6-5 所示，一般包括：光催化剂吸收大于其带隙的光能后产生光生电子和空穴；光生空穴和电子迁移到催化剂表面直接与表面吸附的有机底物反应后生成目标产物［图 6-5（a）和（b）］；光生电子和空穴与电子受体和给体反应后形成活性物种，活性物种再与有机底物反应生成目标产物［图 6-5（c）和（d）］；光生电子和空穴直接与底物反应后形成中间体，中间体相互反应后生成目标产物［图 6-5（e）］。有机底物中的杂原子如 O、N、S 等吸附在光催化剂表面后，在价带上形成掺杂能级，赋予光催化体系弱的可见光捕获能力［图 6-5（f）］。可见光激发下产生光生电子和限域在杂原子上的正空穴，正空穴诱导杂原子邻位 C—H 键活化后发生脱氢、氧插入和亲核取代反应等［图 6-5（f）］[14-15]。

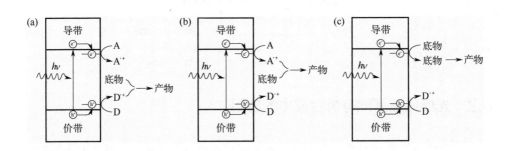

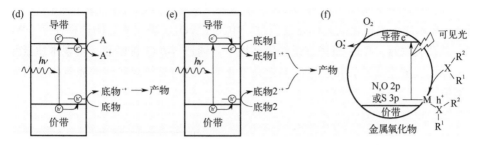

图 6-5 光催化选择性有机合成的初始氧化还原反应示意图[14-15]

6.2.2 影响光催化有机合成效率和选择性的因素

与一般的非均相光催化反应机理类似，影响多相光催化有机合成反应选择性和效率的主要因素有：①光催化剂的能带结构、带隙、光吸收性能和导带及价带能级位置。②光生载流子的分离效率。只有迁移到催化剂表面的光生电子和空穴才能参与其后的表面反应。③催化剂表面结构，包括活性位点的组成和数目等，是否利于反应物的吸附、活化以及产物的脱附。④反应介质，如溶剂、pH 等。⑤光源，包括光子能量和光照强度。[14-18]

与用于有机物光催化降解的光催化剂不同，由于有机底物的氧化、还原电势是固定的，因此只有导带和价带能级与之匹配的半导体才能用于特定产物的光催化有机合成。图 6-6 列出了一些常见半导体光催化剂的能级位置和敏化剂的氧化还原电位；横线标记的是有机合成中经常涉及的反应物的氧化还原电位[17]。为保证光催化反应热力学可行，需要根据反应物和产物的需求选择合适的光催化剂。

6.2.2.1 光催化剂的能级位置

如前所述，只有光催化剂的能级位置与有机分子的能级位置相匹配，才能发生目标氧化还原反应。因此，选择合适的光催化剂、合理调控其能级，可实现特定产物的选择性合成。Tripathy 等[19]揭示，锐钛矿型 TiO_2 纳米管光催化氧化甲苯的产物由苯甲酸（71%）和少量的苯甲醛、苯甲醇组成。而以金红石型 TiO_2 纳米管作为光催化剂时，得到的产物主要是苯甲醛（76%）和少量的苯甲酸、苯甲醇。以 Ru 掺杂金红石 TiO_2 作为光催化剂时，主产物为苯甲醛，含量可提升至 89.07%，表现出很好的反应选择性。这可能与 Ru^{3+}/Ru^{4+} 的还原电位比锐钛矿型 TiO_2 导带位置低 0.4V，可作为电子受体抑制了 O_2 向 $O_2^{·-}$ 的生成有关 [图 6-7（a）和（b）][19]。与 TiO_2 相比，WO_3 的导带能级更低，还原能力相对较差。Tomita 等[20]的研究发现，Pt/WO_3 在水介质中光催化氧化苯的主要产物为苯酚（74%）；Pt/TiO_2 作为光催化剂时的产物则主要是 CO_2。^{18}O 标记的 H_2O 和 O_2 证实，在苯的存在下，Pt/WO_3 上的光生空穴首先与水反应生成·OH；·OH 再与苯反应生成苯酚。由于 WO_3 较低的导带能级，Pt 上的光生电子只能与分子氧反应生成 H_2O_2，避免了苯及其氧化产物的过度氧化[图 6-7(c)]。因此，在苯向苯酚转化的光催化反应过程中，Pt/WO_3 表现出更好的选择性[20]。Wu 等[21]的研究发现，CdS 量子点是脱氧环境下，通过 4-β-O 键断裂，实现木质素侧链选择性裂解生成芳香化合物的高效光催化剂。这与其相对较弱的光氧化能力密切相关。

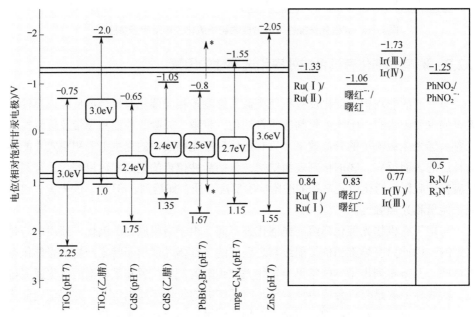

图 6-6　常见半导体光催化剂的能级位置和均相光催化剂激发态的氧化还原电势[17]

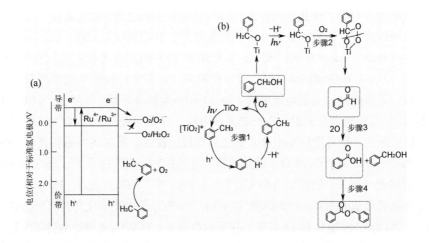

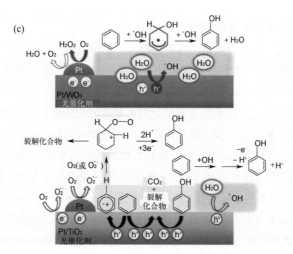

图 6-7 （a）紫外光照锐钛矿、金红石和 Ru 掺杂金红石 TiO_2 光催化氧化甲苯的能级示意图[19]；
（b）光催化氧化甲苯的可能反应历程[19]；（c）Pt/WO_3 和 Pt/TiO_2 光催化氧化苯的反应历程示意图[20]

6.2.2.2 光催化剂的表面态和金属助催化剂

为实现高效、高选择性的光催化有机反应，通常需要考虑反应物、反应中间体在催化剂表面的吸附和产物在催化剂表面的脱附[16]。以苄基溴的脱卤偶联生成联苄为例，要获得最佳的选择性和活性，反应中间体（苄基自由基、溴原子和表面吸附的氢原子）在金属助催化剂上应该具有合适的吸附能。Li 等[22]用密度泛函理论（DFT）计算了反应中间体（苄基自由基和溴原子）在不同过渡金属上的吸附能，发现 Cu 是一种更好的助催化剂。实验证实，Cu 确实如预测的那样，可以高活性、高选择性地实现溴苄的脱卤偶联。将 Cu 沉积在 $g-C_3N_4$ 上构筑的 $Cu/g-C_3N_4$ 复合光催化剂，在可见光驱动的溴苄脱卤偶联生成二甲苯反应中同样表现出很好的性能[22]。与锐钛矿型 TiO_2 相比，金红石型 TiO_2 表面存在高密度的硝基苯对称性吸附位点，这有利于两个光生电子向一个硝基苯分子的转移。因此金红石型 TiO_2 在异丙醇为氢源的硝基苯的选择性加氢反应中表现出更好的活性和选择性[23]。Ruberu 及其合作者[24]的研究发现，Pd 表面对光生氢原子的吸附能力比 Pt 强，因此 CdS/Pt 更利于苯甲醇通过脱氢过程向苯甲醛的转化。

除了反应物、中间体和产物在光催化剂表面的吸脱附外，还可通过在光催化剂表面引入其他的催化位点，实现多步反应的光催化一锅合成或高选择性、高效合成。Dai 等[25-26]的研究表明，新鲜制备的溴氧化铋（$Bi_{24}O_{31}Br_{10}(OH)_\delta$）纳米片上存在大量碱性不同的活性位点（羟基和配位不饱和氧），可以实现涉及氢转移过程的烷基和芳香醇向醛/酮、硝基苯向偶氮苯和氧化偶氮苯、醌向醇的高选择性和高效转化。其在异丙醇光催化氧化中的量子效率高达 71%（410nm）和 55%（450nm）；硝基苯还原的量子效率为 42%（410nm）和 32%（420nm）。

6.2.2.3 光生载流子分离效率

已有的研究表明，构筑异质结、晶面控制、骨架单元分子结构调控等是提高光生载流子分离效率、加快光催化有机反应速度的有效手段。Xu 等[27]通过水热法构筑了 1D/0D TiO_2 纳米纤维/Ce_2S_3 纳米颗粒异质结光催化剂。该光催化剂在水为质子的硝基苯光催化加氢形成苯胺反应中表现出比贵金属助催化剂更好的催化效率。在 COF 骨架上引入给体和受体单元是降低激子结合能、提升光催化产氢效率的有效方法之一。Liu 等[28]的研究发现，在 COF 骨架中引入缺电子的三嗪和富电子的吩噻嗪单元构筑的 D-A（给体-受体）型 COF，在蓝光 LED 驱动的苄胺（衍生物）氧化偶联生成亚胺；硫代酰胺环化生成 1,2,4-噻二唑反应中表现出比传统 COF 更好的活性。Sun 等[29]考察了晶面组成对可见光驱动铜铁矿 $AgGaO_2$ 光催化氧化-还原偶联反应选择性和效率的影响。研究发现，富电子的{001}晶面暴露的平坦 $AgGaO_2$（F-$AgGaO_2$）在苄基溴、硝基苯的偶联反应中性能更好。Lu 等[30]合成了一种 Fe^{3+} 掺杂和氧缺陷共存的 BiOBr 光催化剂。发现，氧空位锚定的 Fe^{3+} 不仅可以提高光生载流子的迁移和分离，还可以作为 O_2 吸附位点，促进 $^1O_2$ 的选择性生成，实现高效、高选择性的苄胺偶联。上述研究说明，一些已在其他领域取得成功的光催化剂结构设计理念，在提高光催化有机反应效率和选择性方面同样有效。

6.2.2.4 光源

光源也是调控光催化有机合成选择性的有效手段。激发光波长和强度的不同，将会导致活性物种种类、浓度和氧化还原能力的变化，进而影响光催化有机反应历程。紫外光激发的大带隙半导体，如 TiO_2，其导带电子和价带空穴可以与表面吸附水、O_2 等生成羟基自由基、$O_2^{·-}$ 等多种活性氧物种，常常导致有机物的过度和非选择性氧化（图 6-1）。与之不同，可见光照射 TiO_2、ZnO、Nb_2O_5 等大带隙半导体，可以选择性实现吸附在其表面上的有机分子杂原子邻位 C—H 键的活化或杂原子的直接功能化[15]。这可能与吸附在金属氧化物表面杂原子（O、N 或 S）的 p 轨道组成的掺杂能级有关 [图 6-5（f）]。该能级的出现使催化剂带隙变小，光催化体系获得了一定的可见光吸收能力。在可见光激发下，电子跃迁到半导体导带，位于杂原子上的正空穴则可以活化邻位的 C—H 键后发生脱氢、氧插入和亲核取代反应等[15]。此外，体系中的 O_2 也可作为电子受体与导带电子反应生成活性氧物种，参与特定的有机反应。通过该机理可以实现许多有机物的选择性合成，如苯甲醇及其衍生物生成醛；苄胺及其衍生物的光催化氧化、偶联；烷烃、烯烃等的光催化氧化、磺化、环氧化；等等[14-18]。Higashimoto 等[31]的研究发现，以蓝光 LED 作为光源，锐钛矿型 TiO_2 作为光催化剂，在 1atm（101325Pa）O_2 存在下光照苯甲醇及其衍生物的乙腈溶液，可以实现醇向醛的高选择性（99%）和高效转化（转化率 99%）。Yoshida 等[32]的研究发现，使用质量分数为 0.1%的 Pt/TiO_2 作为光催化剂，（365±20）nm 驱动苯光催化氧化生成苯酚选择性较低；以（405±20）nm 为激发光源时，苯酚的转化率和选择性明显提高。Ke 等[33]的研究表明，随激发波长的增加，Au/CeO$_2$ 的还原能力逐渐减小。

6.2.2.5 介质

如图 6-8 所示，半导体的能级位置随介质组成的变化表现出明显差异。以 TiO$_2$ 为例，它的导带位置随水溶液的 pH 变化 [E_{CB} = −0.1−0.059pH (NHE)]。它在水中的导带和价带电位分别为−0.75V 和 2.25V；乙腈为溶剂时，相应的电位分别为−2.0V 和 1.0V。显然，光催化剂的氧化还原能力随溶剂的不同而发生了显著变化。如图 6-8 所示，溶剂，如 H$_2$O 和体系中的溶解氧等，可作为电子受体或给体参与·OH、O$_2$·$^-$、^{1}O$_2$ 和 H$_2$O$_2$ 等多种活性氧物种的生成。活性氧物种氧化能力的差异，有可能导致有机反应历程的不同和反应选择性差异。与之相比，乙腈不会被大部分光催化剂的光生空穴氧化，它的弱碱性还可以抑制不受欢迎的质子转移过程[15]。因此，在 O$_2$ 参与的烯烃的环氧化过程中可以降低副产物环己醇的生成[34]。

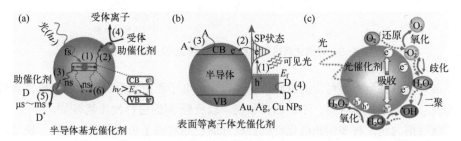

图 6-8 （a）(b) 半导体光催化剂和表面等离子体光催化剂的工作原理[5]；(c) 光氧化还原水和 O$_2$ 之后活性氧物种的生成示意图[35]

溶剂也会对催化剂与底物的表面相互作用产生影响。Almquist 等[36]考察了溶剂极性对 TiO$_2$ 驱动的环己烷氧化的影响。研究发现，由于产物环己醇在催化剂表面的良好吸附，在非极性介质中可能发生产物的过度氧化和彻底矿化；而在极性溶剂中，由于产物较差的吸附性能，反应选择性相对较高。

除上述影响外，溶剂也可作为电子受体或空穴清除剂参与光催化氧化还原反应，并导致反应速率和选择性的变化。以醇溶剂为例，硝基化合物的还原转化速率按甲醇、乙醇和异丙醇的顺序降低，这可能与醇作为空穴清除剂产生的 α-羟基烷烃自由基的生成速率及其还原能力密切相关[17,37]。

6.2.3 代表性的光催化有机合成反应

可见光的能量范围在 1.7～3V，足以驱动大部分有机反应[38]。光催化有机合成反应可以分为光氧化反应，包括醇的光氧化生成醛、酮、酸等；芳香分子的选择性氧化；烯烃的环氧化；C 和杂原子间的氧化偶联反应等（图 6-9）。

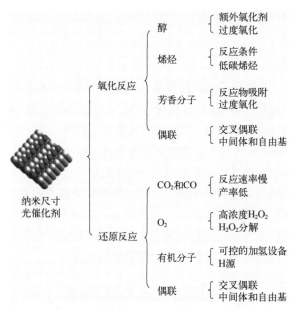

图 6-9 光催化有机氧化和还原反应类型及面临的挑战[38]

醇、胺,甚至水都可作为氢原子供体与光生电子和空穴反应,触发选择性有机还原反应,如硝基化合物、不饱和烯和炔,以及醛/酮的选择性加氢等[19]。

到目前为止,在多相光催化有机合成方面已经发展了包括金属氧化物、贵金属等离子体、钙钛矿型光催化剂、铋基无机光催化剂和非金属光催化剂,如 g-C_3N_4、COF、MOF 等多种类型的光催化剂。近期的许多综述从不同角度总结了多相光催化有机合成方面的研究进展和面临的挑战[11-19,38]。在此不一一详述。

6.2.4 光催化剂在选择性有机合成中的应用

传统的许多有机合成反应需要在高温、高压或强氧化剂、强还原剂的危险条件下进行。与之不同,光催化剂可以在大于其带隙的光的激发下,产生具有不同氧化和还原能力的光生电子、空穴和其他活性自由基产物,实现温和条件(常温、常压)下的有机氧化还原反应。因此,未来光催化有机合成的重点应该放在:①危险性和高污染性化工生产过程的光催化绿色合成探索;②热反应难以实现或选择性较低、热稳定性较低的生物活性药物分子、手性分子和高值有机物的合成等方面。下面,以一些成功的应用范例来说明多相光催化有机合成的重要价值、催化剂和反应体系设计策略以及未来的可能发展方向。

6.2.4.1 稳定同位素标记物的选择性合成

稳定同位素标记物,如氘代试剂,作为一种高附加值化学品,除可作为 NMR

检测用溶剂外，还在药物及其代谢产物在生物体内的变化规律研究中发挥着重要作用。对药物的活性位点进行选择性氘代，可以在不影响其原有药理活性的基础上，延长药物半衰期、提高药效、降低毒副作用。2017 年，美国食品药品监督管理局（FDA）批准了第一个氘代药物丁苯那嗪（SD-809）进入市场。此后，氘代药物和药物中间体的研发吸引了药物公司和科学家的极大关注。

发展氘代药物的关键是对药物分子或有机分子的特定位点进行氘代。目前主要是通过氢同位素交换（HIE）等途径进行。工业上的 HIE 过程常常需要使用强酸、强碱、高温、可燃性气体或使用过渡金属配合物作为催化剂，存在安全风险大、氘代位点选择性低和官能团容忍度差等缺点。

多相光催化剂可以在温和条件下实现有机分子的精准氘代。Qu 等[39]总结了最近几年光电催化过程在温和合成氘代分子研究中的进展。他们将光催化氘代反应归纳为氘原子转移（DAT）、氘原子攫取（DAA）和重水分解（DWS）三种类型。

半导体和卤代（C—I、C—Br、C—Cl、C—F）分子间的光诱导电子转移过程是产生高反应性碳自由基的有效途径[40]。这些自由基可以通过取代、加成或偶联等反应生成高附加值产品。依据此思路，Liu 等[41]使用 D_2O 作为氘源，多孔 CdSe 纳米片作为光催化剂，在可见光驱动下，通过光生电子从 CdSe 导带向有机底物的转移，产生高活性的碳自由基和氘自由基中间体，随后发生偶联反应，实现 C—X 键向 C—D 键的高选择性、高效转化（图 6-10）。由于反应在温和条件下进行，因此可以在氰基、氨基（取代氨基）、羟基、醛基、巯基等敏感性官能团存在下，实现卤代分子的精准氘代。与其他半导体光催化剂相比，多孔 CdSe 纳米片表面存在更丰富的反应位点和更强的还原能力，在多种卤代分子的氘代中表现出了更好的活性和选择性 [图 6-10（c）和（d）]。除 C—X 键的氘代外，该思路还成功应用于烯烃、炔烃、亚胺和芳基酮等的氘代还原，以及伯、仲胺的氘甲基化反应[39]。

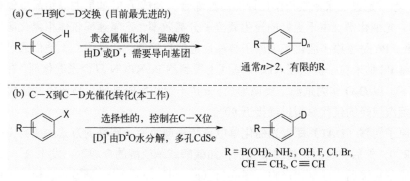

图 6-10

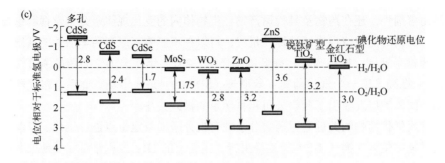

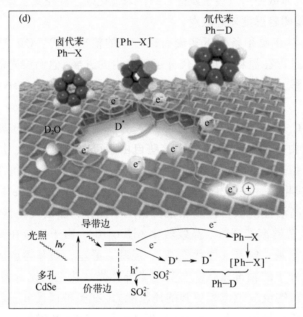

图 6-10 传统的同位素交换（a），光催化氘代（b）示意图；（c）不同光催化剂的能级、水分解电位和碘取代芳香分子还原电位示意图；（d）光催化氘代反应机理[40]

Su 等[42]通过三聚氰胺和溴化钾的高温缩合，合成了 K^+ 插层的高结晶度氮化碳（KPCN）光催化剂。由于更好的光生载流子分离效率，产氢速率较体相氮化碳提高了 16 倍。Pd 是氢原子活化和氢原子转移反应的良好催化活性中心。他们通过光还原过程将 Pd 纳米粒子沉积在 KPCN 基底上得到的 Pd/KPCN 复合光催化剂，在可见光驱动下，以 D_2O 作为氘源，实现烯烃、α,β-不饱和酮的高效、高选择性氘代[33]，转化为相应烷烃的氘代率超过或接近 90%。

氘原子转移（DAT）即以光催化单电子转移或氢原子转移的方式生成自由基中间体（R·）；然后在氢原子转移催化剂，如硫醇或苯硫醇的介导下，发生 R· 与氘源间的氘原子转移后生成氘代产物 [图 6-11（c）（d）（e）][39]。通过该途径，目前已实现羧酸、卤代烃、硫醇等的去官能化氘代和硅烷、叔胺、醛基等的氢氘交换[39]。

金属多酸盐是一种常用的光催化氢转移催化剂,光激发下可以快速夺取惰性 C—H 键的氢原子,产生烷基自由基;硫氢键键能(80~88kcal/mol)比醛基碳氢键的键能更低。因此芳香醛活化后产生的酰基自由基能够快速攫取硫氘的氘原子得到氘代醛[图 6-11(c)]。基于此原理,Dong 和其合作者以 D_2O 作为氘源,在$(Bu_4N)_4[W_{10}O_{32}]$ 光催化剂/硫醇小分子催化剂的协同作用和 390nm LED 光照下,实现了多种芳香醛和烷基醛甲酰碳位置的常温常压下的精准氘代[43]。

总之,这些氘代化合物的光催化剂设计策略和合成路线离不开对光催化有机氧化/还原基元反应和热催化反应机理的深入理解。

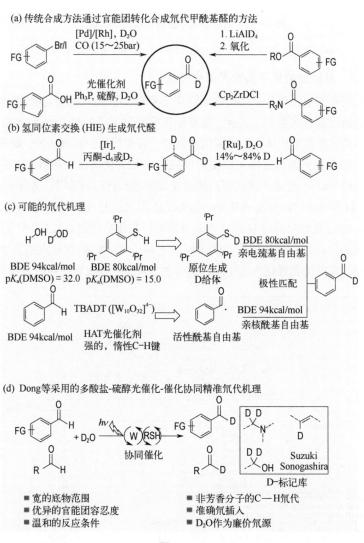

图 6-11

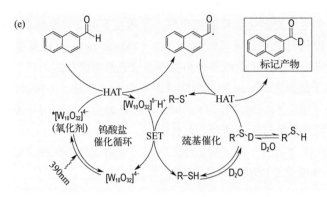

图 6-11 芳香醛的甲酰位氘代方法比较[43]

1bar = 10⁵Pa；[BDE 为结合能；pK_a（DMSO）是指二甲亚砜的解离常数]

6.2.4.2 高附加值化学品的光催化合成

偶氮和氧化偶氮芳香分子是一类广泛用于染料、电子、药物和医药工业的重要前体，经济价值比芳香胺更高。工业上通常使用重氮化反应生产（产率>70%），生产过程中存在不稳定叠氮中间体，使用腐蚀性的酸，需要严格控制温度等。研究表明，可见光驱动下的多相光催化过程可以实现偶氮染料和氧化偶氮染料常温下的高选择性合成 [图 6-12（a）]。反应产物还可以通过光源的波长进行调节[44]。如图 6-12（c）所示，偶氮染料的生成过程涉及硝基分子的光还原和之后的 N—N 偶联。机理研究表明，由于晶态 g-C$_3$N$_4$ 光催化剂对 H 原子的弱吸附可以有效抑制图 6-12(c)中Ⅱ和Ⅲ反应；含芳香结构的中间体在催化剂表面的良好吸附利于 N—N 偶联反应的发生。因此，g-C$_3$N$_4$ 在偶氮染料的光催化合成中表现优异的性能（生成偶氮染料的选择性>90%）。

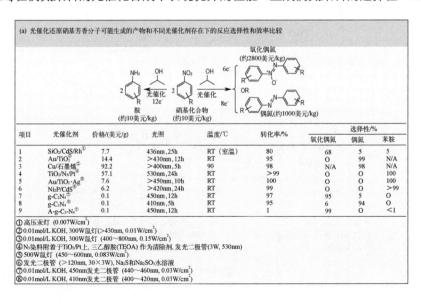

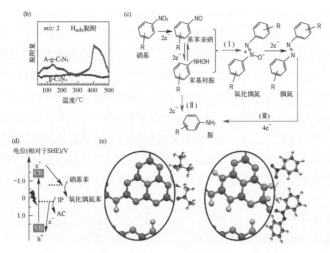

图6-12 （a）不同光催化剂光还原硝基苯的性能比较；（b）催化剂表面吸附氢原子的程序升温脱附（TPD）图；（c）硝基分子还原示意图；（d）催化剂和反应物/产物氧化还原电位；（e）异丙醇氧化和硝基苯还原反应可能的活性位点示意图[44]

β-烷氧基醇是合成免疫抑制剂和抗肿瘤药物的重要前体。一般通过醇和环氧分子的亲核加成反应合成。合成过程中需要使用腐蚀性的酸作为催化剂，反应条件苛刻。研究表明，Cu 物种可以通过配位作用实现环氧分子活化；Pd/TiO$_2$ 利于醇的光催化解离。Duan 等[45]以 Cu 原子掺杂 Pd 纳米片/TiO$_2$（Cu$_1$Pd$_{200}$/TiO$_2$）为光催化剂，氧化苯乙烯与甲醇的醇解反应为模型，实现了室温下 β-烷氧基醇（2-甲氧基-2-苯乙醇）的定量合成。研究发现，光照强度为 100mW/cm^2 时，醇解速率高达 176mmol/(g·h)，比 Pd/TiO$_2$、TiO$_2$ 和卤化钙钛矿基光催化剂高 6 倍、17 倍和几乎两个数量级[45]。光致发光研究表明，Cu$_1$Pd$_{200}$/TiO$_2$ 的光生载流子分离效率比 Pd/TiO$_2$ 更高，可以产生更多的活性甲氧基物种（甲氧自由基或阴离子）。这说明提高光生载流子分离效率对有机反应的快速进行非常重要。

6.2.4.3 生物质转化

生物质是地球上可再生的有机碳资源[46]。将其转化为高附加值的精细化学品和燃料是学术界和工业界长期追求的目标之一。目前使用的生物质转化方法主要是热化学转化法和生物转化法，二者均存在一定的局限性。与之相比，光催化过程可以在常温常压下进行，为生物质的选择性转化提供了一条新的途径。

木质素是木质纤维素的三大组分之一。木质素大分子可以看作芳香分子间通过 C—C、C—O 键连接的生物聚合物[图 6-13（a）]。因此，选择性断裂木质素的 C—O、C—C 连接键，可得到一系列芳香功能分子。Wang 等[47]使用水热法合成了 Zn$_m$In$_2$S$_{m+3}$（m = 1~6）纳米片光催化剂，并通过调控 Zn/In 原子比，实现光催化剂的带隙、导带、价带能级位置调控。光催化实验揭示，由于合适的能级位置和光吸收能力，$Zn_4In_2S_7$ 在木质素模型分子（PPol）的 β-O—C 键断裂上表现出很好的活性和选择性 [图 6-13（c）]。机理研究表明，β-O—C 键选择性断裂与催化剂表面存在的—SH 官能团密切相关 [图 6-13（c）]。在可见光驱动和氮气氛下，$Zn_4In_2S_7$ 光催化剂裂解木质素（桦木屑萃取产物）生成芳香分子单体的转化率接近 18.4%。由于 Z 型 $AgPO_4/PCN$ 复合光催化剂上的光生电子和空穴具有更强的氧化还原能力，可以在可见光驱动和 O_2 气氛下实现木质素 C_α—C_β 键的室温裂解。研究表明，C_α—C_β 键的断裂来自光生电子和空穴协同作用的光氧化还原过程 [图 6-13（d）]。光生空穴氧化木质素分子生成 C_β 自由基中间体；光生电子还原 O_2 生成的 $O_2^{·-}$ 进攻 C_β 自由基中间体，导致 C_α—C_β 键断裂生成芳醛 [图 6-13（d）]。

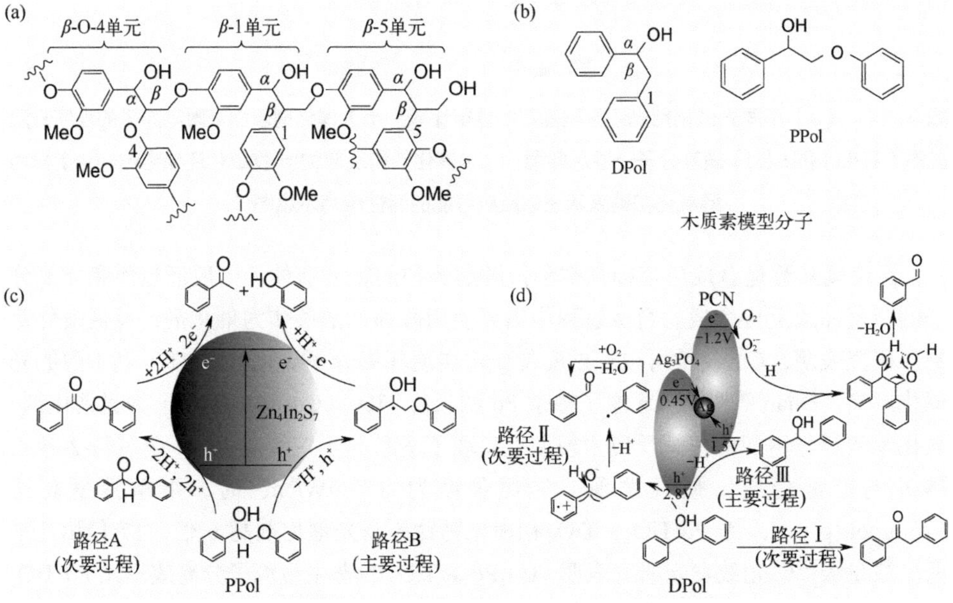

图 6-13 （a）木质素分子示意图；（b）木质素模型分子结构；（c）$Zn_4In_2S_7$ 光催化裂解 β-O—C 和（d）$AgPO_4/PCN$（聚合氮化碳）光催化裂解 β1（C—C）键，生成芳香分子单体的反应机理[47-48]

除上述几类产品外，多相光催化过程还可以实现亚胺、醛如安息香，以及氮、硫杂环分子的常温、常压、高选择性合成。这些工作充分说明，多相光催化过程可以在生物质室温裂解合成高附加值产品过程中发挥作用。

6.2.4.4 烯烃异构化

由于更好的热力学稳定性，因此常规合成方法得到的大部分是反式（E）烯烃，且反应的立体选择性相对较低。光辅助异构化过程可以实现反式（E, trans）烯烃向顺式（Z, cis）结构的转变，但通常需要高能的紫外光源。与之相比，在光稳定性好的光催化剂存在下进行的可见光驱动的烯烃异构化过程具有能耗低、安全、易于分离等优点。

1986 年，Yanagida 等[49]光照 CdS、ZnS 纳米粒子悬浮液实现了反式（E）烯烃向顺式（Z）或顺式向反式烯烃的转化。以 2-辛烯的光异构化反应为例，光催化剂为 CdS（或 ZnS），底物为顺式或反式烯烃，光催化反应达到平衡时，顺式/反式产物的比率为 0.29/0.29；底物为油酸甲酯时，相应的顺式/反式产物的比例为 0.44/0.20[49]。

烯烃的光催化异构化反应机理可以分为三线态能量转移；激基复合物机理；电子转移机理、链阳离子自由基和自由基参与机理等几种类型。催化剂表面的空穴捕获位点在烯烃的光异构化反应中起着关键作用［图 6-14（a）］。

2019 年，Bhadra 及其合作者[50]以光活性的三嗪和 β-酮胺为骨架单元构筑的 TpTtCOF 光催化剂，在蓝光 LED 照射下，实现了反式二苯乙烯向顺式二苯乙烯的转化。光照 18h，顺式产物产率达到了 90%；循环使用 4 次，催化剂活性未发生明显降低。如图 6-14（b）所示，异构化反应是通过催化剂和反应物之间的三线态-三线态能量转移机理进行的。这说明，通过光催化剂结构设计可实现特定有机物的立体选择性合成。Yu 等[51]以 N,N,N,N-四(4-氨基苯基)-1,4-苯二胺（TAPB）和 5,5'-(苯并[c][1,2,5]噻二唑-4,7-二基)双(噻吩-2-甲醛)（DTBT）为模块构筑的七重互穿结构 TPDT COF，在可见光驱动下，实现了反式二苯乙烯向顺式二苯乙烯或环氧化加成产物菲的选择性转化。

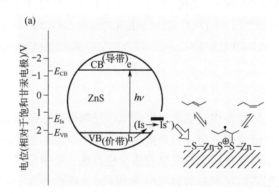

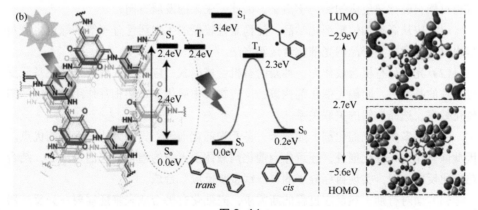

图 6-14

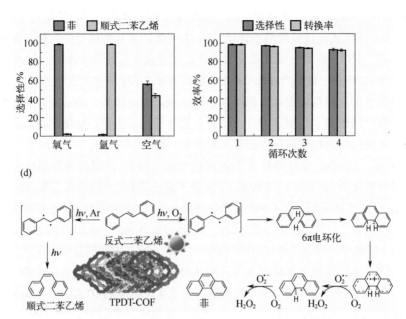

图6-14 （a）ZnS光催化的烯烃异构化示意图[49]；（b）TpTt COF光催化的二苯乙烯反式→顺式异构化反应机理示意图[50]；（c）TPDT COF光催化的顺式二苯乙烯、菲反应选择性和反应气氛的关系及反应效率随循环次数的变化；（d）TPDT COF催化的光异构化和光环化反应机理示意图

经过数年发展，尽管多相光催化有机合成已经取得了很多突破性进展，但由于较低的反应速度和反应效率，至今仍未实现工业化生产。如前所述，光催化有机合成的特点是：可实现常温常压下有机物的选择性合成；能带位置可调的光生空穴和电子可以作为氧化和还原试剂参与氧化/还原过程；光活化作为一种新的分子活化方式有可能突破化学反应的热力学限制。因此，未来的发展方向：

（1）应从高附加值精细化学品、热稳定性较低的生物活性分子等的绿色生产角度出发，探索相关产品的光催化合成新方法。

（2）光催化有机合成作为一种新的有机合成模式，应在深入理解光催化基元反应机理的基础上，明确光催化剂构象、反应物、中间体、产物相互作用与目标产物转化效率、选择性间的关联关系。

（3）很多多相光催化剂，如纳米、多孔光催化剂等，具有大比表面积的优点。因此除可作为光催化剂外，还可作为催化剂载体引入新的催化反应活性中心，结合热催化反应知识，实现目标分子的"一锅多步反应"合成。

（4）面对有别于热反应过程的新需求，光催化有机合成未来还需要在光反应器设计、光催化机理认识上开展深入研究。

参考文献

[1] Fox M A, Dulay M T. Chem Rev, 1993, 93: 341.
[2] Wen S, Zhao J C, Sheng G Y, Fu J M, Peng P A. Chemosphere, 2003, 50: 111.
[3] Higashida S, Harada A, Kawakatsu R, Fujiwara N, Matsmura M. Chem Commun, 2006: 2804.
[4] Eggins B R, Irvine J T S, Murphy E P, Grimashaw J. J Chem Soc, Chem Commun, 1988: 1123.
[5] Yanagida S, Kuzimoto H, Ishimaru Y, Pac C, Sakurai H, Chem Lett, 1985: 141.
[6] Yanagida S, Mizumoto K, Pac C. J Am Chem Soc, 1986, 108: 647.
[7] Carson P A, de Mayo P. Can J Chem, 1987, 65: 976.
[8] Ikezawa H, Kutal C. J Org Chem, 1987, 52: 3299.
[9] Wang C M, Mallouk T E. J Am Chem Soc, 1990, 112: 2016.
[10] Maldotti A, Amadelli R, Bartocci C, Carassiti V. J Photochem Photobiol A Chem, 1990, 53: 263.
[11] 吴琦琪, 乔玮, 苏韧. 科学通报, 2019, 64: 3309.
[12] Torres G M, Liu Y, Arndtsen B A. Science, 2020, 368: 318.
[13] Susanne R, Bartholomäus P. iScience, 2021, 24: 102209.
[14] Kobielusz M, Mikrut P, Macyk W. Adv Inorg Chem, 2018, 72: 93.
[15] Lang X, Chen X, Zhao J. Chem Soc Rev, 2014, 43: 473.
[16] Friedmann D, Hakki A, Kim H, Choi W, Bahnemann D. Green Chem, 2016, 18: 5391.
[17] Cherevatskaya M, König B. Russ Chem Rev, 2014, 83: 183.
[18] Dai Y, Xiong Y. Nano Res Energy, 2022, 1: e9120006.
[19] Tripathy J, Lee K, Schmuki P. Angew Chem Int Ed, 2014, 53: 12605.
[20] Tomita O, Ohtani B, Abe R. Catal: Sci Technol, 2014, 4: 3850.
[21] Wu X, Fan X, Xie S, Lin J, Cheng J, Zhang Q, Chen L, Wang Y. Nat Catal, 2018, 1: 772.
[22] Li Y, Ren P, Zhang D, Qiao W, Wang D, Yang X, Wen X, Rummeli M H, Niemantsverdriet H, Lewis J P, Besenbacher F, Xiang H, Li Y, Su R. ACS Catal, 2021, 11: 4338.
[23] Shiraishi Y, Togawa Y, Tsukamoto D, Tanaka S, Hirai T. ACS Catal, 2012, 2: 2475.
[24] Ruberu T P A, Nelson N C, Slowing I I, Vela J. J Phys Chem Lett, 2012, 3: 2798.
[25] Dai Y, Li C, Shen Y, Zhu S, Hvid M S, Wu L C Skibsted J, Li Y, Niemantsverdriet J W H, Besenbacher F, Lock N, Su R. J Am Chem, Soc, 2018, 140: 16711.
[26] Dai Y, Ren P, Li Y, Lv D, Shen Y, Li Y, Niemantsverdriet H, Besenbacher F, Xiang H, Hao W, Lock N, Wen X, Lewis J P, Su R. Angew Chem, 2019, 131: 6331.
[27] Xu F Y, Meng K, Cao S, Jiang C, Chen T, Xu J, Yu J. ACS Catal, 2022, 12: 164.
[28] Liu Y, Jiang X, Chen L, Cui Y, Li Q Y, Zhao X, Han X, Zheng Y C, Wang X J. J Mater Chem A, 2023, 11: 1208.
[29] Sun Y, Li Y, Li Z, Zhang D, Qiao W, Li Y, Niemantsverdriet H, Yin W, Su R. ACS Catal, 2021, 11: 15083.
[30] Ye X, Li Y, Luo P, He B, Cao X, Lu T. Nano Res, 2022, 15: 1509.
[31] Higashimoto S, Kitao N, Yoshida N, Sakura T, Azuma M, Ohue H. Sakata, Y. J Catal, 2009, 266: 279.
[32] Yuzawa H, Aoki M, Otake K, Hattori T, Itoh H, Yoshida H. J Phys Chem C, 2012, 116: 25376.
[33] Ke X, Zhang X, Zhao J, Sarina S, Barry J, Zhu H. Green Chem, 2013, 15: 236.
[34] Shiraishi Y, Hirai T. J Jpn Pet Inst, 2012, 55: 287.
[35] Nosaka Y, Nosaka A Y. Chem Rev, 2017, 117: 11302.

[36] Almquist C, Biswas P. Appl Catal A, 2001, 214: 259.
[37] Onoe J, Kawai T. J Chem Soc, Chem Commun, 1987: 1480.
[38] Li Y, Zhang D, Qiao W, Xiang H, Besenbacher F, Li Y, Su R. Chem Synth, 2022, 2: 9.
[39] Qu W, Qiu C, Su C. Chin J Catal, 2022, 43: 956.
[40] Qiu G Y S, Li Y W, Wu J. Org Chem Front, 2016, 3: 1011.
[41] Liu C, Chen Z, Su C, Zhao X, Gao Q, Ning G H, Zhu H, Tang W, Leng K, Fu W, Tian B, Peng X, Li J, Xu Q H, Zhou W, Loh K P. Nat Commun, 2018, 9: 80.
[42] Qiu C, Xu Y, Fan X, Xu D, Tandiana R, Ling X, Jiang Y, Liu C, Yu L, Chen W, Su C. Adv Sci, 2019, 6: 1801403.
[43] Dong J, Wang X, Wang Z, Song H, Liu Y, Wang Q. Chem Sci, 2020, 11: 1026.
[44] Dai Y, Li C, Shen Y, Lim T, Xu J, Li Y. Niemantsverdriet H, Besenbacher F, Lock N, Su R. Nat Commun, 2018, 9: 60.
[45] Duan M, Hu C, Duan D, Chen R, Wang C, Wu D, Xia T, Liu H, Dai Y, Long R, Song L, Xiong Y. Appl Catal B: Environ, 2022, 307: 121211.
[46] 鲍晓磊. 基于二维材料调控的高效光催化剂制备及其选择性有机合成性能研究[D]. 济南: 山东大学, 2022.
[47] Lin J, Wu X, Xie S, Chen L, Zhang Q, Deng W, Wang Y. ChemSusChem, 2019, 12: 5023.
[48] Wu X, Lin J, Zhang H, Xie S, Zhang Q, Sels B F, Wang Y. Green Chem, 2021, 23: 10071.
[49] Yanagida S, Mizumoto K, Pac C. J Am Chem Soc, 1986, 108: 647.
[50] Bhadra M, Kandambeth S, Sahoo M K, Addicoat M, Balaraman E, Banerjee R. J Am Chem Soc, 2019, 141: 6152.
[51] Yu T Y, Niu Q, Chen Y, Lu M, Zhang M, Shi J W, Liu J, Yan Y, Li S L, Lan Y Q. J Am Chem Soc, 2023, 145: 8860.

第7章 光催化环境净化材料

迄今为止,光催化机理及应用研究已经从最初的光催化分解水制氢拓展到光催化处理污水、固氮固碳、染料敏化太阳能电池以及光催化净化环境材料等多个领域,经历了不同的发展阶段。由于在光催化反应过程机制研究、材料合成及反应器设计等方面发展的局限,光催化在最初的光解水制氢、固氮固碳、大规模污水处理方面的尝试工作都受到一定的挫折和限制。相比之下,光催化技术和材料在环境清洁方面的应用得到较大的发展。

光催化应用涉及的领域非常广泛,包括:①能源,如光催化分解水制氢、光催化固氮固碳、光伏器件(染料敏化太阳能电池);②环境,如光催化环境净化材料、难降解污染物的消减、空气净化、水深度净化;③光化学反应研究;④光疗;⑤抑菌与病毒的破坏;等等。不同的应用对光催化剂的性能要求是有差别的。对于在光催化制氢或光电转换材料中使用的光催化剂,只要它们的价带和导带的能级或氧化还原电位能满足特定反应的需要就可以了,即发展可见光光催化剂。考虑到环境污染物是普遍存在的、复杂的、多样的和不可预测的,因而对于环境治理、环境污染物消减来说,需要的光催化材料应该是宽光谱响应(响应太阳光谱)、高反应活性的,即具有强的氧化和还原能力的广谱响应的光催化材料。TiO_2 材料在光照下产生强氧化和还原能力,本章将重点介绍 TiO_2 光催化材料在环境治理过程中的发展与应用,而对于光催化在污水处理中的具体应用与工程只做简单介绍。有关非均相光催化光电转换(染料敏化太阳能电池)、光分解水制氢等在本书的不同章节中予以介绍。

7.1 光催化在环境治理方面的应用

大带隙半导体,如 TiO_2 光催化剂的带隙很大(约 3.2eV),在光诱导下产生的电子和空穴具有强的还原和氧化能力,特别是氧化能力非常强,超过普遍使用的氧化剂。TiO_2 在光照下产生的电子具有比较强的还原能力,可以使污染物中的重金属离子还原;产生的空穴,理论上可以将几乎所有的有机物氧化到二氧化碳、水和无机物。由于 TiO_2 表面羟基作用及光照下产生的氧空位,使 TiO_2 材料表面具有超亲水性。光诱导产生的强的氧化还原性和超亲水性使 TiO_2 光催化材料具有防雾、防污、防霉、抗菌的功能。TiO_2 材料具有无味、无毒、光稳定性高、热稳定性及化学稳定性好、光催化活性较高及廉价的特点，因此在环境治理和污染物消除应用方面受到人们的重视。

7.1.1 光催化氧化能力

我们已经知道，在光催化反应过程中，氧化能力来自半导体的价带空穴，以及光生电子和空穴参与的一系列反应过程中产生的羟基自由基、活性氧物种。与传统的氧化剂相比，TiO_2 半导体的价带空穴具有非常强的氧化能力（表 7-1），从原理上讲，TiO_2 的价带空穴几乎可以氧化所有的有机物，并使有机物矿化为无机盐、水和二氧化碳。

表 7-1 TiO_2 的电子-空穴对与常见的氧化还原对的电极电势

氧化还原对	电极电势（相对于标准氢电极）/V
TiO_2 价带	>3.0
O_2/H_2O	1.23
Cl_2/Cl^-	1.40
MnO_4^-/MnO_2	1.7
H_2O_2/H_2O	1.78
O_3/O_2	2.07
F_2/F^-	2.87
TiO_2 导带	−0.2
O_2/O^{2-}	−0.13
H^+/H_2O	0.00

7.1.2 光致超亲水性

除了在光诱导下可以产生超强氧化能力之外，以 TiO_2 为基础的光催化材料的一个显著特点是表面的光诱导超亲水性。在通常情况下，当水雾接触到普通物体如玻璃或塑料表面时，会形成无数的小水滴，使物体表面看上去模糊不清，即产生雾浊。当水雾接触到光照后的光催化材料表面时，由于 TiO_2 材料表面的亲水性，水会在表面上均匀分布，形成均匀水膜，看上去好像没有水存在一样（图 7-1）[1]。

固体表面的润湿性是物体表面非常重要的性质，与表面的化学组成和结构有关。在很多场合可以应用，如防雪、防雾和防雨滴附着，减小摩擦力，自清洁，抗氧化和防污，设计微液体器件，等等。近年来，随着纳米科技的发展，表面润湿性能研究蓬勃发展。

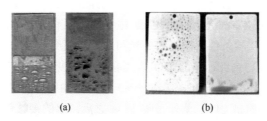

图 7-1　(a) 水和染料水溶液在有 TiO_2 涂膜的玻璃 (右) 和没有处理的玻璃 (左) 表面上的存在状态；(b) 染料溶液在有涂料膜的塑料板 (右) 和没有处理的普通塑料板 (左) 表面上的存在状态[1]

固体表面的润湿性，即疏水性或亲水性，由水与固体表面的接触角来度量。通常，接触角大于 150° 为超疏水表面，当接触角小于 5° 为超亲水表面。自从 TiO_2 光催化材料表面的超亲水性被发现以来[2]，相关基础和应用研究迅速发展。到目前为止，对有关 TiO_2 光催化材料表面光诱导产生的超亲水性提出了三个可能的机制：①紫外光诱导的氧缺陷机制，这也是 TiO_2 光催化材料表面的超亲水性发现者提出的模型；②紫外光诱导的 Ti—OH 键断裂机制；③疏水的污物层的光氧化去除机制。机制①认为，TiO_2 光催化材料表面的润湿性是可以通过紫外光照射进行控制的。紫外光照在 TiO_2 表面产生氧空位，这是水吸附和解离的活性位置。但是该理论的解释到目前为止并不十分清楚[3]。机制②是由 Sakai 等[4]提出的，认为超亲水性是表面修饰的结果，在水的存在下，光照导致 TiO_2 表面 Ti—OH 基团的覆盖程度增加。他们解释，与 Ti 原子 2-折叠配位的 OH 基团，由于水的吸附转变成两个 OH 基团，形成单配位，即每个 OH 与单个的 Ti 原子配位。但是这种理论似乎已为后来的研究证明是不确切的[5]。图 7-2 的研究[5]表明，粉末 TiO_2 表面上的 OH 基团与吸附的水分子的表面结合特性在紫外光照射前后没有改变。

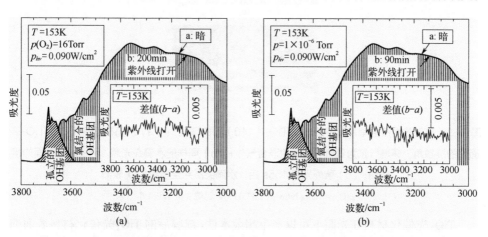

图 7-2　在 O_2 氛围和真空条件下，紫外光照前后，在 TiO_2 表面上的 OH 的红外光谱[5]

机制③[6-7]认为，光催化氧化去除了 TiO_2 表面上的疏水层，清洁后的 TiO_2 表面是亲水的。Zubkov 等[5]直接研究了具有自清洁功能的金红石 TiO_2 单晶（110）表面紫外光诱导的润湿现象。他们在超真空条件下制备具有自洁净功能的金红石单晶 TiO_2，在严格控制的实验条件下研究紫外光照时间与研究气氛中己烷对 TiO_2 表面污染的情况，以及水滴与金红石单晶 TiO_2 表面接触角的变化。图 7-3 是他们的典型实验结果[5]。在图 7-3 中，在 1atm（101325Pa）氧气氛中引入少量己烷，水滴与 TiO_2（110）面的接触角大约是 21°，紫外光照 154s 之后，水的接触角没有改变，在光照 155s 之后，接触角突然变小，低于 10°。他们在没有己烷存在的情况下做了同样的实验，水滴几乎立刻润湿 TiO_2（110）表面。研究表明，与气体己烷平衡的吸附态己烷，在表面稳定的覆盖率与水滴突然湿润表面需要的辐照时间之间有密切的相关性。机制③似乎更容易理解。目前，科学家可以设计和制造各种超亲水或疏水表面。然而，如果以非 TiO_2 的光催化材料做同样的实验，即在非 TiO_2 光催化材料的清洁的表面，不知是否会产生同样神奇的超亲水效果，或许 TiO_2 光催化材料的光诱导的表面超亲水性的确与 TiO_2 材料表面的结构和化学有关，而不单纯是因为表面污染的关系。

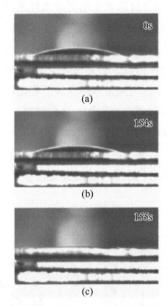

图 7-3 典型的水接触角忽然开始湿润 TiO_2（110）面的情况[5]：（a）水滴在没有光照的 TiO_2 表面上的接触角，环境气氛为氧气与己烷的混合气体；（b）同样的水滴在光照 154s 后与表面的接触角；（c）紫外光照 155s 后，水滴突然完全湿润 TiO_2 表面

$p(O_2)$ = 1atm(1atm=101.325kPa)，己烷含量 120μL/L

TiO_2 光催化材料在光照下可以产生超亲水性。成膜后的 TiO_2 光催化材料表面的这种超亲水性在没有维持光照的情况下一般可以保持 7~10 天左右。随着放置时间

的延长，这种亲水性会下降，光照后可以得到恢复，但是往往很难恢复到初始状态（<5°）。尽管这样，TiO_2 光催化材料的光诱导超亲水性是非常有用的，可以防雾浊、减少环境污染影响，使材料表面更清洁、更容易清洗。研究表明，在这种超亲水或亲水表面上形成的水层在温度低于零摄氏度时也会结冰。但是，当温度升高后，这种结冰的表面比普通表面的冰层更容易融化，在融化过程中，水的蒸发更快。由于在冰融化过程中水层保持均匀蒸发，玻璃表面看上去仍然是透明的。在-40℃结冰，在冰融化后，TiO_2 光催化材料的表面亲水性未因为-40℃的结冰过程而改变。

7.2 利用光催化反应处理污水

污水主要包括工业废水、农业废水和生活废水。其中含有大量的有机污染物，如表面活性剂、防腐剂、含氮有机物、有机磷杀虫剂、除草剂、染料、有毒金属离子等。到目前为止，污水处理一般有物理法、化学法和微生物法三种方法。环境污水处理大多采用过滤、吸附、高级氧化和生物细菌分解的办法处理水中的有机污染物。过滤与吸附的方法是将一种污染形式转换为另一种方式。水中还原性污染物质（包括有机物、亚硝酸盐）的去除率小，没有从根本上解决问题。高级氧化（化学氧化）需要特殊的处理方式，通常价格比较高。微生物法有一定的选择性，细菌分解不适合有毒污染物的处理，或是因为处理不了，或是在处理过程中有毒污染物可能会将细菌杀死而失效。

自 1976 年 Cary 等[8]报道了在紫外光照射下，纳米 TiO_2 可使难降解有机化合物多氯联苯脱氯以来，纳米 TiO_2 光催化氧化法作为一种水处理技术引起了各国众多研究者的广泛重视。至今，已发现有 3000 多种难降解的有机化合物可以在紫外线的照射下通过 TiO_2 催化降解，特别是当水中有机污染物用其他方法很难降解时，光催化技术有着明显的优势。

半导体光催化，特别是 TiO_2 光催化，以太阳能为光源、水为反应介质、在常温常压下进行反应，具有普适性，经过对光催化剂的表面处理，使性能具有可调变性，污染物可以被直接分解矿化至二氧化碳和水，因此适合大规模污水处理。Matthews 等[9]对水中 34 种有机物的光催化分解研究表明，TiO_2 光催化可以将水中的烃类、卤代物、表面活性剂、染料、羧酸等完全氧化。因此，从 20 世纪 70~80 年代起，利用光催化处理工业废水的研究广泛开展起来。

按照光催化剂的存在方式，TiO_2 光催化反应器一般分为悬浮式和固定式。早期代表性的污水处理工程是德国汉诺威太阳能研究所的 Bahnemann 博士与巴西及西班牙的合作研究的工程。他们设计了多种反应器，图 7-4 和图 7-5 是其中代表性的两种反应器。图 7-4 是悬浮式反应器，图 7-5 可以看作是一种固定式反应器。在此基础上，他们在巴西和西班牙分别建立了小型污水示范处理工程（图 7-6，图 7-7）。

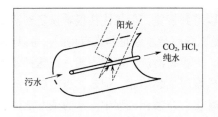
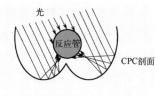

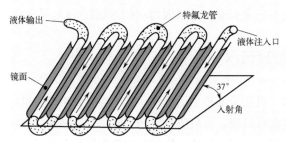

图 7-4 用于污水处理的设备［抛物线型槽式反应器
（compound parabolic concentrator，CPC）］示意图

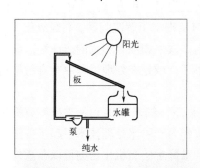
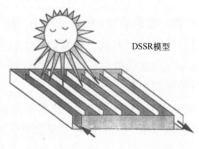

图 7-5 用于污水处理设备［双层薄板固定床式反应器
（double skin sheet reactor，DSSR）］示意图

图 7-6　在西班牙以槽式反应器为基础设计的小型污水处理示范工程

图 7-7　在巴西以固定床式反应器为基础建立的小型污水示范工程

然而上述两种反应器都存在明显的缺陷。在悬浮式反应器中，纳米光催化剂从水中的分离是一大难题。在固定床式反应器中，光催化材料的有效反应面积减小。因此有关光催化反应器的设计一直以来是光催化领域关注的问题之一，并有一定的发展。例如，以大比表面的物质如活性炭、沸石、空心微珠、多孔陶瓷等为载体形成负载型光催化剂。尽管可以解决催化剂与水的分离难题，但存在遮蔽效应，影响光的渗透与利用。以透明的玻璃纤维为载体材料，有利于催化剂的固定和光的传输[10-11]。2007 年，付德刚等[12]利用浸渍-提拉方法在弥散光纤（侧面发光光纤或通体发光光纤）表面涂覆 TiO_2 膜，设计研制了光纤式反应器，并将之用于 4-氯苯酚的光催化降解。研究表明，这种反应系统克服了传统的固定床式反应器的不足，可以有效地提高催化剂与反应物的接触面积、光的传输和利用效率。

尽管光催化反应可以将有机污染物分解矿化为无机物、二氧化碳和水。但是目前在规模处理，或工业化处理方面还没有突破性的进展。国内外有关 TiO_2 光催化用于水污染治理方面的研究大多还停留在证实过程的可行性水平上。究其原因，除了反应器的因素，就工业废水本身来说，所含污染物复杂多样、浓度高、浊度大、透光性差。使用光催化单一的处理手段进行污染治理难以获得理想的效果。因为光催化材料本身存在太阳能的利用率低、反应活性不高、反应速度慢的问题。因此，发展高反应活性、宽光谱响应、快速反应动力学的光催化材料、方法及处理系统是当务之急。当然，还可以将光催化的方法与常规的污水处理方法相结合，比如先将污水进行过滤除去固体杂质，再利用吸附方法处理，之后用光催化的方法处理吸附物及吸附处理后的污水，将污染物无害化处理。毫无疑问，光催化材料和方法是消除有机污染物的最有效和绿色的材料和方法之一。问题是如何发展光催化材料，如何组织和建设污水处理工程，进行何种规模的人力和物力投入。

值得一提的是，在此前的几十年里，由于经济的快速发展、工业化程度提高，我国的江河、湖泊、地下水的化学性水污染严重，对我国的生态环境和人民的生活健康带来了巨大的压力和威胁。目前水中的严重化学污染主要包括重金属污染、亚硝酸盐和磷酸盐等无机污染，染料、杀虫剂、环境激素类和抗生素类等有毒有机物污染以及洗涤剂污染等。这些污染物的危害和生物效应各不相同。大量研究表明，水中含有丙烯腈、类固醇药物等环境干扰素，将会导致生物遗传物质突变；含有砷、镍、铬等重金属离子，或亚硝盐、亚硝胺以及多环芳烃污染物，将诱发肿瘤的形成；含磷表面活性剂会导致水体的富营养化，使水生植物疯长，造成环境灾害。因此，为改善我国的水环境，国家除制定更加严格的污染物排放标准的同时，发展有效的措施对已进入环境体系的有毒污染物进行治理也具有非常重要的意义。近年来，我国加大了对环境污染的治理力度，取得举世瞩目的成绩。在消除低浓度、有机污染物方面，光催化材料和光催化处理方法是不可忽略的。

7.3 空气净化

环境有害气体可以分为两类，即室内有害气体和大气污染气体。室内有害气体包括室内装修材料、生活环境中产生的有害气体以及生物新陈代谢产生的废气，如甲醛、乙醛、乙酸、甲烷、氨气、硫化氢、甲硫醇、一氧化碳、一氧化氮、厨房烟雾及香烟烟雾等。大气污染主要来自工厂排放的烟气和汽车尾气，除了灰尘中的颗粒物之外，有害污染物主要是氮氧化物和硫氧化物。光催化材料用于空气净化器的研究已经多年。但是由于光催化材料和技术发展的限制，光催化反应的效率和速度都不高，很难满足在空气净化器中短程快速去除有害气体的要求。因此发明者和厂家一般将光催化方法与其他方法结合使用，如利用活性炭吸附（苯与甲醛）、弱酸中和（氨气）、化合物络合（甲醛）方法与光催化方法分解有害气体相结合。

以付贤智教授主持研制的"臭氧光催化空气净化器"专利[13]技术为基础的"万利达多功能光催化空气净化器"已在市场上销售,并批量销售到新加坡、泰国等地。其技术核心是超强酸光催化材料[14],也见第4章"TiO_2基固体超强酸光催化剂"部分。

城市空气污染也可以利用光催化材料进行治理。日本科学家将光催化材料与房屋建筑材料、道路建筑材料相结合,用作城市建筑物外墙和道路的建筑材料,使城市建筑的外表面成为一个大的空气净化器,用来减少城市空气污染。他们将TiO_2与活性石墨混合用到建筑材料上,让建筑物吃掉有毒气体。这种建筑板不需要维护,只要每周有点阳光、下一点雨即可清除大气中的污染物。初步实验表明,这些建筑板可以将大气污染严重的东京市的空气中有害物质减少三成。据报道,我国南京长江大桥的路面建材已部分使用光催化材料。

7.4 抗菌、防霉、除臭

光催化材料的抗菌作用源自半导体光催化剂在光的作用下产生的正空穴和电子与半导体表面吸附的氧气或水反应,产生超氧负离子和羟基自由基等一系列具有强氧化性的活性氧物种。细菌和霉菌是有机复合物。光催化材料的抗菌机制是,在光的作用下,在催化剂内产生电子-空穴对,分别与氧气及水反应,生成一系列活性氧自由基,如羟基自由基、活性氧负离子(O^{2-})等。羟基自由基和活性氧负离子都有很强的氧化能力,能在短时间内攻击细菌的外层细胞,破坏细菌的细胞结构使其失去活性后死亡,达到杀菌的目的。细菌死亡过程中释放的毒素也可以被光催化分解掉。付贤智等[15]研究了365nm的紫外光照射TiO_2对流感病毒H1N1的灭活性能,探讨了催化剂的用量、焙烧温度、比表面积、表面电活性与灭活细菌性能之间的关系。研究表明,TiO_2的制备条件、表面电性对灭活病毒的能力有显著影响。TiO_2对流感病毒H1N1的灭活首先从破坏H1N1的纤突部分开始,纤突部分的破坏导致H1N1灭活、分解,直至矿化。此前,付贤智等[16]还研究了TiO_2对牛血清白蛋白(BSA)的光催化降解反应过程。研究表明,BSA在5h之内已被TiO_2光催化完全分解为小碎片;延长反应时间到40h,BSA完全矿化(93.5%)。其中C、N、S分别矿化为CO_2、NO_3^-、SO_4^{2-}。如果单纯使用紫外光照射或仅有TiO_2存在时,5h内仅有30% BSA被分解为小碎片,即使延长反应时间,也无法使BSA矿化成二氧化碳和无机离子。因为病毒是由糖、蛋白质和核酸等生物大分子组成的,TiO_2光催化降解蛋白质等生物大分子并使之矿化成二氧化碳和简单的无机离子的研究结果,对于研究TiO_2对病毒的灭活和矿化作用具有非常重要的意义。因此,物质的霉变是细菌的作用,光催化作用灭杀了霉菌,可以抑制霉变。有机物腐败变质发出不良气味的气体也可以通过光催化分解清除。光催化本身也可以抑制有机物的腐败过程。因此光催化的防霉和除臭作用与细菌灭活密切相关。

银离子也具有抑菌性能，但是银杀菌或抑菌的机制与光催化过程不同。银离子的灭菌过程是接触抑菌反应：银离子与微生物接触后，造成微生物固有成分破坏，或产生功能障碍。当微量银离子到达细胞膜时，因为细胞膜带负电，银离子带正电，库仑引力使两者牢固结合，银离子穿透细胞壁进入细胞内，并与微生物体内的巯基（—SH）反应，使蛋白质凝固，破坏细胞合成酶的活性，使细胞丧失分裂繁殖能力而死亡。

参考文献

[1] 刘春艳. 光催化环境净化材料. 顺德：先进材料发展趋势研讨会报告, 2005.
[2] Wang R, Hashimoto K, Fujishima A. Nature, 1997, 388: 431.
[3] Thompson T L, Yates J T J. Chem Rev, 2006, 106: 4428.
[4] Sakai N, Fujishima A, Watanabe T, Hashimoto K. J Phys Chem B, 2003, 107: 1028.
[5] Zubkov T, Stahl D, Thompson T L, Panayotou D, Diwald O, Yates J T J. J Phys Chem B, 2005, 109: 15454.
[6] Nakamura M, Makino K, Sirghi L, Aoki T, Hatanaka Y. Surf Coat Technol, 2003, 169: 699.
[7] Gao Y F, Masuda Y, Koumoto K. Langmiur, 2004, 20: 3188.
[8] Cary J H, Lawrence J, Tosine H M. Bull Environ Contain Toxicol, 1976, 16: 697.
[9] Matthews R W. Water Res, 1991, 25: 1169.
[10] Hofstadler K, Bauer R. Environ Sci Technol, 1994: 670.
[11] 江源，司徒桂平. 照明工程学报, 2002, 13(2): 54.
[12] 徐晶晶，林义华，敖燕辉，胡艳，沈迅伟，袁春伟，林间，殷志东，付德刚. 环境化学, 2007, 26(1): 89.
[13] 付贤智，邵宇，刘平，魏可镁，陈传元，陈锦星. 臭氧光催化净化器, 中国专利: CN2333944, 1999, 7.
[14] 丁正新，王续续，付贤智. 化工进展, 2003, 22(12): 1278.
[15] 林章祥，李朝晖，王续续，付贤智，杨桂萍，林华香，孟春. 高等学校化学学报, 2006, 27(4): 721.
[16] 杨桂芹，李朝晖，林章祥，王续续，刘平，付贤智. 光谱学与光谱分析, 2005, 25(8): 1309.

第8章
非均相光催化在能源领域的应用

世界能源目前主要依赖于不可再生的石化资源，如煤、天然气和石油。随着人类社会的发展，这些能源的消耗日益加剧，逐渐枯竭。而这些能源消耗的同时所带来的环境污染，正威胁着人类赖以生存的环境。因此，寻找可再生和环保的清洁能源，消减 CO_2 的排放、治理环境污染已成为人类社会生存和发展最重要和迫切的任务。

8.1 光催化分解水制氢

氢气是一种清洁、高热值、可存储、环境友好的新能源材料。水分解可以产生氢和氧。太阳能是人类最易获取的"不衰竭"的能源。因此，利用太阳光照半导体（非均相光催化）分解水制氢，被认为是解决世界能源循环和环境清洁的最好和最重要的方法。

科学家预测[1]，到 2050 年人类社会所需能源的 1/3 将来自太阳能。因此需要建立 10000 个太阳能工厂（图 8-1）。这些太阳能工厂的总面积约 250000km^2，大约是地球沙漠面积的 1%。研究表明，要实现非均相光催化分解水制氢的商业化应用，需要发展光吸收边可达到 600nm 的宽带吸收光催化剂；太阳能转换效率应达到 10%。此外，还需要发展光催化反应过程中同时生成的氢和氧的分离技术。

光照半导体实现水分解产生氢和氧的最早工作要追溯到 1972 年。Fujishima 和 Honda 在电化学电池中，光照 TiO_2 阳极，分解水产生氢和氧[2]。在此后的几十年里，人们竭力研究和发展太阳光照半导体分解水制氢的新能源技术。由此，基于半导体非均相光催化分解水制氢的原理、技术、设备、材料，特别是光催化材料的研究取得极大的发展和成就，相关研究有诸多优秀的工作报道和述评[3-8]。光照半导体分解水制氢的过程是一类非均相光催化反应，因而遵循非均相光催化反应和工程的基本原理和规律。此处不再详细介绍非均相光催化分解水制氢的机理、设备和材料的发展过程、意义及成就，仅就反应过程中助催化剂和牺牲剂的使用进行初步探讨。因为在各类非均相光催化反应中（如光催化有机物分解），对助催化剂和牺牲剂的使用和讨论都比较少。但在非均相光催化水的全分解过程中助催化剂几乎是相伴相随的；为了提高氢的释放效率，也常使用牺牲剂，并因为助催化剂和牺牲剂对非均相光催化水的全分解过程产生特定影响而受到关注。

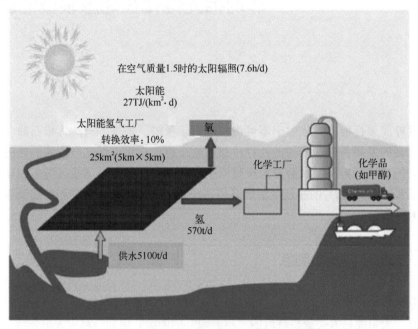

图 8-1　大规模太阳能分解水产氢的可能的体系[1]

8.1.1　助催化剂

顾名思义，助催化剂是一种辅助催化剂，是加到催化剂中的少量物质。这种物质本身没有催化活性或者活性很小，但能显著改善催化剂的效能，提高催化剂活性、选择性和稳定性。

水分解是一个热力学爬坡反应（图 8-2），标准吉布斯自由能 $\Delta G^{\ominus}$ 为 237kJ/mol 或者 1.23eV。反应过程需要转移多个电子，见式（8-1）～式（8-4）。式（8-2）是水氧化的半反应，式（8-3）是质子还原半反应，式中 h^+ 和 e^- 分别为光生空穴和光生电子。

$$2h\nu \longrightarrow 2e^- + 2h^+ \tag{8-1}$$

$$H_2O(l) + 2h^+ \longrightarrow 1/2 O_2(g) + 2H^+ \tag{8-2}$$

$$2H^+ + 2e^- \longrightarrow H_2(g) \tag{8-3}$$

水分解的总反应式：

$$2h\nu + H_2O(l) \xrightarrow{h\nu} 1/2 O_2(g) + H_2(g) \tag{8-4}$$

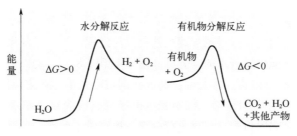

图 8-2 光催化水分解和有机物分解反应的能量示意图

对于光催化反应，半导体材料的带隙是最重要的因素之一。只有半导体带隙以及能级位置与光反应要求的能级相匹配，光催化反应在热力学上才是可行的。因此，为了完成水分解反应，光催化材料的带隙能应大于 1.23eV。此外，为了提高光激发产生的电子和空穴对水的还原和氧化能力，材料的带隙、导带和价带电位匹配是非常重要的。要使水解反应能在光照下进行，水的氧化还原电位应该在光催化剂的带隙内。即半导体导带的底部应该比 H^+/H_2 的还原电位 [0V，相对于标准氢电极（NHE）] 更负；价带的顶部比 O_2/H_2O 的氧化电位（1.23eV）更正。在半导体能带位置图上（图 8-3）[9]，导带边高于 H^+/H_2 的氧化还原电位，同时价带边低于 O_2/H_2O 的氧化还原电位的半导体属于氧化还原型半导体，如 TiO_2、$KTaO_3$、CdS 等。

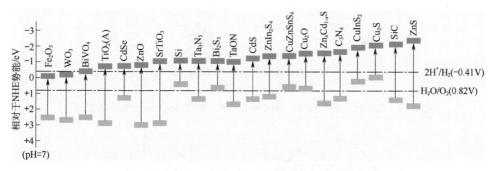

图 8-3 半导体的能带位置及水分解的氧化还原电位[9]

理论上，满足上述能带匹配要求的催化剂，光照下可以实现光催化分解水产生氢和氧。遗憾的是，在许多情况下，在没有牺牲剂（通常是空穴陷阱）和助催化剂存在下的真正的水分解反应是极其困难的；纯水的光照分解反应效率通常很低，或者几乎完全不能进行。这与水分解生成氧的四电子反应速度太慢有关。与生成 H_2 的半反应相比，水氧化半反应是一个四电子反应过程，在热力学和动力学上更具挑战性，被认为是水全分解反应的速率决速步[10]。

限制半导体光催化水全分解的主要因素包括：①反应速度慢；②半导体光催化剂表面活性位置不足；③光生电子和空穴在分离和迁移过程中复合；④电荷的复合

比表面反应速度快；⑤某些半导体光催化剂在光照下不稳定，易氧化[10]。研究表明，负载适当的助催化剂可以促进或加速光催化反应过程[10-12]。光催化剂在适当的助催化剂辅助下，可以催化进行水的全分解（图 8-4 和图 8-5）。助催化剂的作用在于：①提供活性位置/反应位置。②通过在助催化剂和吸光半导体之间形成的结/界面，促进光生载流子的分离和传输，抑制光生电子与空穴的复合和水形成的逆反应。③为光生电荷提供陷阱位置，促进电荷分离，提高量子效率；可以通过适时地消耗光生电荷，特别是空穴，改善催化剂的光稳定性。④助催化剂通过降低活化能促进催化反应。半导体负载的助催化剂的性质、在半导体表面的分布、与半导体间的界面和结之间的反应是非常重要的[10]。

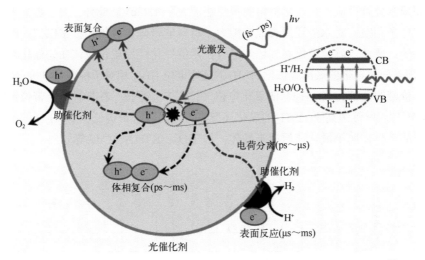

图 8-4　在氧化和还原双向助催化剂存在下，半导体光催化分解水的机理[5]

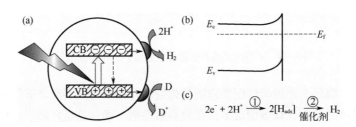

图 8-5　光催化制氢的示意图：（a）负载了双向助催化剂半导体上的反应过程；（b）半导体（n 型）和贵金属通过形成 Schottky 结形成费米能级平衡；（c）质子还原反应的两个一般步骤[10]

如图 8-4 和图 8-5 所示，用于光催化分解水的助催化剂有两种类型，即促进质子还原（$2H^+ + 2e^- \rightarrow H_2$）的助催化剂和水氧化（$2H_2O + 4h^+ \rightarrow O_2 + 4H^+$）助催化剂；两种助催化剂同时使用，即所谓的还原和氧化双向助催化剂。

助催化剂可以提供还原和氧化活性位置，降低活化能、俘获荷电载流子、抑制光生电子与空穴的复合。对于光催化反应，贵金属、过渡金属氧化物和硫化物可以用作光催化反应的还原或氧化型助催化剂。光催化反应的性能决定于半导体的吸光特性，以及助催化剂的功能。一般说来，光催化剂应该由三个必要的功能组分组成，即吸光半导体、还原和氧化反应助催化剂。一个有效的助催化剂在电子和能级上应该与半导体是和谐的，即助催化剂与吸光半导体应该有可兼容的晶格和电子结构，具有合适的费米能级或带能级，这样，在界面建立的电场驱动的半导体和助催化剂之间的电荷转移过程才是有效的[10]。

传统上，金属，特别是贵金属，如 Pt，可用作光还原助催化剂。贵金属可作为电子陷阱和反应活性中心助力质子还原反应[10]。如图 8-5（a）所示，半导体激发后产生光生载流子，光生载流子迁移到表面之后，发生 e⁻（电子）对质子的还原，h⁺（空穴）对电子给体的氧化。质子还原过程明显是由助催化剂俘获的光生电子、H^+还原活性、表面氢原子结合成分子 H_2（催化能力）活性决定的。电子的俘获能力由贵金属的功函数决定。以 TiO_2 为例，Schottky 势垒可以在金属/TiO_2 界面形成。Schottky 势垒是一种结，有利于电荷分离［图 8-5（b）］。质子在助催化剂上的还原过程至少有两步：去电荷阶段和催化阶段［图 8-5（c）］。功函数大的贵金属，即费米能级低，可以更快俘获电子。因此，在许多贵金属中，Pt 是俘获电子最好的助催化剂。从电子俘获和催化两者考虑，Pt 通常最适合作为制氢的助催化剂[10]。

在光照情况下，某些半导体光催化剂易于被光生空穴氧化。以 CdS 为例，CdS 带隙窄，可以吸收可见光，但会发生"$CdS + 2h^+ \rightarrow Cd^{2+} + S$"的光腐蚀。负载 PbS 作为氧化助催化剂，可避免 CdS 的光腐蚀（主要是光氧化）。PbS 负载在 CdS 上，光催化剂活性可以稳定 25h，甚至长于 100h。由于氧化助催化剂可以有效地清除光生空穴，半导体免予氧化[10]。常用的水氧化助催化剂，有氧化铱、氧化钌、磷酸钴、氧化钴、PbS 等。

贵金属，如 Pt 和 Rh 是氢生成的良好促进剂，但也能催化逆反应，促使新生的氢和氧形成水，这限制了它们在光催化水全分解过程的助催化剂的作用。为了避免逆反应，有人使用过渡金属氧化物如 NiO_x 或者 RuO_2 作为助催化剂[11]。为了避免贵金属助催化剂的副作用，也可以采用核壳结构，以保护助催化剂的稳定性，提高水分解效率。Domen 等[11]报道了纳米铑和铬混合氧化物与 GaN 和 ZnO 形成固溶体，强调了助催化剂在光催化分解水中的重要作用。核壳结构纳米颗粒（具有贵金属或金属氧化物核和镉壳，Cr_2O_3）作为新型助催化剂被用来进行水全分解。图 8-6 展示了以 Mn_3O_4 和 Rh/Cr_2O_3 为助催化剂的光催化水分解机制。由图 8-7 可见，与在光催化剂 GaN:ZnO 上仅使用促进质子还原的助催化剂相比，双向助催化剂的使用明显提高了放氢和氧的速率[11]。

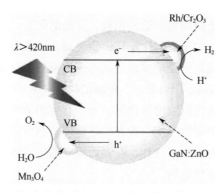

图 8-6　光照 Mn_3O_4 和核壳结构 Rh/Cr_2O_3 修饰的 GaN:ZnO 全水分解示意图[11]

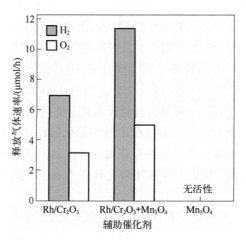

图 8-7　不同助催化剂修饰的 GaN:ZnO 在可见光（$\lambda >$ 420nm）照射下的光催化活性[11]

半导体光催化剂上的助催化剂的作用与复合半导体略有不同。如前所述，助催化剂促进光催化氧化和还原反应，本身几乎没有或很少有光催化能力。复合半导体，如 CdS/TiO_2，两者都是光催化剂，均参与光生载流子的生成。CdS 本身是一种窄带隙半导体（约 2.5eV），可以吸收可见光，拓展宽带隙半导体 TiO_2（约 3.2eV）的光吸收范围，同时弥补了自身光不稳定的缺陷（第 4 章，图 4-4）。作为复合光催化剂，CdS 参与光催化反应。CdS 光激发产生电子和空穴，导带电子向 TiO_2 的导带迁移，TiO_2 价带上的空穴迁移到 CdS 的价带，抑制了光催化剂表面的光生电子与空穴的复合，从而促进光生空穴的分离，提高光催化反应的效率。CdS 是 TiO_2 的修饰剂，具有光催化性能，但本质上，仍是一种辅助催化剂。

8.1.2　牺牲剂

在化学反应过程中，如果目标反应产物当中的一种或多种可以与反应体系中已存在或添加的某种物质进行后续反应并因此而消耗，则目标反应的速率会提高。目前，基于半导体光催化过程的纯水分解反应的速度极慢，这与水的氧化和还原是需要四个电子的复杂多步反应有关。如果在光催化水分解体系中加入电子和/或空穴清除剂，水分解反应的速率就可以大大提高。所加入的这些空穴清除剂，即所谓的光催化制氢体系中作为电子给体或受体的牺牲剂。但是，加入牺牲剂，除了额外消耗化学品，还将带来反应机理和动力学过程的变化，在这种情况下，水分解反应过程的机理和动力学与纯水的光催化分解就不同了（图 8-8）[12]。

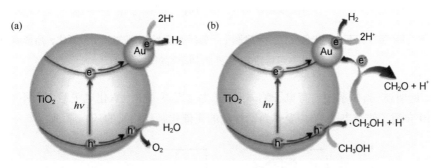

图 8-8　Au@TiO_2 催化剂在紫外光照下的水分解（a）和甲醇分解（b）[12]

甲醇常被用作光催化水分解的牺牲剂。甲醇与空穴反应产生的自由基（·CH_2OH），可提高氢的产率。氢的产生效率，不管使用的是水还是牺牲剂应该几乎是一样的 [图 8-8(a)]。然而，如图 8-8（b）所示，牺牲剂对光生空穴的捕获和随后产生的自由基（·CH_2OH）将参与其后的产氢循环，导致产氢效率提高，难以反映真实的水分解产氢过程。因此，以利用牺牲剂进行水分解获得的信息来认识水分解的原理是有问题的[12]。

在没有牺牲剂（通常是空穴陷阱）和助催化剂存在下的真正的光催化水分解是低效的。但是牺牲剂的存在改变了反应的过程和结果，带来了新的问题。早在 2012 年著名的光化学家 Serpone 和 Kamat 就分别对牺牲剂存在下的半导体光催化水分解过程的机制提出了疑问[13-14]。Serpone[12]指出，关于水分解，太多（too many）研究者经常（too often）声称实现了水分解。然而，反应体系中常含有牺牲电子给体或受体，如反应在水/乙醇介质中进行。从水还原产生氢，不是最终结果，水分解的结果应该是水氧化到 O_2，这对每个分子来说同时需要 4 电子的氧化平衡。Kamat[14]指出，在 H_2 形成过程中使用牺牲剂是一个好的技术，可以研究选择性还原或氧化过程。然而，人们不能使用这样的实验体系，声称获得了制氢效率的突破。作为 *ACS Energy Lett.* 杂志的主编，Kamat[15]更是以"半导体光催化：请告诉我们完整的故事！"（Semiconductor photocatalysis: Tell us the complete story!）为题，讨论了有牺牲剂与没有牺牲剂存在的情况下，光催化水分解反应机理和效率的差异。他强调，在牺牲剂存在下，光催化水分解形成氢是经过了直接还原和间接氧化的途径（图8-9）[15]。

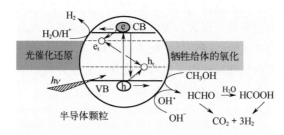

图8-9　在甲醇存在下水的光催化还原示意图［甲醇(牺牲剂给体)被光生空穴氧化，所形成的羟基自由基可导致H_2和其他中间体的形成］[15]

如前所述，当体系中含有电子给体时，光生空穴不可逆地氧化电子给体而不是水。图8-10介绍了使用电子给体/受体为牺牲剂的光催化制氢和氧的基本原理。

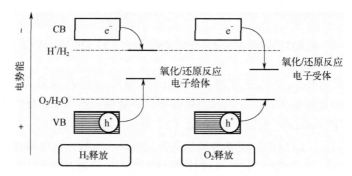

图8-10　在牺牲剂存在下光催化反应的基本原理[16]

8.1.2.1　牺牲剂的种类

常用牺牲剂有有机电子给体牺牲剂和无机电子给体牺牲剂两大类。

（1）有机电子给体牺牲剂

对于光催化产氢，有机牺牲剂体系，如醇类（甲醇、乙醇、异丙醇等）、有机酸（甲酸、乙酸、抗坏血酸等）、醛类（甲醛、乙醛等）和胺类（三乙醇胺等），已经用作空穴清除剂（即作为电子给体），以提高光催化电子/空穴分离效率。由于电子给体在光催化反应中不断消耗，为了维持产氢速度，需要不断补充牺牲剂[17]。

Kawai等[18]提出了甲醇全分解反应过程［式（8-5）～式（8-8）］，可以用来与水分解循环［式（8-1）～式（8-4）］进行比较。式中（l）指液体，（g）指气体。

$$CH_3OH(l) \xrightarrow{h\nu, TiO_2} HCHO(g) + H_2(g) \quad (8\text{-}5)$$
$$\Delta G^{\ominus} = 64.1 \text{kJ/mol}$$

$$\text{HCHO(g)} + \text{H}_2\text{O(l)} \xrightarrow{h\nu,\ \text{TiO}_2} \text{HCOOH(l)} + \text{H}_2\text{(g)} \tag{8-6}$$
$$\Delta G^\ominus = 47.8\text{kJ/mol}$$

$$\text{HCOOH(l)} \xrightarrow{h\nu,\ \text{TiO}_2} \text{CO}_2\text{(g)} + \text{H}_2\text{(g)} \tag{8-7}$$
$$\Delta G^\ominus = -95.8\text{kJ/mol}$$

总反应

$$\text{CH}_3\text{OH(l)} + \text{H}_2\text{O(l)} \xrightarrow{h\nu,\ \text{TiO}_2} \text{CO}_2\text{(g)} + 3\text{H}_2\text{(g)} \tag{8-8}$$
$$\Delta G^\ominus = 16.1\text{kJ/mol}$$

（2）无机电子给体牺牲剂

硫化物，如 S^{2-} 和亚硫酸盐 SO_3^{2-}，是很有效的空穴受体，可用作光催化分解水的牺牲剂。特别地，CdS 经常用作光催化剂，在 S^{2-} 和/或 SO_3^{2-} 存在下制氢。S^{2-} 和/或 SO_3^{2-} 可以被光生空穴氧化形成 S_n^{2-} 和 SO_4^{2-}。S^{2-} 离子氧化形成的黄色多硫化物 S_n^{2-} 在可见区有强的光吸收，作为滤光器，将减少 CdS 对光的吸收。此外，S_n^{2-}，如 S_2^{2-}，与质子的还原反应存在竞争[17]。因此，随着反应时间的延长，H_2 的产率会下降。幸运的是，SO_3^{2-} 可以作为 S_n^{2-} 的再生剂，使溶液无色。因此，S^{2-}/SO_3^{2-} 混合物广泛用作电子给体，加到水/半导体悬浮液中，改善水分解制氢的光催化活性和稳定性[4,17]。

使用 S^{2-} 和/或 SO_3^{2-} 还是用乙醇作牺牲剂更好，是有争议的。S^{2-} 和/或 SO_3^{2-} 比乙醇更容易氧化，因此，可以降低不理想的、非需求的半导体光腐蚀反应（空穴的竞争反应），但不能完全阻止。在 CdS 光催化分解水产氢体系，使用 S^{2-} 的另一个优势是，溶解的 Cd^{2+} 可以与 S^{2-} 反应形成 CdS。但这种修复机理不适用于水-甲醇溶液体系[17]。

其他的无机离子，如 Fe^{2+}、Ce^{3+}、I^-、Br^- 和 CN^- 也被用作制氢的牺牲剂。这些无机离子容易被光生空穴氧化成 Fe^{3+}、Ce^{4+}、I_3^-（或者 IO_3^-）、Br_2 和 OCN，光生电子还原水产生氢。某些光氧化物种，如 Fe^{3+}、Ce^{4+} 和 IO_3^- 很容易被光生电子还原成 Fe^{2+}、Ce^{3+}、I^-，它们可能成为水溶液中光催化产氧的电子受体[4]。

8.1.2.2 水中污染物为牺牲剂的光催化反应

如前所述，牺牲剂的加入不仅影响光催化分解水的机制和效率，更消耗了宝贵的化学品。一个理想的解决方案是，以有机污水代替纯水进行光催化分解水制氢。在这些光催化体系中，有机物被光生空穴氧化，同时光生电子还原水为氢。由此建立了双功能光催化体系，即有机污染物用作电子给体，完成污水光催化制氢过程，有机污染物同时分解。

至今，已有不同种类的模型污染物（偶氮染料、草酸、甲酸、甲醛、氯乙酸、EDTA、二巯基丁二醇、三乙醇胺、联氨、二氯苯氧乙酸、氯酚等）被用作电子给体，建立双功能光催化体系，使有机污染物的光催化分解与有效制氢反应同时发生[4]。

Kawai 和 Sakata[19-20]以负载金属的 TiO_2 为催化剂，碳水化合物如淀粉、纤维素、甘氨酸、葡萄糖和蔗糖用作牺牲电子给体，构建了有机物分解和制氢的双功能体系。

Fu 等[21]提出了以 Pt/TiO$_2$ 为光催化剂，光催化分解葡萄糖水溶液制氢的机制，见式（8-9）～式（8-18）和图 8-11。

$$Pt/TiO_2 + h\nu \longrightarrow e^- + h^+ \qquad (8\text{-}9)$$

$$h^+ + H_2O \longrightarrow H^+ + \cdot OH \qquad (8\text{-}10)$$

$$H^+ + e^- \longrightarrow 1/2 H_2 \qquad (8\text{-}11)$$

$$RCH_2OH \longrightarrow H^+ + RCH_2O^- \quad (RCH_2OH = C_6H_{12}O_6) \qquad (8\text{-}12)$$

$$RCH_2O^- + h^+ \longrightarrow RCH_2O\cdot \qquad (8\text{-}13)$$

$$RCH_2O\cdot + R'CH_2OH \longrightarrow R'\dot{C}HOH + RCH_2OH \qquad (8\text{-}14)$$

$$R'\dot{C}H_2OH + h^+ \longrightarrow H^+ + R'\dot{C}HO\cdot \longrightarrow R'CHO \qquad (8\text{-}15)$$

$$R'CHO + \cdot OH \longrightarrow [R'COOH]^- + H^+ \qquad (8\text{-}16)$$

$$[R'COOH]^- + h^+ \longrightarrow R'H + CO_2 \qquad (8\text{-}17)$$

总反应

$$C_6H_{12}O_6 + 6H_2O \xrightarrow{h\nu,\text{催化剂}} 6CO_2 + 12H_2 \qquad (8\text{-}18)$$

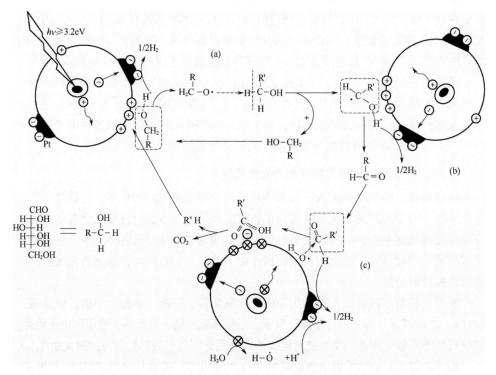

图 8-11　葡萄糖在 Pt/TiO$_2$ 上光催化分解机制[21]

显然，光催化分解水制氢与水污染物消除的双功能非均相光催化体系是令人期待的。但需要注意的是：①真正的水分解机制与牺牲剂辅助的体系是不能简单转换的；②如果污染物辅助的氢的释放是真实的，所期盼发展的光催化剂应该是可利用可见光、具有持久活性（耐用）的。更进一步，理想的执行光催化体系应该是流动体系。这些显然都是挑战，但并不是无法克服的[21]。

8.2　CO_2的光催化还原

早在 1913 年，Benjamin Moore 就指出[22]：探索生命本原的第一步应该是以无机胶体作为催化剂，在光照下从无机物合成有机物。光催化分解水制氢、固氮、固碳的反应正是遵循了 Moore 的理论。

在自然界中，植物接收太阳光能，与水结合，将空气中的 CO_2 还原，形成可供植物利用的有机物，这是植物的光合作用 [式（8-16）]，是自然界中的非均相光催化反应，植物的叶绿素是光催化剂。

$$CO_2 + H_2O \xrightarrow{h\nu, 叶绿素} \frac{1}{6n}(C_6H_{12}O_6)_n + O_2 \qquad (8\text{-}19)$$

利用太阳能实现 CO_2 还原，是实现 CO_2 转化的最佳途径。二氧化碳与水的光催化反应形成有机物和氧，更接近人工光合成反应，取代光合作用中植物叶绿素的是半导体光催化剂。光催化材料是太阳能催化 CO_2 转化为有机物的最重要的决定因素。

所谓固碳、固氮，是 CO_2 和 N_2、NO_x 的还原，具体反应式如下：

$$2N_2 + 6H_2O \xrightarrow{h\nu} 4NH_3 + 3O_2 \qquad (8\text{-}20)$$

$$CO_2 + H_2O \xrightarrow{h\nu} (CH_4, CH_3OH, HCHO, HCOOH) + O_2 \qquad (8\text{-}21)$$

固碳、固氮研究涉及环境治理和能源方面的问题，相关研究已经有很多报道。尤其是最近几年，由于能源和环境方面的呼声强烈，这方面的研究已成为热点。相对地，目前对氮化物还原研究较少，对 CO_2 的光催化还原反应研究得更多些，并有明显进展。即便如此，人们对 CO_2 还原的初始活化、C—C 键形成、表面结构、电解质效应（pH、缓冲强度、离子效应）和传质之间错综复杂的相互作用的系统了解仍然不足[23]。

在众多的半导体光催化还原 CO_2 过程中，研究最多的光催化材料是 TiO_2、CdS 和 CdSe。通过光催化还原可以减少温室气体，使 CO_2 转变为有用的能源动力材料，如将 CO_2 转变成甲醇。Wu 等[24]以波长为 365nm 的汞灯为光源，利用载铜的 TiO_2（Cu/TiO_2 薄膜）催化剂，研究了 CO_2 到甲醇的还原反应。研究表明，甲醇的产率随辐照光强而增加，铜的负载量对甲醇的产率有重要影响。

Kisch 等[25]利用溶胶-凝胶方法,以 FeCl₃ 和异丙氧基钛为反应物制备了钛酸铁(Fe_2TiO_7)薄膜,研究了四氧化二氮化合物光催化还原到氨的过程。他们还探讨了二氮化合物在钛酸铁薄膜上光固定的反应机理(图 8-12)[26]。

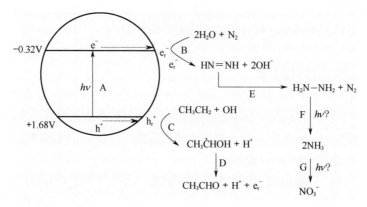

图 8-12 四氧化二氮光固定的可能机理(图中大写字母 A~G 表示反应步骤)[26]

此外,作为新发展的网状结构多孔晶态材料,MOF 具有可设计的结构和反应活性中心,反应具有高选择性、高活性和多样性特点,光催化剂可分离回收。MOF 光催化还原 CO_2 的研究和应用已成为光催化反应的研究热点。

有关 CO_2 的光催化还原研究已经有很多很好的述评[27-29],本书仅简单介绍 CO_2 光还原的反应影响因素,以及最新发展的 MOF 光催化材料在 CO_2 光还原反应中的应用趋势。

8.2.1 CO_2 光催化还原反应机制

CO_2 光催化还原反应,原则上遵循非均相光催化反应机理。首先是光催化剂(可以是半导体本身,或者表面结合或负载的其他光敏物质的半导体)具有合适能级,可以接受光而激发,激发产生的电子-空穴对分离并迁移。光生电子和空穴在迁移过程中进行体相复合和表面复合;迁移到表面的电子和空穴分别与半导体表面上的电子受体和给体反应,经历表面催化反应。半导体的表面反应是需求的目标反应。光生电子具有很强的还原能力,可以将 CO_2 还原,得到 $HCHO$、$HCOOH$、CH_3OH、CH_3CH_2OH 等液相产物和/或 CH_4、CO 等气相产物。

由于 CO_2 气体的相对稳定性($\Delta G_f^{\ominus} = -394.4 kJ/mol$),$CO_2$ 光催化转换为有机物是一个能量爬坡反应(uphill conversion)。CO_2/CO_2^- 的氧化还原电位非常负(-1.9V,相对于 NHE),常常需要引进能量进入反应体系来促进 CO_2 的还原。理想地,提供能量的是可再生能源,如风能、太阳能和水力发电的电能。

此外,许多因素影响 CO_2 光催化还原反应。其中,发展新的高活性光催化材料是重点。除了半导体光催化剂的带隙,及其与 CO_2 光还原反应相匹配的半导体能带结构,诸多因素会影响 CO_2 的光催化还原反应的可行性和效率。比如,半导体光催化剂的晶相、表面态,反应体系 pH 和微环境,辅助催化剂的选择,等等。

(1) pH 影响

对于光还原反应,标准还原电位需要低于半导体材料的导带边,即半导体导带边的电位更负。带边缘位置服从能斯特方程,即 pH 每移动一单位,带边移动 -59mV。如果反应过程中标准氧化还原电位涉及 H^+ 和 OH^-,电解质的费米能级也随 pH 改变。这是光催化反应经常遇到的情况,如 TiO_2 的导带电位与体系 pH 之间的关系(E_{CB} = -0.1-0.059pH)(第 1 章图 1-9)。这也是 CO_2 光催化还原反应的情况。

(2) 表面态

表面态常常是由晶格在半导体材料表面的终止而引起的。颗粒边缘的悬键,颗粒表面及周围环境的变化,也是造成表面态的诸多原因。表面态形成的能级仅存在于半导体表面而不是体相。表面态经常是光生电子和空穴复合的位置。半导体/电解质界面的电子转移受表面态的影响。对于半导体的导带或价带,表面态也可以是陷阱位置。对于金属氧化物半导体,半导体表面的氧空位是 CO_2 还原的活性位置。CO_2 分子喜欢吸附在电极表面的氧空位上。比如,在 TiO_2 晶格上失去 O^{2-},可以将两个相邻的 Ti^{4+} 还原到 Ti^{3+},后者作为富电子点,与 CO_2 分子的反键轨道反应[28]。

(3) 助催化剂

加入助催化剂可以大大改善半导体材料光催化还原 CO_2 的性能。助催化剂可以提供捕获电子的位置,促进电荷分离,改善产物的选择性。助催化剂可以分为两类。一类是沉积在半导体表面的金属纳米颗粒或金属氧化物。这样,金属和金属氧化物可以分别捕获电子和空穴。当沉积金属的费米能级在半导体导带的下方,目标反应的氧化还原电位的上方,金属颗粒可以作为电子继电器,辅助还原反应的进行;而金属氧化物助催化剂可以作为空穴陷阱。另一类助催化剂是加入到电解质中的复合分子物种,铼、铜和铁金属复合物是研究最多的物种[28]。

8.2.2 TiO_2 催化的 CO_2 光还原反应

在众多的光催化剂中,作为最早研究的 n 型半导体光催化剂,TiO_2 已广泛用于降解有机物、分解水制氢、CO_2 还原等反应中。

锐钛矿型结构的 TiO_2 是宽带隙(约 3.2eV)半导体,它的光生电子和空穴具有很强的还原和氧化能力。根据 TiO_2 材料产生电子还原性的强弱,可将 CO_2 转化为多种碳氢化合物。式(8-22)~式(8-29)是 TiO_2 光催化还原 CO_2 的相关反应以及反应的相关氧化还原电位(相对于 NHE)和电子转移数目[30]。

$$2H^+ + 2e^- \longrightarrow H_2 \quad (-0.41V) \tag{8-22}$$

$$H_2O \longrightarrow 1/2O_2 + 2H^+ + 2e^- \quad (0.81V) \quad (8\text{-}23)$$

$$CO_2 + e^- \longrightarrow CO_2^- \quad (-1.90eV) \quad (8\text{-}24)$$

$$CO_2 + H^+ + 2e^- \longrightarrow HCO_2^- \quad (-0.49V) \quad (8\text{-}25)$$

$$CO_2 + 2H^+ + 2e^- \longrightarrow CO + H_2O \quad (-0.53V) \quad (8\text{-}26)$$

$$CO_2 + 4H^+ + 4e^- \longrightarrow HCHO + H_2O \quad (-0.48V) \quad (8\text{-}27)$$

$$CO_2 + 6H^+ + 6e^- \longrightarrow CH_3OH + H_2O \quad (-0.38V) \quad (8\text{-}28)$$

$$CO_2 + 8H^+ + 8e^- \longrightarrow CH_4 + 2H_2O \quad (-0.24V) \quad (8\text{-}29)$$

8.2.3 MOF 在 CO_2 非均相光催化还原反应中的应用

由于材料的结构特性和可灵活调控的特点，MOF 已成为良好的非均相光催化剂。利用它们的骨架结构可以有效地俘获和固定 CO_2，其中的金属配位不饱和点和活性有机基团可以作为反应活性位点进一步催化 CO_2 的还原转化，是光催化还原 CO_2 的较理想光催化剂（表 8-1）。

表 8-1 一些功能化 MOF 作为催化剂在光催化 CO_2 还原反应中的性能[31]

MOF	催化剂活性位置	t/h	产物	产量
NH_2-MIL-125(Ti)	Ti^{4+}-Ti^{3+}	10	HCOOH	8.14μL
MIL-53(Fe)	Fe^{3+}-Fe^{2+}	8	HCOOH	29.7μmol
MIL-88B(Fe)		8	HCOOH	9μmol
MIL-101(Fe)		8	HCOOH	59.0μmol
NH_2-MIL-53(Fe)		8	HCOOH	46.5μmol
NH_2-MIL-88B(Fe)		8	HCOOH	30.0μmol
NH_2-MIL-101(Fe)		8	HCOOH	178μmol
NH_2-MIL-101(Fe)/g-C_3N_4		6	CO	132.8μmol
UiO-68-Fe-bpy		6	CO	108μmol
Ru-MOF	Ru-多吡啶	8	HCOOH	24.7μmol
UiO-66-CrCAT	Cr^{3+}-Cr^{2+}	6	HCOOH	51.73μmol
UiO-66-GaCAT	Ga^{3+}-Ga^{2+}	6	HCOOH	28.78μmol
PCN-222	Zr^{4+}-Zr^{3+}	10	HCOOH	2.4nmol
Co-MOF-525	Co^{2+}-Co^+	6	CO, CH_4	2.42μmol CO 0.42μmol CH_4
ZIF-9	Co^{2+}-Co^+	0.5	CO,H_2	41.8μmol CO 29.9μmol H_2

续表

MOF	催化剂活性位置	t/h	产物	产量
g-C$_3$N$_4$@ZIF-9	g-C$_3$N$_4$,Co^{2+}-Co$^+$	2	CO, H$_2$	20.8μmol CO 3.3μmol H$_2$
CdS@ZIF-9	CdS, Co^{2+}-Co$^+$	3	CO, H$_2$	85.6μmol CO 38.8μmol H$_2$
TiO$_2$@Cu$_3$(BTC)$_2$-MOF	TiO$_2$, Cu^{2+}-Cu$^+$	4	CH$_4$	2.64μmol
MIL-101(Cr)-Ag	Ag,Cr^{3+}-Cr^{2+}	1	CO, CH$_4$, H$_2$	808.2μmol CO 427.5μmol CH$_4$; 82.1μmol H$_2$
Cu$_2$O@Cu@UiO-66-NH$_2$	Cu$_2$O@Cu,Zr^{4+}-Zr^{3+}	1	CO, CH$_4$	20.9μmol CO 8.3μmol CH$_4$
Gd-TCA	Ni(Cyclam)	12	HCOOH	113.5nmol

Sun 等[32-35]制备了一系列铁基 MOF 催化剂，进行光催化还原 CO_2。他们以 MOF 为催化剂，实现在无溶剂体系中将 CO_2 光催化还原为 CO[33]；合成了 NH$_2$-MIL-101(Fe)/g-C$_3$N$_4$ 复合物，用于光催化还原 CO_2 为 CO[33]；在无溶剂条件下，以 MIL-101(Fe) 为催化剂，光催化还原 CO_2 为 CH$_4$[31]；合成了 UiO-68-Fe-bpy 光催化剂，在可见光照下，以三乙醇胺为空穴清除剂，选择性地将 CO_2 还原为 CO[35]。

8.2.4　CO_2 光催化还原反应在环境和能源方面的利用

CO_2 光催化还原转化反应的研究和应用同属于环境和能源领域。因为温室气体减排和能源利用的需求，人们对 CO_2 的光催化转化，特别是利用太阳能进行非均相光催化，实现 CO_2 的无害化处理和能源增值转化的兴趣不断提升。

CO_2 在光活性半导体表面进行的非均相化学还原一直被认为是实现人造光合成的直接途径。光辅助 CO_2 还原的最初目的是寻找高效、稳定、可用的半导体体系，在太阳能驱动下，产生有机燃料。如上所述，CO_2 光还原的产物通常为烃类化合物，即从小分子到较复杂组成的有机化合物，如 CH$_4$、HCO$_3^-$、HCHO、CH$_3$OH 等。一旦实现了太阳能催化 CO_2 还原，将可实现 CO_2 零排放的碳基燃料的持续循环。

目前，CO_2 的光催化还原技术还远不成熟。光催化材料光吸收范围还不能与太阳光谱很好匹配，反应存在选择性、转化率等方面的诸多问题。早在 2012 年 Kamat[14] 就指出，利用光催化还原 CO_2 需要仔细考虑。首先，CO_2 的光催化还原产物，如甲醇和羧酸，这些有机产物在体系中容易被接受辐照的 TiO$_2$ 表面光催化氧化。羟基自由基调制的有机物光催化氧化是已知的。另一个要点是热力学条件。TiO$_2$ 的导带能级高于$-0.5V$（相对于 NHE，pH = 7），在能级上难以满足 CO_2 的单电子还原要求（图 8-3）。CO_2 的单电子还原需要的热能大于$-1.95V$（相对于 NHE）。尽管二电子还原在热力学上是有利的，但涉及的多电子转移过程还缺少光谱证据。与光子相关的电子转移过程的复杂性，完成多电子转移过程的困难，使半导体辅助的 CO_2 的光催化直接还原存在热力学挑战[14]。但人们仍在不断努力中取得进步。2019 年，Koper 等[23]在有关 CO_2 的电催化转换的综述中提出，通常，CO_2 的活化和还原是困难的，因为形成 $CO_2^{\cdot-}$ 自由基中间体的第一步电子转移具有非常负的氧化还原电位（$-1.9V$，相对于 NHE），或者认为，CO_2 是非常稳定的分子。但是，上述两种说法都不够准确。电催化剂可以通过在 CO_2 和催化剂之间形成化学键来稳定 $CO_2^{\cdot-}$ 自由基或反应中间体，从而产生较低的负氧化还原电位。可以选择合适的电催化剂，减小 CO_2 过电位，进行催化反应。借鉴上述对 CO_2 的电催化转换机制的分析，我们可以考虑发展合适的光催化剂，调控其表面态和反应过程微环境条件等因素，研究反应过程机理，实现 CO_2 简易、高效和可控的非均相光催化还原。

参考文献

[1] Maeda K, Domen K. J Phys Chem Lett, 2010, 1: 2655.
[2] Fujishima A, Honda K. Nature, 1972, 238: 37.
[3] Wang Q, Domen K. Chem Rev, 2020, 120: 919.
[4] Chen X B, Shen S H, Guo L J, Mao S S. Chem Rev, 2010, 110: 6503.
[5] Li R G. Chin J Catal, 2017, 38: 5.
[6] Walter M G, Warren E L, Mckone J R, Boettcher S W, Mi Q X, Santori E A, Lewis N S. Chem Rev, 2010, 110: 6446.
[7] Chen S, Qi Y, Hisatomi T, Ding Q, Asai T, Li Z, Ma K S S, Zhang F, Domen K, Li C. Angew Chem Int Ed, 2015, 54: 8498.
[8] Cui T T, Qin L, Fu F Y, Xin X, Li H J, Fang X K, Lv H. Inorg Chem, 2021, 60: 4124.
[9] Li X, Yu J G. Water splitting by photocatalytic reduction//Colmenares J C, Xu Y J. Heterogeneous Photocatalysis From Fundamentals to Green Applications. Berlin Heidelberg: Springer-Verlag, 2016.
[10] Yang J H, Wang D E, Han H X, Li Can. Acc Chem Res, 2013, 46: 1900.
[11] Maeda K, Domen K. J Phys Chem Lett, 2010, 1: 2655.
[12] Hainer A, Hodgins J S, Sandre V, Lanterna A E, Scaiano J C. ACS Energy Lett, 2018, 3: 542.
[13] Serpone N, Emeline A V. J Phys Chem Lett, 2012, 3: 673.
[14] Kamat P V. J Phys Chem Lett, 2012, 3: 663.
[15] Kamat P V, Jin S. ACS Energy Lett, 2018, 3: 622.
[16] Maeda K, Domen K. J Phys Chem C, 2007, 111: 7851.
[17] Bahnemann S, Detlef W. J Phys Chem Lett, 2013, 4: 3479.
[18] Kawai T, Sakata T. Chem Commun, 1980, 15: 694.
[19] Kawai T, SaKata T. Chem Lett, 1981, 10: 81.

[20] Kawai T, SaKata T. Nature, 1980, 286: 474.
[21] Fu X, Long J, Wang X, Leung D Y C, Ding Z, Wu L, Zhang Z, Li Z, Fu X. Int J Hydrogen Energy, 2008, 33: 6484.
[22] 高濂, 郑珊, 张青红. 纳米氧化钛光催化材料及应用, 2002: 40.
[23] Birdja Y Y, Perez-Gallent E, Figueiredo M C, Göttle A J, Calle-Vallejo F, Koper M T M. Nat Energy, 2019, 4: 732.
[24] Wu J C S, Lin H M. Intern J Photoenergy, 2007, 7 : 115.
[25] Rusina O, Linnik O, Eremenko A, Kisch H. Chem Eur J, 2003, 9: 561.
[26] Linnik O, Kosch H. Photochem Photobiol Sci, 2006, 5: 938.
[27] 秦祖赠, 吴靖, 李斌, 苏通明, 纪红兵. 物理化学学报, 2021, 37(5): 18.
[28] White J L, Baruch M F, Pander J E, Hu Y, Fortmeyer I C, Park J E, Zhang T, Liao K, Gu J, Yan Y, Shaw T W, Abelev E, Bocarsly A B. Chem Rev, 2015, 115: 12888.
[29] 李云锋, 张敏, 周亮, 杨思佳, 武占省, 马玉花. 物理化学学报, 2021, 37(6): 18.
[30] Indrakanti V P, Kubicki J D, Schobert H H. J Energy Environ Sci, 2009, 2 : 745.
[31] 赵丹, 廖再添, 张旺, 陈治洲, 孙为银. 无机化学学报, 2021, 37(7): 1153.
[32] Dao X Y, Guo J H, Wei Y P, Guo F, Liu Y, Sun W Y. Inorg Chem, 2019, 58: 8517.
[33] Dao X Y, Xie X F, Guo J H, Zhang X Y, Kang Y S, Sun W Y. ACS Appl Energy Mater, 2020, 3: 3946.
[34] Dao X Y, Guo J H, Zhang X Y, Wang S Q, Cheng X M, Sun W Y. J Mater Chem A, 2020, 8: 25850.
[35] Wei Y P, Yang S, Wang P, Guo J H, Huang J, Sun W Y. Dalton Trans, 2021, 50: 384.

第 9 章
碳点及其复合物的光催化反应

近二十年来，作为碳族系列的新成员，碳点的制备、结构、反应机制和应用得到了广泛的研究和发展，特别在非均相光催化领域。碳点是一种尺寸小于 10nm 的碳纳米颗粒，具有明显的光致发光特性。与ⅡB-ⅥA族、ⅢA-ⅤA族无机半导体量子点、钙钛矿型纳米晶等发光材料相比，碳点的优点是不含镉、铅等剧毒的重金属离子，环境和生物危害小。此外，碳点还具有光学和化学稳定性好、原料来源广泛、成本低廉、表面化学和光学性能易调、易于功能化等优点。在非均相光催化领域，常被用作光催化剂和光敏剂，如在光催化制氢、CO_2 光还原、水中污染物处理和有机光合成等领域中的研究和应用[1-2]。

2006 年，Sun 研究组[3]在氩气-水蒸气中，用激光轰击石墨靶，得到了尺寸小于 10nm 的碳纳米粒子，第一次将其命名为"碳点（CD）"。经化学氧化和表面钝化后，碳点的荧光量子效率提高到了约 10%。经过多年发展，碳点的发光效率已经从最初的不足 10%提高到了超过 70%，甚至 90%以上；吸收和发光范围从蓝-绿光的短波范围拓展到了紫外和近红外区域；应用范围也从最初的细胞成像拓展到了太阳光能量转化、非均相光催化、光电器件、光疗、化学和生物物种灵敏度探测等领域[4-5]。

9.1 碳点的分类及电子结构

碳点的合成可分为"自下而上法"、"自上而下法"和"有机全合成法"三种。依原料来源和合成途径的不同，碳点的微结构不同。Yang 等[5]将碳点结构分为三种类型：石墨烯（石墨）量子点（GQD），由单层或多层石墨烯片及边缘上的亲水基团组成，一般通过自上而下方法合成；碳量子点（CQD），由含有微小的 sp^2 石墨碳核和表面亲水性官能团组成的球形或类球形粒子，通常来自有机前驱体的高温热解；碳化聚合物点（CPD），sp^2 碳嵌在 sp^3 碳基底上的聚合或交联产物，碳化程度相对较低（图 9-1）。

Titirici 等[6]主张，碳点是一种含碳核和官能团壳结构的纳米材料。根据核结构的不同，可分为石墨化、半晶化和无定形碳点。碳点的核由嵌在 sp^3 碳基底上的 sp^2 碳的共轭结构组成。杂原子，如 B、N、S 和 P 等掺杂时，杂原子可以进入碳核，导致碳骨架结构变化；也可以作为官能团出现在碳点表面，进而影响碳点表面和界面性能，并提供相应的反应位点（图9-2）。

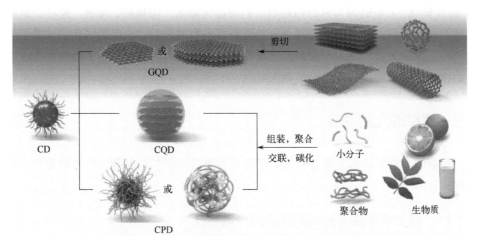

图9-1 碳点的分类及其合成方法：GQD、CQD和CPD[5]

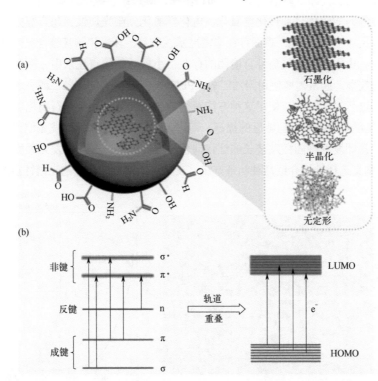

图9-2 碳点的化学结构和电子结构示意图。（a）碳点的化学结构，包括石墨化、半晶化和无定形的核和表面官能团；（b）碳点的电子结构，由成键电子轨道(σ，π)、反键电子轨道(σ^*，π^*)、未成键的孤电子轨道(n)组成。电子轨道的重叠形成不同的能级，即最高占据分子轨道（HOMO）和最低非占据分子轨道（LUMO）[6]

光激发时，碳点上可能发生 $\pi \rightarrow \pi^*$ 和 $n \rightarrow \pi^*$ 跃迁。碳点的 π 轨道来自芳香结构的 sp^2 碳共轭核；n 轨道则与含有孤对电子的表面官能团，如羰基、羧基、羟基、氨基和酰胺基等相关。高结晶度的碳点一般含有更多均匀分布、高度离域化的 π 电子，电子运动速度更快；杂原子掺杂，或表面官能团丰富的碳点，其电子结构可通过电子给体或受体官能团进行修饰和调控[6]。

9.2 碳点的光谱性能

碳点的光谱性能与其来处相关，即碳点的光谱性能与其前身材料和制备方法密切相关。

9.2.1 "自上而下法"合成的碳点的光谱特性

"自上而下法"，即以体相碳材料，如石墨棒、碳纤维、碳纳米管、石墨粉、炭黑、活性炭和煤等为前驱体，通过化学氧化、电化学氧化、激光烧蚀、超声等方法刻蚀、剥离后得到尺寸小于 10nm，表面存在丰富羟基、羧基、环氧和羰基等含氧性官能团的碳纳米颗粒。由于大量含氧极性官能团的存在，小尺寸的碳点在水中分散性很好。为提高其发光效率，通常需要使用聚乙二醇（PEG）、氨基封端的聚乙二醇、乙醇胺、聚亚胺等对其进行表面钝化。使用这种方法获得的碳点，晶格间距与石墨化碳接近（约 0.33nm）；呈现带边吸收。随浓度的提高，带边吸收位置逐渐红移；发光位置表现出激发依赖特性，即发射峰随激发波长的红移向长波方向移动，并伴随发光强度急剧降低（图 9-3）。本文选择性地介绍几种制备方法，及其对所得到的碳点的光谱性能的影响。

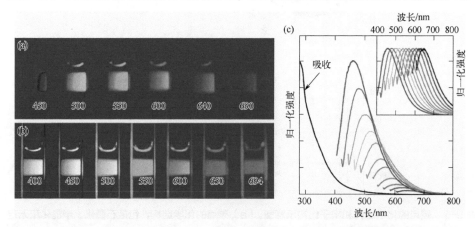

图 9-3 钝化碳点水溶液的光谱性能。（a）400nm 光激发下，经不同波长滤光片拍摄的 PEG$_{1500N}$ 钝化的碳点水溶液照片；（b）PEG$_{1500N}$ 钝化碳点水溶液在不同波长光照射时拍摄的照片；（c）PEG$_{1500N}$ 钝化碳点水溶液的吸收和荧光谱随激发波长的变化（400nm 开始，增幅20nm）[3]

（1）激光烧蚀法

第一个具有良好发光性能的碳点，是 Sun 及其合作者[3]以水蒸气/氩气为载气，使用 Nd:YAG 固体激光器（1064nm）在 900℃ 和 75kPa 下轰击石墨靶后得到的碳纳米粒子。用氨基封端的聚乙二醇（PEG_{1500N}）表面钝化后得到了尺寸在 3～10nm，发光效率 4%～10%的碳点。碳点呈带边吸收；发光表现出波长依赖性特征，即随激发波长的红移，碳点水溶液的荧光显示出从蓝到红的多种颜色变化（图 9-3）。Hu 等[7]将炭黑或石墨超声分散在乙醇胺、水合肼等溶液中，脉冲激光照射后得到粒子平均尺寸 3nm 的荧光碳点，其光谱特性与 Sun 等的结果类似。

（2）电化学氧化法

电化学氧化法是通过电解石墨、碳纳米管等，得到表面有丰富含氧官能团的水溶性荧光碳点。2007 年，Zhou 等[8]以多臂碳纳米管、Pt 线和 $Ag/AgClO_4$ 为工作电极、对电极和参比电极，脱气的高氯酸四丁基铵的乙腈溶液为电解质，通过循环伏安法得到了平均尺寸 2.8nm，发光效率 6.4%的碳点。碳点的发光表现出激发波长依赖性特征。

（3）化学氧化法

化学氧化法以有机物、高分子、生物质等的燃烧产物、热解产物为前驱体，在强氧化性的硝酸溶液、硝酸/硫酸溶液、高氯酸溶液中刻蚀，表面氧化后得到表面富含羧基等亲水性官能团的水溶性碳点（图 9-4）。用这种方法得到的碳点，尺寸分布较宽。碳点的发光具有波长依赖特性。

化学氧化法得到的通常是尺寸和表面氧化程度不同的碳点混合物。庞代文研究组[9]在硝酸水溶液中处理碳纤维不同时间后，使用透过分子量不同的半透膜，对得到的碳点进行筛分，获得尺寸和表面氧化程度不同的碳点（图 9-4）。研究表明，随氧化反应时间从 6h 增加到 48h，碳点表面氧化程度增大，发光效率从 1.1%提高到了 20.7%；在硝酸水溶液中处理碳纤维 48h 后，使用 3k、3k～10k 和 10k～30k 半透膜透析反应液后得到的碳点尺寸为 2.7nm、3.3nm 和 4.1nm，其相应的发光峰及发光效率分别为 526nm（20.7%）、570nm（4.5%）和 608nm（1.8%）[图 9-4（c）]。这说明，碳点的发光位置和效率可通过碳点的尺寸和表面氧化程度进行调控。

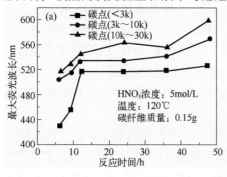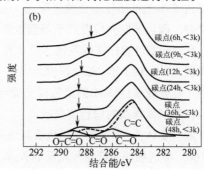

图 9-4

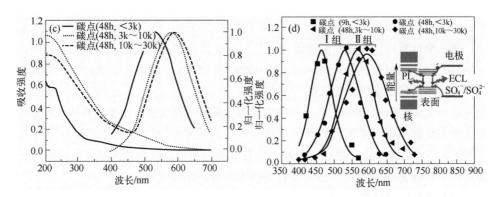

图9-4 碳点的发光峰位置（a）和 C₁s XPS（b）随 HNO₃ 处理时间的变化；碳点的吸收和荧光光谱随尺寸的变化（c），表面氧化程度和粒子尺寸变化对碳点发光峰位置的影响示意图（d）[9]

总之，使用自上而下法合成的碳点具有以下特点：①可见区的特征吸收为带边吸收，发光位置通常表现为波长依赖性发光，即激发波长大于最佳激发波长后，激发波长的增加通常伴随碳点发光位置的红移和发光强度的急剧降低。②与发光效率超过80%的高亮度ⅡB-ⅥA族、ⅢA-ⅤA族半导体量子点、钙钛矿型纳米晶和稀土发光材料相比，使用自上而下法合成的碳点发光效率一般偏低。

9.2.2 "自下而上法"合成碳点的光谱特征

"自下而上法"即以有机小分子、高分子、生物质或有机废物等为前驱体，通过水热、溶剂热、微波、高沸点溶剂热解、低温烧结等方法直接合成碳点。与"自上而下法"相比，"自下而上法"合成碳点的碳化程度相对较低，表面官能团结构更丰富。无需额外的表面钝化即可得到激发波长非依赖性发光的高亮度碳点。

（1）柠檬酸为前驱体合成碳点

柠檬酸是"自下而上"合成碳点常用的碳前驱体之一。2010年，Liu研究组以十八胺为修饰剂，在十八烯中，于300℃热解柠檬酸，得到了粒径在4～7nm，发光效率达53%的油溶性蓝色荧光碳点（图9-5）[10]。当激发波长在340～400nm区域变化时，碳点的发光位置几乎不随激发波长变化。之后，他们以三甲氧基硅烷为溶剂，在240℃热解柠檬酸得到了尺寸为0.9nm，发光效率47%的无定形结构的蓝色荧光碳点[11]。2013年，Yang研究组[12]在180℃下水热处理柠檬酸和乙二胺的水溶液，得到了发光效率达80%的蓝色荧光碳点。Qu等[13]用微波法处理柠檬酸和脲的水溶液，得到了氮掺杂的绿色荧光碳点。

除前驱体外，溶剂的变化也会导致碳点结构和光学性能的明显变化。如Qu等[14]在160℃溶剂热处理柠檬酸和脲的 N,N-二甲基甲酰胺（DMF）溶液后得到了发光效率46%的橙色氮掺杂荧光碳点。通过调整溶剂、柠檬酸和脲比例以及溶剂热处理温度,可合成发红、绿、蓝光的多色碳点。Holá 等[15]以柠檬酸和脲为前驱体,甲酰胺为溶剂,溶解热处理结合柱色谱分离技术,得到了蓝、绿、黄和红色碳点;Miao 等[16]通过调控柠檬酸和脲比例,溶剂热法结合柱色谱分离技术,得到了发蓝、绿和红色荧光碳点。

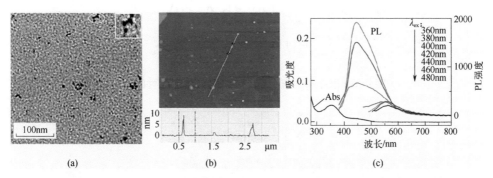

图 9-5 油溶性碳点的 TEM 照片(a),AFM 照片(b)和油溶性碳点甲苯稀溶液的光吸收和荧光光谱随激发波长的变化(c)[10]

（2）生物质为前驱体合成碳点

生物质如单糖、多糖、氨基酸、蛋白质、壳聚糖、蜂蜜、鸡蛋、纤维素、菠菜、大蒜、洋葱、红枣、红薯、树叶等,以及各种废物（剩饭、废塑料、废纸等）都可为前驱体,合成纯碳点和杂原子掺杂碳点。Liu 等[17]以抗坏血酸为前驱体,乙醇和水为混合溶剂,一步水热法合成了发光效率 6.79%的蓝色荧光碳点。Liu 等[18]的研究发现,140℃硫酸碳化法处理乙二醇得到的是蓝色荧光碳点;当碳化温度降到 80℃时,得到发光效率 62.9%,发光峰半峰宽仅有 38nm 的绿色荧光碳点（519nm）。

（3）以芳香分子为前驱体合成碳点

芳香分子,如氨基、酚基和硝基取代的芳香化合物也是合成碳点的一类重要前驱体。Wang 等[19]以 NaOH 水溶液、氨水溶液和水合肼水溶液为溶剂,200℃水热处理三硝基芘,合成了发光颜色分别为蓝、青、绿、黄色的水溶性荧光碳点;溶剂为甲苯时,则得到发光效率 65.93%的橙色油溶性荧光碳点（图 9-6）[20]。Lin 研究组[21]以间、邻和对苯二胺为前驱体,通过溶剂热法合成了发蓝色（435nm）、绿色（535nm）和红色（604nm）荧光的碳点（图 9-7）。Fan 课题组[22]以间苯三酚为前驱体,溶剂热过程结合反复的柱色谱分离过程,得到了结晶性好的高色纯度（FWHM 约为 30nm）、高亮度三角形碳点。改变反应参数,如反应时间和介质,可以获得发光位置从红到黄、绿和蓝的碳点（图 9-8）。他们认为,碳点特征吸收和发光峰位置的改变,是粒子尺寸增大所导致的量子限域效应;高色纯度发光与粒子的纯度和完美的结晶有关。尽管如此,考虑到水热、溶剂热、微波合成过程的复杂性,所得到的产物通常是一个复杂的混合物,如何认识碳点的发光机理、建立碳点光谱性能与结构的可靠关联,还需要深入的研究。

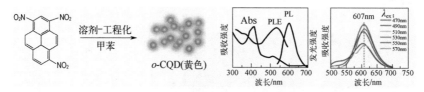

图 9-6　以 1,3,6-三硝基芘为前驱体合成油溶性碳点[20]

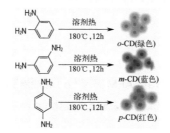

图 9-7　以苯二胺为前驱体合成的蓝、绿和红色荧光碳点[21]

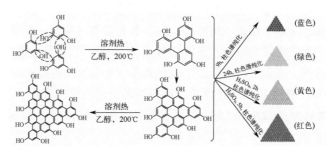

图 9-8　以间苯三酚为前驱体,调整溶剂热反应参数,得到发红、黄、绿和蓝光的碳点[22]

9.2.3 "有机全合成法"合成碳点

从结构本质上来说,石墨烯属于多环芳烃类化合物。受此启发,2010 年,Li 研究组[23]以苯胺为小分子前体,经多步有机反应得到了分别含有 168、132 和 170 个共轭碳原子的石墨烯碳点[图 9-9]。由于碳共轭骨架上引入了长链烷基苯结构,这种石墨烯碳点可以很好地溶解在甲苯、氯仿和四氢呋喃中。吸收光谱随共轭碳原子数目和石墨烯核的对称性变化(图 9-10)。在含有 132 个共轭碳原子的石墨烯碳点的甲苯溶液的发射光谱上,同时观察到了 670nm 和 740nm 的发光峰(图 9-11)。研究表明,这两个位置的发光分别来自 $S_1 \rightarrow S_0$ 和 $T_1 \rightarrow S_0$ 跃迁。

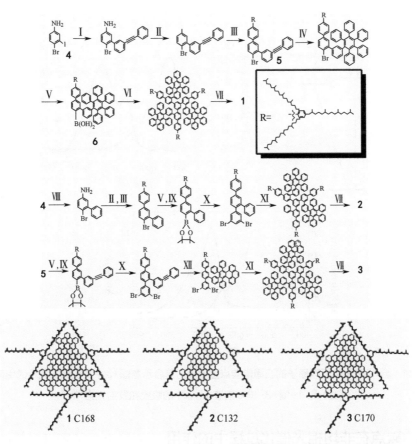

图 9-9 含有 168（1）、132（2）和 170（3）个共轭碳原子的石墨烯碳点的合成示意图

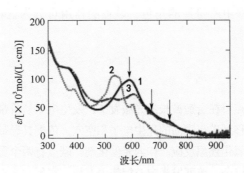

图 9-10 石墨烯碳点的吸收光谱[23]

尽管有机全合成方法繁琐、复杂，得到碳点的发光效率仅有 1% 左右，但与"自上而下法"和"自下而上法"剧烈、极端的反应条件不同，用这种方法可以得到无缺陷的 sp^2 碳共轭核。因此，可以作为一种比较理想的模型，研究碳点的发光机理、结构，如 sp^2 碳共轭结构和表面官能团与碳点光谱性能之间的关系。

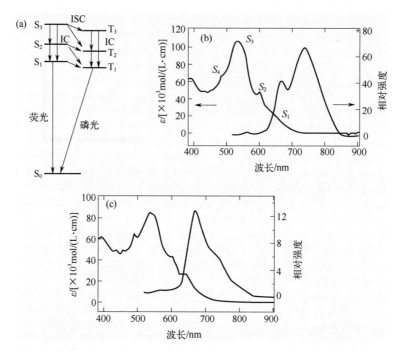

图 9-11 含 132 个共轭碳原子的石墨烯碳点激子辐射复合示意图（a）及在除去氧气的甲苯溶液（b）和 1-溴-3-碘苯溶液（c）中的吸收和发射光谱[24]

9.3 碳点在非均相光催化过程中的作用

依据在光催化过程中所扮演的角色，碳点的作用可分为三种：①光催化剂；②光敏化剂；③转光剂。

9.3.1 光催化剂

与半导体类似，碳点可在合适波长的光激发下，发生电子从价带向导带的跃迁，产生光生电子和空穴。迁移到碳点表面的光生电子和空穴，依据其导带和价带位置的不同与表面吸附的物种发生氧化还原反应。作为光催化剂，碳点有两个显著的优点。一是可通过调控尺寸、杂原子掺杂、改变发光中心结构等方法，实现对紫外到可见，甚至近红外区的光吸收。其次，可以通过表面修饰、杂原子掺杂、尺寸改变，调整碳点的导带和价带位置。但是，与碳点复合光催化剂相比，纯碳点作为光催化剂的应用比较少。

2011 年，Cao 及其合作者[25]发现，利用光还原法在"自上而下法"合成的碳点表面包覆 Au 或 Pt 进行表面钝化后，得到的 Au/Pt@碳点复合粒子，作为可见光光催化剂，可将水中的 CO_2 还原为甲酸、甲醇和甲醛等 [图 9-12（a）]。Kang 研究组

[26]发现，碱辅助电化学法合成的 1～4nm 的石墨化碳点，可作为近红外光驱动的光催化剂，在 H_2O_2 存在下，高选择性地将苯甲醇催化氧化为苯甲醛。在可见光照射下，用电化学刻蚀过程合成的 5～10nm 的石墨化碳点可以产生质子，可作为光诱导质子酸催化剂催化酯化、Beckmann 重排和羟醛缩合反应，相应的转化率为 34.7%～46.2%[27]。Cu 纳米粒子/碳点复合光催化剂，在过氧化氢叔丁醇氧化环己烷的反应中表现出较好的活性（环己烷转化率为 50.2%）和选择性（环己酮转化率为 78.3%）[28]。此外，碳点和非金属掺杂碳点还可在紫外、可见和太阳光驱动下产生光生电子和空穴。它们可与表面吸附的水和 O_2 反应，产生羟基自由基（·OH）、超氧自由基（O_2^-）和电子-空穴对等活性氧物种，进而实现水溶液中多种染料的光催化降解和矿化 [图 9-12（b）]。Umrao 及其合作者[29]使用多层石墨烯碳点为光催化剂，降解亚甲基蓝（MB），发现绿光光照 60min 后，超过 90%的亚甲基蓝发生了降解。Bhunia 等[30]利用溶剂热法处理柠檬酸和脲的二甲基甲酰胺溶液，得到了尺寸为 4nm 的氮掺杂碳点。以其为光催化剂，在紫外光照下，实现了亚甲基蓝和罗丹明 B 的光催化降解。

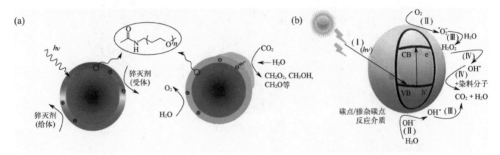

图 9-12 复合碳点为光催化剂，光催化还原 CO_2 (a)[27]和光催化降解染料示意图（b）[26-31]

9.3.2 光敏剂

光催化剂的表面修饰是提高光催化剂，尤其是大带隙半导体光催化剂，如 TiO_2、WO_3 和 ZnO 等的太阳光利用率的主要方法。与常见的敏化剂，如窄带隙半导体 CdS、CdSe 等（光腐蚀、重金属污染）和均相的 Ru、Re 和 Os 等的金属有机配合物（来源有限，价格高昂和光稳定性低等）相比，碳点除具有光学和化学稳定性高、原料来源丰富、适于规模化合成以及环境友好等优点外，还具有下列特点：①碳点的光捕获能力强。碳点的光吸收可能来自 sp^2 碳共轭结构的 $\pi \to \pi^*$ 和表面官能团如羧基、氨基和羟基等的 $n \to \pi^*$ 跃迁[5]。通过调整碳点尺寸、杂原子掺杂、表面官能团结构等方法，可实现其在紫外、可见，甚至是近红外区的大范围吸收。②碳点的光吸收能力强。Li 等[32]的研究发现，含有 132 个共轭碳原子的油溶性石墨烯碳点，在甲苯中的溶解度可以达到 30mg/mL。由于大的 sp^2 碳共轭结构，导致电子能级间的差值与振动频率相当，碳点的光吸收范围从 300nm 延伸到了 900nm。在 591nm 特征吸收峰处的摩尔吸收系数（ε_m）为 $1.0×10^5 L/(mol·cm)$，比染料敏化太阳电池中经常使用的金属配合物高一个数量级。依据光物理规则，ε_m 正比于分子的辐射复合速率常数（k_f），可通过荧光量子效率（Q）和荧光寿命（τ_f）进行计算（$k_f = Q/\tau_f$）。依据此公式，Wang 等计算了 PEG_{1500N} 表面钝化的碳点的 k_f（$1.0×10^8 s^{-1}$），明显高于蒽（$5×10^7 s^{-1}$）和发光效率相同的商品化 CdSe/ZnS 量子点（$0.3×10^8 s^{-1}$）[33]；Liu 等人计算了用硫酸碳化法合成的绿色荧光碳点在 490nm 处的 k_f（$1.3×10^8 s^{-1}$）[18]。上述研究表明将碳点作为光子捕获剂来构建光催化体系，从吸光效率角度而言，具有更好的太阳光捕获能力。

Hutton 及其合作者[34]合成了带负电的羧基功能化碳点（$CD\text{-}CO_2^-$）。经多步表面修饰后得到带正电的叔铵基修饰的碳点（$CD\text{-}NHMe_2^+$）。比较二者的界面电子迁移过程发现，带正电的 $CD\text{-}NHMe_2^+$ 上的光生电子可稳定、高效地转移给带负电的富马酸还原酶（FccA）或氢化酶，催化富马酸盐转化为琥珀酸盐，或将质子转化为氢气（图9-13）。

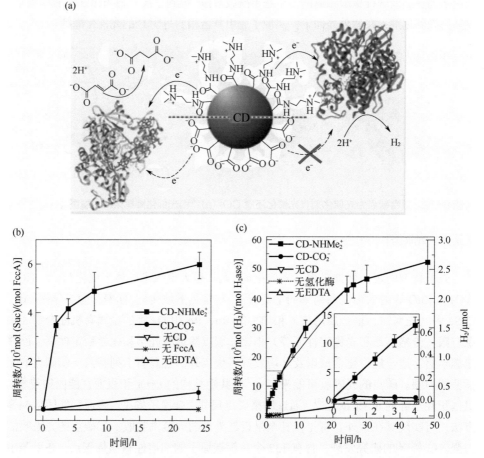

图9-13 （a）碳点敏化富马酸还原酶（FccA）和氢化酶催化反应示意图；模拟太阳光照射下
（$100mW/cm^2$），琥珀酸盐（b）和 H_2（c）产量随时间的变化[34]

9.3.3 转光剂

许多研究表明，碳点具有上转换发光的特性。即某些碳点吸收近红外光后，发出短波长光（紫外光或可见光）[3-4]。因此，碳点可以作为一种二次光源提高大带隙半导体，如 TiO_2、ZnO 等的太阳光利用率。Pan 等[35]发现，使用 550～850nm 光激发时，碳点/TiO_2 纳米管复合催化剂表现出更好的上转换发光（约 380nm），可实现可见光光催化降解 RhB。

与常见的上转换发光相比，碳点在长波长方向的双光子吸收能力相对较弱。其次，与高能量密度的激光光源相比，低能量密度的 Xe 灯、Hg 灯等光源激发，是否可真正产生碳点的上转换发光，而非光源倍频所带来的荧光测量误差[36-37]还需要更多论据。与碳点的发光机理类似，尽管目前已有双光子吸收、反斯托克位移发光和俄歇/热效应来解释碳点的上转换发光[3-4]，但碳点的上转换发光更确切的光物理机制仍不清楚。与之相关的碳点复合光催化剂的可见和近红外光催化降解染料的活性的确切机理仍需要深入地探索。

9.4 碳点在光催化领域中的应用

基于碳点的上述性能，已经开展了碳点复合光催化剂在有机光合成，光催化分解水制氢，光催化转化 CO_2，水中污染物如有机染料、抗生素的光催化降解，铬（Cr^{VI}）离子和 NO_x 污染物治理等众多领域的研究工作[1-2,38-39]。

9.4.1 有机光合成

碳点在可见光、近红外光的驱动下，可以高效、高选择性地驱动烷基氧化反应、酯化反应、Beckmann 重排、羟醛缩合和胺氧化耦联反应等[26-28, 38-46]。碳点催化有机化学反应的能力和类型与其表面的官能团结构有关。2013 年，Kang 研究组[26]通过碱辅助电化学氧化法合成石墨化碳点（1～4nm）。该碳点可在近红外光（>700nm）驱动下，催化分解 H_2O_2，实现苯甲醇到苯甲醛的 100%转化；60℃反应 12h 后苯甲醇转化率可以达到 92%。作者用电解石墨棒得到了尺寸约为 5nm 的水溶性碳点。以其为光催化剂，可见光照射 24h 后，对氰基苯甲醛和丙酮发生羟醛缩合反应的转化率达到 99%[40]。Sarma 等[41]的研究发现，在日常条件下，30W 蓝光 LED（约 425nm）光照硫酸功能化碳点（S-CDs）催化 2-甲氧基氧杂蒽酮和环己酮偶联反应，转化率可达 91%。S-CDs 的催化作用主要体现在两个方面：一是在分子氧存在下，光催化剂使氧杂蒽酮的快速光氧化，生成过氧自由基中间体；二是 S-CDs 表面的酸化官能团催化亲核试剂的偶联。Sarma 等[41-42]报道了羧基功能化的碳点可以作为可见光光催化剂进行烷基苯的光催化氧化。Kim 研究组[43]合成了空心的 MoS_x 和吡啶氮掺杂碳点($_{Mos}$HCDs)。研究发现,以 60W 冷白 LED 灯为光源,$_{Mos}$HCDs 可以在氧气存在下,于乙腈/甲基吡咯烷酮介质中,高效催化胺的氧化偶联产生亚胺。可见光照射 12h 后,亚胺的产率可以达到 50%~95%。Qiao 等[28]将电解石墨棒法合成的水溶性碳点与 Cu 纳米粒子复合。在可见光驱动下,该复合粒子可以催化叔丁基过氧化氢氧化环己烷选择性生成环己酮,相应的反应转化率和选择性分别为 50.2%和 78.3%。Au/碳点纳米粒子也可作为复合光催化剂,在 H_2O_2 存在下光催化氧化环己烷为环己酮[44]。这些研究表明,碳点可作为光捕获剂和反应活性中心的负载剂,实现高效和高选择性的光化学反应。

9.4.2 光催化分解水产氢

开发与太阳光更好匹配的高性能光催化剂,是太阳光驱动分解水制氢的中心问题之一。可调的光吸收和发光性能、电子受体/给体特性、丰富的表面官能团和良好的水溶性等,使碳点有可能在光解水制氢中发挥积极作用[6, 38, 45]。

如前所述,光催化分解水产氢过程,通常包括以下几个步骤:①光催化剂吸收光子后,电子从价带跃迁到导带,产生光生电子和空穴对。②光生载流子迁移到催化剂表面。③光生电子(e^-)作为还原剂与水反应生成氢气;光生空穴(h^+)作为氧化剂,通过单步的四电子过程,或两步两电子过程与水反应生成氧气(图9-14)[6, 46-48]。

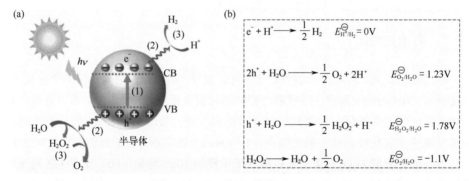

图 9-14 光催化产氢过程示意图(a)和光生电子和空穴发生的氧化还原反应(b)[6]

2016 年,Teng 研究组[48]发现,氮掺杂的氧化石墨烯碳点可以在可见光驱动下实现水的全分解。他们用改进的 Hummers 法处理氮掺杂氧化石墨,得到氮掺杂氧化石墨烯碳点(N-CDs)。XPS 表征表明,掺杂的氮原子主要以吡啶氮/吡咯氮/季铵氮形式存在于石墨烯骨架;氧则以含氧官能团,如羟基、环氧和羧基形式,位于粒子石墨片层上部和边缘。电化学阻抗谱结合 Mott-Schottky 方程分析表明,在这种碳点上同时存在 p 型和 n 型半导体微区。因此，在碳点内部可建立有利于界面反应的 Z 型结构载流子转移系统。可见光照射（420nm＜λ＜800nm）该碳点的水溶液，可生成摩尔比约为 2∶1 的 H_2 和 O_2。对比实验进一步证实，H_2 和 O_2 的生成与碳点上存在的含氧官能团的 p 型微区和氮掺杂的 n 型微区有关。

除自上而下法合成的石墨烯碳点外，自下而上法合成的碳点也表现出光解水活性。Wei 等[49]以虾壳为前驱体合成了激发波长依赖性发光的氮掺杂碳点。该碳点在 200～1000nm 宽阔区域存在光吸收；在甲酸存在下，太阳光照碳点溶液可生成氢气。Hu 等[50]以柠檬酸和脲为前驱体，水热法合成了表面富含氨基官能团的蓝色荧光碳点。在牺牲剂（空穴清除剂）Na_2S 和 Na_2SO_3 存在下，光照该碳点水溶液，可以 27.31μmol/h 的速率产生氢气。

与自上而下法合成的碳点类似，自下而上法合成的氮掺杂碳点，光催化产氢性能与其氮含量和掺杂结构密切相关。2021 年，Jana 等[51]通过微波法合成了氮掺杂碳点。无需贵金属助催化剂，碳点可见光催化 10%的三乙醇胺水或海水溶液产生氢气。在非均相光催化水分解过程中,碳点可以作为光敏剂拓展大带隙半导体如 TiO_2、ZnO 和钙钛矿型氧化物等的光吸收范围,进而提高其可见光光催化分解水产氢能力。2013 年，Kang 研究组[52]通过电沉积法，将碳点沉积在核壳结构的 $CdSe@TiO_2$ 纳米线阵列光阳极上。由于碳点的上转换发光，用波长大于 750nm 光照时，碳点/CdSe/TiO_2 纳米线阵列光阳极的电流密度从 89nA/cm^2（CdSe/TiO_2 纳米线阵列光阳极）显著提升到了 12.1μA/cm^2。他们认为，光电流的明显增加，与近红外光激发碳点，产生上转换发光，激发 CdSe 产生光生电子和空穴有关。Wang 等[53]通过电化学沉积法构筑了碳点/TiO_2 纳米管阵列复合体系。300W 氙灯光照下，碳点/TiO_2 纳米管阵列可实现水的完全分解，生成氢气和 O_2。

Yu 等[54]的研究发现，在{001}高能晶面暴露的锐钛矿型 TiO_2 上沉积 0.5%（质量分数）的石墨烯碳点，光解甲醇水溶液制氢的速率常数[79.3μmol/(g·h)] 较单纯 TiO_2 提高了 8 倍。光电流考察表明，产氢活性的提高与碳点沉积后 TiO_2 的光生载流子分离效率提升有关。

除大带隙半导体外，碳点还可以与窄带隙半导体如 CdS、g-C_3N_4、$BiVO_4$、CdSe 等复合提高光催化产氢活性。Kang 研究组[55]构筑了碳点/g-C_3N_4 复合光催化剂。研究发现，该催化剂在可见光（420nm）光照射下，可实现纯水的完全分解。他们还在石墨化碳点存在下，通过溶剂热法合成碳点/CoO 复合光催化剂。研究发现，碳点含量为 5%时，复合光催化剂可见光驱动光解纯水的产氢活性最高。在不存在牺牲剂和助催化剂情况下，以白光 LED 灯为光源，分解水产生氢气和氧气的速率分别为 1.67μmol/h 和 0.91μmol/h；420nm 光照时的表观量子效率为 1.02%[56]。光电流和交流阻抗研究表明，碳点作为电子受体，加快了 CoO 上光生载流子的转移和分离，进而提高其光催化活性。

9.4.3 CO_2光还原

在太阳光驱动下,将温室气体 CO_2 通过光还原过程转化为高价值的有机物是实现碳减排的有效途径之一。2011 年,Sun 研究组[25]通过光还原过程合成了尺寸约为 9nm,Au 包覆的碳点(Au@CD)。在 425~720nm 光照下,Au@CD 催化 CO_2 饱和水溶液生成甲酸,相应的量子产率约为 0.3%。为进一步证实甲酸的生成确实来自 CO_2 的光还原,他们使用 $NaH^{13}CO_3$ 溶液模拟 CO_2 饱和水溶液,在相同条件下进行光催化实验后,在甲酸产物中检测到了高比例的 ^{13}C。这说明 Au@CD 确实可以作为可见光光催化剂实现 CO_2 的光还原。他们发现,除甲酸外,可见光驱动 Au@CD 复合粒子光催化还原 CO_2 还可生成小分子有机酸,如乙酸。Sun 等[57]通过银镜反应,将银纳米粒子原位沉积在煤基碳点上。由于碳点对 CO_2 良好的吸附能力,碳点/Ag 复合粒子较银纳米粒子或碳点展示了更好的光催化还原 CO_2 能力。Zhang 等在介孔 Cu_2O 纳米粒子表面沉积了煤基碳点。由于碳点可以提高 Cu_2O 上光生载流子的分离效率,在可见光驱动下,该复合光催化剂催化 CO_2 转化为甲醇[58]。Kong 等[59]合成了超薄 Bi_2WO_6 纳米片/碳点复合光催化剂。该催化剂在可见光或近红外光照射下,实现 CO_2 向甲烷的转化。与单纯的超薄 Bi_2WO_6 纳米片相比,在碳点的最佳负载浓度下,光催化生成甲烷的活性提高了 3.1 倍。Liu 等[60]通过溶剂热法合成了石墨烯碳点/铁基金属有机骨架化合物复合光催化剂 G/MIL-101(Fe)。在可见光照下,该复合光催化剂还原 CO_2 生成甲烷的速率常数为 224.71μmol/(h·g),较单纯的 MIL-101(Fe)提高了 5 倍。

9.4.4 污染物治理

研究表明,碳点和碳点复合光催化剂可以实现水中污染物,如染料、抗生素的分解。碳点和杂原子掺杂的碳点在光激发下产生光生电子和空穴;光生电子和空穴与溶解氧和水反应产生活性氧自由基;活性氧自由基与有机染料,如亚甲基蓝、甲基橙和罗丹明 B、酸性红等反应,实现这些化合物的光催化降解[图 9-12(b)]。Zaib 等[61]以小豆蔻叶子为前驱体合成的碳点,实现了刚果红和亚甲基蓝的光催化降解。Saini 通过微波法合成 N、S、P 共掺杂碳点。太阳光照射下,该碳点催化了亚甲基蓝(MB)和罗丹明 B(RhB)的降解[62]。Bhati 等[63]使用乙醇/水混合溶液萃取九重葛嫩叶,得到的萃取液,经微波法合成了 Mg、N 共掺杂的发红光碳点。该碳点在 500~1200nm 区间存在明显吸收。可见光照射含碳点的 MB 水溶液 120 min 后,MB 降解比例超过 99%;^1H NMR 分析发现,光照 180min 后,MB 分子芳香和烷基结构的特征质子峰几乎完全消失。这说明,在日光照射下,Mg、N 共掺杂的碳点确实可以实现 MB 的彻底矿化。Bhunia 等[30]发现,在空穴清除剂吡嗪存在下,以柠檬酸和脲为前驱体合成的氮掺杂碳点为光催化剂,在紫外光照射下可以实现 MB 和 RhB 的光催化降解。光照 60min,染料的降解比例接近 100%。

2010年，Kang研究组[64]考察了碳点/TiO$_2$复合光催化剂光催化降解MB的性能。研究发现，可见光照射25min，MB几乎100%的光催化降解。Qu等[65]以柠檬酸和硫脲为前驱体，经水热法合成了可见区存在明显吸收的S、N共掺杂碳点。将其与商品化TiO$_2$-P25结合后，得到的复合光催化剂可以实现可见光（$\lambda>400$nm）驱动下的RhB光催化降解。他们认为，复合光催化剂的可见光活性，是以碳点为电子给体对TiO$_2$的光敏化。Liu研究组[66]通过一步溶剂热法合成了大比表面积的碳点/TiO$_2$多孔介晶光催化剂。利用碳点的光敏化作用，在可见光照射下，该光催化剂实现了对甲基橙（MO）的光催化降解。Zhang等[67]通过溶剂热法合成了碳点-煤焦油沥青（CTP）/P25复合光催化剂。与纯的P25相比，可见光驱动RhB光催化降解活性提高了23倍。他们认为，复合光催化剂的可见光活性，可能是因为CTP改善了P25的可见光吸收能力；作为电子受体提高了P25光生载流子的分离。

如第4章所介绍，Z型结构复合光催化剂可以实现光生载流子的空间分离，有利于光催化反应的进行。Zhang等[68]通过水热法合成了Z型结构BiOBr/碳点/g-C$_3$N$_4$三元复合光催化剂（图9-11）。与单纯的BiOBr、g-C$_3$N$_4$和BiOBr/g-C$_3$N$_4$相比，三元复合光催化剂，在可见光驱动下光催化降解四环素的活性得到了显著提升。Miao等[69]通过吸附的方式在g-C$_3$N$_4$/Ag$_3$PO$_4$复合粒子上沉积氮掺杂碳点（NCDs），构筑了Z型结构的g-C$_3$N$_4$/Ag$_3$PO$_4$/NCDs。其可见光光催化MB降解的速率常数较g-C$_3$N$_4$、Ag$_3$PO$_4$、g-C$_3$N$_4$/Ag$_3$PO$_4$，分别提高了超过23.6、2.6和1.6倍。通过瞬态光电流、时间分辨发光光谱和交流阻抗分析，他们将三元催化剂的高光催化活性归因于NCDs的引入加快了体系的光生载流子传输和界面迁移速度，提升了光催化剂的可见光光捕获能力。

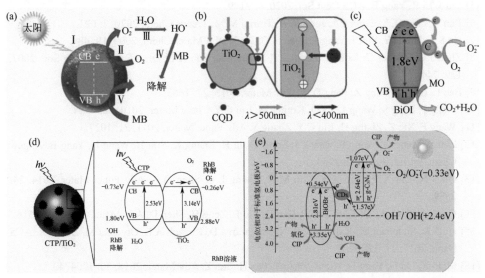

图9-15 碳点在光催化降解污染物中的作用：(a) 光催化剂[63]；(b) 转光剂[64]；(c) 敏化剂[67]；(d) 电子受体[70]；(e) 光生电子中继体[68]

除有机污染物外，碳点复合光催化剂还可以通过光还原过程实现对环境危害大的剧毒 Cr(Ⅵ)离子向低毒性 Cr(Ⅲ)的转化。Bhati 等[71]报道，在太阳光光照下，N、P 共掺杂碳点可以实现 Cr(Ⅵ)(10～2000mg/kg)的光还原。Choi 等[72]构筑了碳点/TiO_2 复合粒子，发现相较单纯的 TiO_2，复合光催化剂可见光光还原 Cr(Ⅵ)的活性提高了 8 倍。Liu 研究组[73]以硅烷功能化碳点作为共同前驱体，合成了介孔结构的碳点/SiO_2 复合光催化剂。在可见光照射下，该复合光催化剂可以实现 Cr(Ⅵ)的光还原和还原产物 Cr(Ⅲ)从水中的去除。

的确，有关碳点及碳点复合光催化剂研究已有重要进展，碳点在某些条件下的非均相光催化反应机制得以揭示，在某些领域中进行了应用探索。然而，与结构明确的无机半导体、金属化合物等光催化剂不同，碳点复合物的结构及其在光催化反应中的反应机理目前仍不十分清楚，包括碳点的内核结构、发光机制，碳点以及表面基团的非均相光催化的作用机制，都需要更深入地研究和探讨。

参考文献

[1] Akbar K, Moretti E, Vomiero A. Adv Opt Mater, 2021, 9: 2100532.

[2] Basavaraj N, Sekar A, YadHav R. Mater Adv, 2021, 2: 7559.

[3] Sun Y P, Zhou B, Lin Y, Wang W, Fernando K A, Pathak P, Meziani M J, Harruff B A, Wang X, Wang H, Luo P G, Yang H, Kose M E, Chen B, Veca L M, Xie S Y. J Am Chem Soc, 2006, 128: 7756.

[4] He C, Xu P, Zhang X, Long W. Carbon, 2022, 186: 91.

[5] Liu J, Li R, Yang B. ACS Cent Sci, 2020, 6: 2179.

[6] Luo H, Guo Q, Szilágyi PÁ, Jorge A B, Titirici M M. Trends Chem, 2020, 2: 623.

[7] Hu S L, Niu K Y, Sun J, Yang J, Zhao N Q, Du X W. J Mater Chem, 2009, 19: 484.

[8] Zhou J G, Booker C, Li R Y, Zhou X T, Sham T K, Sun X L, Ding F. J Am Chem Soc, 2007, 129: 744.

[9] Bao L, Liu C, Zhang Z, Pang D W. Adv Mater, 2015, 27: 1663.

[10] Wang F, Pang S, Wang L, Li Q, Kreiter M, Liu C Y. Chem Mater, 2010, 22: 4528.

[11] Wang F, Xie Z, Zhang H, Liu C Y, Zhang Y. Adv Funct Mater, 2011, 21: 1027.

[12] Zhu S, Meng Q, Wang L, Zhang J, Song Y, Jin H, Zhang K, Sun H, Wang H, Yang B. Angew Chem, Int Ed, 2013, 52: 3953.

[13] Qu S N, Liu X Y, Guo X Y, Chu M H, Zhang L G, Shen D Z. Adv Funct Mater, 2014, 24: 2689.

[14] Qu S, Zhou D, Li D, Ji W, Jing P, Han D, Liu L, Zeng H, Shen D. Adv Mater, 2016, 28: 3516.

[15] Holá K, Sudolská M, Kalytchuk S, Nachtigallová D, Rogach A L, Otyepka M, Zbořil R. ACS Nano, 2017, 11: 12402.

[16] Miao X, Qu D, Yang D, Nie B, Zhao Y, Fan H, Sun Z. Adv Mater, 2018, 30: 1704740.

[17] Zhang B, Liu C Y, Liu Y. Eur J Inorg Chem, 2010: 4411.

[18] Liu Y, Liu C Y, Zhang Z Y. J Mater Chem C, 2013, 1: 4902.

[19] Wang L, Wang Y, Xu T, Liao H, Yao C, Liu Y, Li Z, Chen Z, Pan D, Sun L, Wu M. Nat Commun, 2014, 5: 5357.
[20] Wu M, Zhan J, Geng B, He P, Wu K, Wang L, Xu G, Li Z, Yin L, Pan D. Nanoscale, 2017, 9: 13195.
[21] Jiang K, Sun S, Zhang L, Lu Y, Wu A, Cai C, Lin H. Angew Chem Int Ed, 2015, 54: 5360.
[22] Yuan F, Yuan T, Sui L, Wang Z, Xi Z, Li Y, Li X, Fan L, Tan Z, Chen A, Jin M, Yang S. Nat Commun, 2018, 9: 2249.
[23] Yan X, Cui X, Li L. J Am Chem Soc, 2010, 132: 5944.
[24] Mueller M L, Yan X, McGuire J A, Li L. Nano Lett, 2010, 10: 2679.
[25] Cao L, Sahu S, Anilkumar P, C Bunker E, Xu J, Fernando K A S, Wang P, Guliants E A, Tackett K N, Sun Y P. J Am Chem Soc, 2011, 133: 4754.
[26] Li H, Liu R, Lian S, Liu Y, Huang H, Kang Z. Nanoscale, 2013, 5: 3289.
[27] Li H, Liu R, Kong W, Liu J, Liu Y, Zhou L, Zhang X, Lee S T, Kang Z. Nanoscale, 2014, 6: 867.
[28] Qiao S, Fan B, Yang Y, Liu N, Huang H, Liu Y. RSC Adv, 2015, 5: 43058.
[29] Umrao S, Sharma P, Bansal A, Sinha R, Singh R K, Srivastava A. RSC Adv, 2015, 5: 51790.
[30] Bhunia S, Ghorai N, Burai S, Purkayastha P, Ghosh H N, Mondal S. J Phys Chem C, 2021, 125: 27252.
[31] Dadigala R, Bandi R K, Gangapuram B R, Guttena V. J Photochem Photobiol, A, 2017, 342: 42.
[32] Yan X, Cui X, Li B, Li L. Nano Lett, 2010, 10: 1869.
[33] Wang X, Cao L, Yang S T, Lu F, Meziani M J, Tian L, Sun K W, Bloodgood M A, Sun Y P. Angew Chem Int Ed, 2010, 49: 5310.
[34] Hutton G A M, Reuillard B, Martindale B C M, Caputo C A, Lockwood C W J, Butt J N, Reisner E. J Am Chem Soc, 2016, 138: 16722.
[35] Pan J, Sheng Y, Zhang J, Wei J, Huang P, Zhang X. J Mater Chem A, 2014, 2: 18082.
[36] Wen X, Yu P, Toh Y R, Ma X, Tang J. Chem Commun, 2014, 50: 4703.
[37] Tan D, Zhou S, Qiu J. ACS Nano, 2012, 6: 6530.
[38] Saini D, Garg A K, Dalal C, Anand S R, Sonkar S K, Sonker A K, Westman G. ACS Appl Nano Mater, 2022, 5: 3087.
[39] Athulya M, John B K, Chacko A R, Mohan C, Mathew B. ChemPhysChem, 2022: e202100873.
[40] Han Y, Huang H, Zhang H, Liu Y, Han X, Liu R, Li H, Kang Z. ACS Catal, 2014, 4: 781.
[41] Sarma D, Majumdar B, Sarma T K. Green Chem, 2019, 21: 6717.
[42] Sarma D, Majumdar B, Sarma T K. ACS Sustain Chem Eng, 2018, 6: 16573.
[43] Park J H, Raza F, Jeon S J, Yim D, Kim H I, Kang T W, Kim J H. J Mater Chem A, 2016, 4: 14796.
[44] Liu R, Huang H, Li H, Liu Y, Zhong J, Li Y, Zhang S, Kang Z. ACS Catal, 2014, 4: 328.
[45] Mehta A, Mishra A, Basu S, Shetti N P, Reddy K R, Saleh T A, Aminabhavi T M. J Environ Manag, 2019, 250: 109486
[46] Yeh T F, Teng C Y, Chen S J, Teng H. Adv Mater, 2014, 26: 3297.
[47] Yeh T F, Chen S J, Teng H. Nano Energy, 2015, 12: 476.
[48] Chen L C, Teng C Y, Lin C Y, Chang H Y, Chen S J, Teng H. Adv Energy Mater, 2016, 6: 1600719.

[49] Wei J, Wang H, Zhang Q, Li Y. Chem Lett, 2015, 44: 241.

[50] Xu X, Bao Z, Zhou G, Zeng H, Hu J. ACS Appl Mater Interf, 2016, 8: 14118.

[51] Jana B, Reva Y, Scharl T, Strauss V, Cadranel A, Guldi D M. J Am Chem Soc, 2021, 143, 48: 20122.

[52] Zhang X, Huang H, Liu J, Liu Y, Kang Z. J Mater Chem A, 2013, 1: 11529.

[53] Wang Q, Huang J, Sun H, Zhang K Q, Lai Y. Nanoscale, 2017, 9: 16046.

[54] Yu S, Zhong Y Q, Yu B Q, Cai S Y, Wu L Z, Zhou Y. Phys Chem Chem Phys, 2016, 18: 20338.

[55] Liu J, Liu Y, Liu N, Han Y, Zhang X, Huang H, Lifshitz Y, Lee S T, Zhong J, Kang Z. Science, 2015, 347: 970.

[56] Shi W, Guo F, Zhu C, Wang H, Li H, Huan G H, Liu Y, Kang Z. J Mater Chem A, 2017, 5: 19800.

[57] Sun F, Maimaiti H, Liu Y E, Awati A. Inter J Energ Res, 2018, 42: 4458.

[58] Zhang D, Halidan M, Abuduheiremu A, Gunisakezi Y, Sun F, Wei M. Chem Phys Lett, 2018, 700: 27.

[59] Kong X Y, Tan W L, Ng B J, Chai S P, Mohamed A R. Nano Res, 2017, 10: 1720.

[60] Liu N, Tang M, Wu J, Tang L, Huang W, Li Q, Lei J, Zhang X, Wang L. Adv Mater Interfaces, 2020, 7: 202000468.

[61] Zaib M, Akhtar A, Maqsood F, Shahzadi T, Arab J. Sci Eng, 2020, 46: 437.

[62] Saini D, Aggarwal R, Sonker A K, Sonkar S K. ACS Appl Nano Mater, 2021, 4: 9303.

[63] Bhati A, Anand S R, Gunture G, Garg A K, Khare P, Sonkar S K. ACS Sustainable Chem Eng, 2018, 6: 9246.

[64] Li H, He X, Kang Z, Huang H, Liu Y, Liu J, Lian S, Tsang C H A, Yang X, Lee S T. Angew Chem, Int Ed, 2010, 49: 4430.

[65] Qu D, Zheng M, Du P, Zhou Y, Zhang L, Li D, Tan H, Zhao Z, Xie Z, Sun Z. Nanoscale, 2013, 5: 12272.

[66] Yan D, Liu Y, Liu C Y, Zhang Z Y, Nie S D. RSC Adv, 2016, 6: 14306.

[67] Zhang J, Liu Q, He H, Shi F, Huang G, Xing B, Jia J, Zhang C. Carbon, 2019, 152: 284.

[68] Zhang M, Lai C, Li B, Huang D, Zeng G, Xu P, Qin L, Liu S, Liu X, Yi H, Li M, Chu C, Chen Z. J Catal, 2019, 369: 469.

[69] Miao X, Yue X, Jia Z, Shen X, Zhou H, Liu M, Xu K, Zhu J, Zhu G, Kong L, Shah S A. Appl Catal B Environ, 2018, 227: 459.

[70] Long B, Huang Y, Li H, Zhao F, Rui Z, Liu Z, Tong Y, Ji H. Ind Eng Chem Res, 2015, 54: 12788.

[71] Bhati A, Anand S R, Saini D, Gunture S S K. Npj Clean Water, 2019, 2: 12.

[72] Choi D, Ham S, Jang D J. J Environ Chem Eng, 2018, 6: 1.

[73] Liu Y, Ma Y J, Liu C Y, Zhang Z Y, Yang W D, Nie S D, Zhou X H. RSC Adv, 2016, 6: 68530.